DIEU DANS SES ŒUVRES

LES SPLENDEURS

DE

L'ASTRONOMIE

OU

IL Y A D'AUTRES MONDES QUE LE NOTRE

LE MONDE DES ÉTOILES

Nébuleuses, Étoiles filantes et Bolides.

PAR

M. l'abbé L.-M. PIOGER

Du clergé de Paris, chevalier de la Légion d'honneur, membre et lauréat
de plusieurs sociétés savantes.

Exegi monumentum.
H.

PARIS

RENÉ HATON, LIBRAIRE ÉDITEUR

35, RUE BONAPARTE, 35.

1883

LES SPLENDEURS

DE

L'ASTRONOMIE

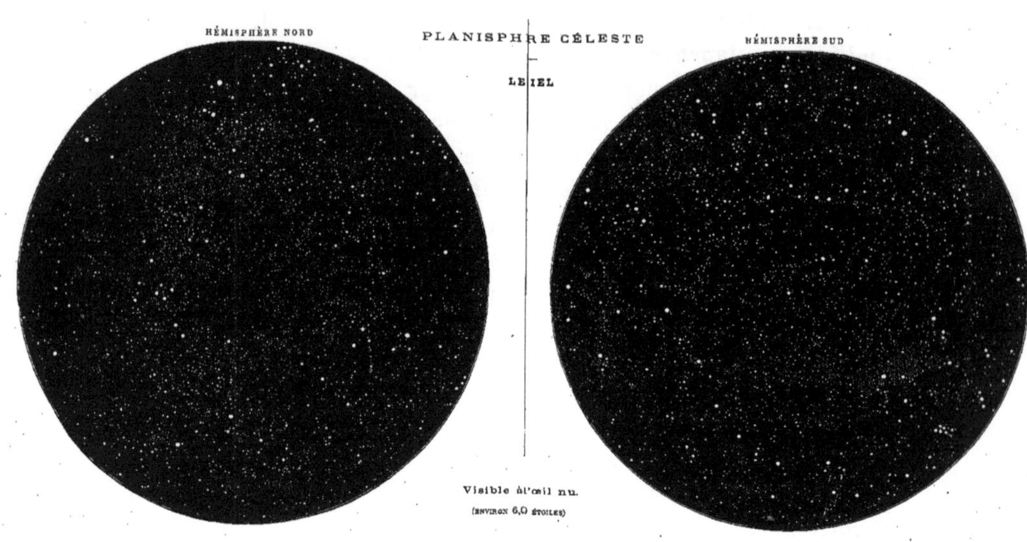

HÉMISPHÈRE NORD
PLANISPHÈRE CÉLESTE
LE CIEL
HÉMISPHÈRE SUD
Visible à l'œil nu.
(ENVIRON 6,0 ÉTOILES)

PRÉFACE

Lorsque, par une belle et splendide nuit d'été, on jette les yeux sur le Ciel étoilé, quel est celui qui n'a pas désiré connaître par leurs noms ces étoiles, d'un éclat plus ou moins brillant, ces constellations qui scintillent sur nos têtes et qui semblent des clous d'or attachés à la voûte du firmament, et avoir, au moins, une idée générale de la disposition de l'Univers et de son histoire ?

Peut-être s'imagine-t-on que c'est là une étude difficile, une science inabordable.

C'est là une erreur et une erreur fâcheuse. Aucune étude n'est plus facile au contraire, je ne dis pas pour connaître les étoiles à fond, mais pour en avoir une idée d'ensemble ; et il ne faut ni plus d'attention, ni plus de temps à toute personne intelligente, pour se rendre compte de l'état du Ciel et s'y reconnaître, que pour une foule de lectures frivoles ou simplement inutiles, comme les romans, par exemple, qui commencent et finissent tous de la même manière.

Quand, en effet, on jette les yeux sur le Ciel étoilé, on s'imagine, en général, apercevoir des millions et des millions d'étoiles. En réalité, le nombre en est très restreint et ne dépasse pas la population d'une petite ville de province. Les étoiles remarquables entre toutes les autres sont même en très petit nombre.

Par les plus belles nuits d'hiver, je parle de celles-là, parce que l'obscurité est complète, on ne distingue pas à l'œil nu plus de 3 à 4 mille étoiles, suivant la puissance de vision, et il n'y en a guère qu'une centaine à connaître pour savoir couramment la géographie du Ciel et vivre désormais en pays de connaissance au lieu d'avoir chaque jour sous les yeux une énigme à déchiffrer.

Il y a là une véritable satisfaction.

Quiconque n'a pas cette connaissance ressemble à un homme qui serait étranger dans sa propre patrie, ou comme l'habitant d'une cité qui ne connaîtrait ni les noms des rues et des places, ni l'histoire de ses édifices.

Nous allons, dans ce volume, faire passer sous les yeux du lecteur, les principales curiosités du Ciel, et donner une description complète du Ciel visible à l'œil nu et des objets célestes faciles à observer, étoiles de toute apparence, étoiles doubles et multiples, étoiles variables, étoiles colorées, nébuleuses, mondes en voie de formation, mondes s'écroulant, mondes lointains et mystérieux, etc.

Le lecteur studieux va lire dans le Ciel comme dans un livre. Il découvrira à chaque page des richesses inattendues. C'est ainsi qu'en parcourant la série des étoiles de première grandeur, il verra, non sans surprise, une étoile qui court avec une vitesse de 300,000 mètres par seconde [1], et un globe de gaz 338 quatrillions 896 mille milliards de fois plus gros que la Terre.

Les Etoiles filantes qui nous donnent chaque soir un spectacle gratuit et intéressant ; les Bolides, pierres mystérieuses qui

---

1. Étoile 1830, Groombridge (Grande Ourse).

ne nous ont pas encore livré le secret de leurs visites, termineront nos *Splendeurs de l'Astronomie*, et nous espérons qu'en achevant la lecture de la dernière page, le lecteur dira au fond de son cœur : LES CIEUX ANNONCENT LA GLOIRE DE DIEU ET PROCLAMENT L'ŒUVRE DE SES MAINS !!!

LE MONDE
DES ÉTOILES

LIVRE PREMIER
ÉTOILES — UNIVERS SIDÉRAL

CHAPITRE PREMIER

DES ÉTOILES EN GÉNÉRAL

> LES ÉTOILES SONT LA POUSSIÈRE
> DES MONDES.

Il est un être immense, éternel, immuable,
Par delà tous les cieux, aux rivages vermeils;
Comme un troupeau soulève un nuage de sable,
Sous ses pas par milliers s'envolent les soleils.
Quand aux regards des saints son ombre est dévoilée,
A cet éclat trop vif ils dérobent leurs yeux,
Et des Mondes sans fin, dans la mer étoilée,
Tremblent quand en silence il passe au fond des cieux.

Il y a des personnes qui trouvent la mer mo-
notone, et cependant quiconque est curieux des
grandes scènes de la nature n'a qu'un rêve : Voir
la mer !

Sans doute, celui qui n'a jamais vu de montagnes peut s'en faire une idée ; mais quand il lui est donné de contempler ces soulèvements gigantesques et surtout de gravir ces escaliers de Titans, de voir les cascades bouillonnantes bondir de rocher en rocher avec un bruit de tonnerre, puis s'abîmer dans des gouffres insondables où s'ensevelissent leurs flots écumeux ; lorsqu'enfin il aperçoit au-dessus de sa tête, comme une couronne de glace, ces neiges perpétuelles qui remplacent la mousse et le gazon ; ah ! certes, ah ! alors, il sera saisi de vertige et il se sentira comme écrasé sous un poids immense : il aura l'idée du grandiose.

Mais la mer, c'est l'immensité, et quiconque ne l'a pas vue ne peut s'en faire une idée : rien ne saurait lui peindre l'immensité de l'Océan. La première fois que nous vîmes l'Océan, — c'était à Dieppe, en 1851, — nous demeurâmes interdit, stupéfait, et nous fûmes sur le point de tomber à genoux, la face dans la poussière. Le sublime nous pétrifiait. Il est vrai que nous eûmes l'immense bonheur de la voir dans une tempête qui soulevait ses vagues, tantôt verdâtres et tantôt écumeuses, à des hauteurs vertigineuses. Nous sentîmes grandir en nous, avec l'idée de l'infini, le sentiment de notre propre faiblesse. Mais il faut la voir, non seulement du port, du haut d'une jetée ou d'une falaise, mais surtout sous ses pieds ; il faut la voir tour à tour sereine et irritée, endormie et agitée ; il faut bondir sur ses flots aux mugissements de la tempête et lutter contre elle.

Quand on a vu ainsi l'Océan, l'a-t-on vu vraiment ? Non. Car l'Océan n'est pas, comme les montagnes, un accident à la surface de la Terre. C'est un monde deux fois et demi grand comme le nôtre, quant à sa surface, et qui l'enveloppe de toutes parts. C'est un monde qui nourrit dans ses profondeurs des légions d'êtres étranges. C'est un monde que non seulement l'homme n'a pas encore conquis, après tant de siècles et après tant de sacrifices, mais qu'il commence à peine à connaître.

Semblable aux dieux des anciens barbares du Nord et de l'Orient, l'Océan, comme un avare terrible, se fait payer chaque année de milliers de vies humaines les faveurs et les bienfaits qu'il nous accorde et les droits que nous nous arrogeons sur lui. Combien ce sphinx a-t-il déjà dévoré de ceux qui ont tenté de deviner ses énigmes, de s'initier à ses mystères ? Qu'importe ! L'œuvre se poursuit et s'avance. L'œil humain a pénétré cette nuit formidable, et la Science entrevoit déjà les lois qui régissent le monde marin, et le rattachent au monde terrestre, le rôle des mers dans l'équilibre universel.

Mais, au-dessus de nos têtes, il existe un autre Océan, plus calme, en apparence du moins, que l'Océan des mers, plus majestueux et plus propre encore à exciter en nous de vives émotions et de plus hautes pensées. Celui-là du moins n'a coûté à l'humanité que de rares vies, sinon de longues veilles, pour laisser surprendre ses secrets.

Et cependant, que de personnes ne jettent qu'un regard d'indifférence sur la voûte du Ciel constellée d'étoiles par une belle nuit d'été ou mieux encore par une froide nuit d'hiver ! Combien y en a-t-il parmi nos lecteurs qui soient restés plusieurs heures en contemplation devant un spectacle aussi grandiose et aussi saisissant ? Et parmi ceux que l'admiration a saisis, en est-il un seul qui ne se soit demandé ce que sont ces milliers de points scintillants, espèces de diamants qui semblent attachés à la voûte du Ciel et qui illuminent de leurs feux les profondeurs de l'espace ?

Qu'est-ce donc que le Ciel étoilé ; que sont donc ces étoiles ?

Eh bien ! ce merveilleux océan, la Science est parvenue, dans ces dernières années, à en pénétrer les mystères qu'il cachait à nos yeux et qui semblaient ne devoir jamais se dévoiler ; et nous allons bientôt en sonder les abîmes ensemble.

Cet océan d'étoiles qui semble couronner nos

têtes, et qui nous enveloppe de toutes parts, n'a ni fin ni fond; c'est une mer sans rivages.

« Le fluide subtil qui la remplit, est, comme l'eau de l'Océan, dans un mouvement perpétuel, dans une agitation sans fin; des ondes le sillonnent dans tous les sens, et, avec une rapidité inouïe, s'y propagent sans se confondre, portant avec elles la lumière, la chaleur, les conditions essentielles du mouvement et de la vie. C'est grâce à ces ondulations, invisibles elles-mêmes, que nous pouvons percevoir tout ce qui existe. Se répercutant avec une délicatesse infinie, une fidélité merveilleuse sur le fond de notre rétine, elles y tracent le tableau de l'Univers, et au lieu de la profonde obscurité du vide, au sein de l'espace sans bornes, nous découvrent cette multitude de foyers lumineux que l'Astronomie nous apprend être autant de Soleils semblables au nôtre. Comme au sein de l'Océan terrestre, la vie pullule dans les profondeurs de l'océan éthéré.

« Ce n'est pas seulement, d'ailleurs, un splendide décor, une illumination plus ou moins féerique que le Ciel avec ses myriades d'étoiles. Ce spectacle qui ravit les yeux du corps n'est que l'apparence extérieure d'un spectacle bien autrement admirable, celui que la Science est parvenue à révéler aux yeux de l'esprit, en lui faisant voir dans chaque étoile tout un monde, ayant à son centre un foyer de puissance et de vie, où d'autres astres, invisibles pour nous, puisent incessamment, comme le fait notre globe au foyer solaire. Là, où depuis des siècles tout semble en repos, dans ces régions que les anciens considéraient comme à l'abri de toute altération, dans ces corps dont ils faisaient le siège de l'incorruptible, de l'immuable, la Science moderne a découvert les plus rapides mouvements connus; elle a su observer des changements dont les plus redoutables événements terrestres, dont les plus effroyables catastrophes qui aient laissé des traces dans la mémoire des hommes, ne sauraient donner l'idée.

« Les natures contemplatives, rêveuses, se plaisent à bercer leur mélancolie au spectacle du Ciel étoilé; dans cet azur constellé d'or et d'argent, semé d'une poussière de pierres précieuses, leur imagination aime à s'enfoncer et à se perdre. La marche silencieuse du cortège des étoiles leur cause l'impression d'une douce harmonie; elles y cherchent volontiers la musique idéale entendue par Pythagore. Il leur semble que, dans ces lointaines sphères, tout ce qu'il y a de grossier, de terrestre en nous-mêmes et en ce qui nous entoure ait disparu, ne laissant que l'essence des choses, un éther subtil, ce qu'il y a de plus pur dans l'être. En un mot, le sentiment poétique refait ainsi le rêve des anciens, du *cœli incorrupti :* des régions célestes, il fait le séjour de l'incorruptible, de l'immuable, de l'éternel, du divin. Mais chez les philosophes latins ou grecs, l'incorruptibilité des cieux était une hypothèse, spéculation pure, et non affaire de rêverie ou de sentimentalisme. Ils n'admiraient peut-être pas moins que nous la nature ; ils n'étaient pas moins sensibles à ses beautés, à ses magnificences, à sa grandeur ; mais ils l'étaient autrement. Plus poussés à l'action qu'à la contemplation, ils avaient, dans les premiers jets de leur imagination naïve, personnifié tous les phénomènes naturels ; mais ceux d'entre eux qui étaient portés à scruter les causes des choses, ne s'attardaient point à substituer aux superstitions polythéistes un lyrisme plus ou moins sincère ; les épanchements romantiques leur demeurèrent inconnus. Le plus tendre de leurs poètes ne voyait-il pas le bonheur dans la pure contemplation du vrai :

Felix qui potuit rerum cognoscere causas [1] *! »*

Mais ces causes, ces raisons des choses, les Anciens n'avaient pu en sonder le mystère.

Et cependant — « tous les regards humains depuis que l'humanité a dégagé ses ailes de la chry-

1. Améd. Guillemin, *les Étoiles*, etc.

salide animale, toutes les âmes depuis qu'il y a des âmes ont contemplé ces lointaines étoiles perdues dans les profondeurs éthérées, nos aïeux de l'Asie centrale, les Chaldéens de Babel, les Égyptiens des pyramides, les Argonautes de la toison d'or, les Hébreux chantés par Job, les Grecs chantés par Homère, les Romains chantés par Virgile, tous ces yeux de la Terre, depuis si longtemps éteints et fermés, se sont attachés de siècle en siècle à ces yeux du Ciel toujours ouverts, toujours animés, toujours vivants. Les générations terrestres, les nations et leurs gloires, les trônes et les autels ont disparu ; le Ciel d'Homère est toujours là. Qu'y a-t-il d'étonnant à ce qu'on l'ait contemplé, aimé, vénéré, questionné, admiré, avant même de rien connaître de ses vraies beautés et de ses insondables grandeurs ? Mieux que le spectacle de la mer calme ou agitée, mieux que le spectacle des montagnes ornées de forêts ou couronnées de neiges perpétuelles, le spectacle du Ciel étoilé nous attire, nous enveloppe, nous parle de l'infini, nous donne le vertige des abîmes ; car, plus que nul autre, il saisit l'âme contemplative et l'appelle, étant la vérité, étant l'infini, étant l'éternité, étant tout...

« Qu'est-ce que l'Univers des anciens à côté du nôtre ! Cherchez dans tous les mystères religieux, dans toutes les surprises de l'art, en peinture, en musique, au théâtre, dans le roman, cherchez une contemplation intellectuelle qui produise dans l'âme l'impression du vrai, du grandiose, du su-blime, comme la contemplation astronomique ! La moindre étoile filante nous pose une question qu'il est difficile de ne pas entendre ; elle semble nous dire : « Que sommes-nous dans l'Univers ? » La co-mète semble ouvrir ses ailes pour nous emporter dans les profondeurs de l'espace ; l'étoile qui brille au fond des Cieux nous montre un lointain Soleil entouré d'humanités inconnues qui se chauffent à ses rayons... spectacles prodigieux, immenses, fan-tastiques ; ils charment par leur captivante beauté celui qui s'arrête aux détails et ils transportent dans la majesté de l'insondable celui qui se livre à son essor et prend son vol pour l'infini[1]... »

Cette Terre que nous habitons et qui nous paraît si grande, ce Soleil autour duquel nous tournons et dont la grosseur et l'éloignement nous effrayent d'abord, tous les astres, quels qu'ils soient, n'oc-cupent qu'un point dans cet espace sans bornes où la puissance du Créateur semble s'être fait un jeu de répandre des merveilles. Notre esprit en est ac-cablé. Moi-même, quoique j'aie passé ma vie à mé-diter sur toutes ces choses, je ne puis y arrêter ma

1. C. Flammarion, *Astr. popul.*, p. 676.

pensée sans me sentir comme anéanti et je m'écrie involontairement : « Mon Dieu, que l'homme est petit devant vous ! »

Et pourtant l'homme a été jugé digne de contempler et de connaître l'œuvre de la création.

> Un monde est assoupi sous la voûte des cieux ;
> Mais sous la voûte même où s'élèvent mes yeux,
> Que de mondes nouveaux, que de soleils sans nombre,
> Trahis par leur splendeur, étincellent dans l'ombre!
> Les signes épuisés s'usent à les compter,
> Et l'âme infatigable est lasse d'y monter.
>
> (Lamartine.)

Étudions donc cet Océan sans rivages où la puissance infinie, Dieu, a semé des millions et des millions d'astres étincelants. Ce que les étoiles vont nous apprendre est certainement plus merveilleux, plus splendide que tout ce que nous pouvons rêver.

Quand la nuit est tout à fait tombée et que la Lune est sous notre horizon, par un temps clair, les Étoiles, Soleils de l'espace, brillent d'un admirable éclat. Si vous les observez pendant toute la nuit, vous vous apercevrez bientôt que certaines d'entre elles semblent monter dans le Ciel après être parties de l'orient et vont se coucher à l'occident, absolument comme le Soleil. D'autres au contraire ne se couchent jamais ; on les aperçoit à toute heure de la nuit, non pas toujours à la même place, mais dans nos climats elles ne disparaissent jamais de notre horizon. Quel est le lecteur le moins attentif aux phénomènes célestes qui n'a pas remarqué que la Grande Ourse, appelée vulgairement le Chariot de David, brille toujours au-dessus de sa tête, tout en n'ayant pas sa queue tournée toujours du même côté.

Nous ne pouvons voir dans sa réalité le vaste panorama des Cieux, puisque, les mondes ne nous transmettant leur lumière qu'après plusieurs millions et milliers d'années, nous voyons au-dessus de nos têtes des étoiles qui ont peut-être disparu du Ciel déjà depuis plusieurs millions de siècles.

O blondes filles du Ciel! sans doute séjours d'humanités inconnues, que de trésors vous cachez à nos yeux, et que l'on peut dire avec raison : *Consuetudine oculorum assuescunt animi, neque admirantur, neque requirunt rationes earum rerum, quas semper vident.*

Notre système planétaire fait partie de la Voie lactée, qui n'est qu'une immense réunion de 100 millions de Soleils. Nous avons donné, en parlant du Soleil, la place qu'y occupe le nôtre. Cette nébuleuse dont nous faisons partie n'a que 52 trillions 400 milliards de lieues d'étendue! Elle est à une distance telle qu'un rayon de lumière émané d'elle ne nous arrive qu'après 5 millions d'années, et cependant la lumière parcourt 6 milliards 652 millions 800 mille lieues par jour ! Mais derrière cette première nébuleuse, visible pour notre Terre, le télescope a déjà découvert plusieurs milliers d'autres semblables à elle dans l'espace insondable.

Héraclide (qui croyait à la rotation de la Terre) et quelques autres philosophes de l'école d'Alexandrie, enseignaient déjà, selon Plutarque, que chaque étoile était un monde existant dans les profondeurs des Cieux, entouré, comme le nôtre, d'une Terre, de planètes.

La distance des étoiles fixes est trop grande pour qu'on puisse apercevoir en elles un disque sensible, même avec les meilleurs télescopes et les plus fortes lunettes, mais, selon toute probabilité, elles sont sphériques, cette forme étant celle qu'elles doivent avoir si la gravitation pénètre tout l'espace, ce qu'il est permis de supposer depuis que sir John Herschel a prouvé que cette force s'étend aux systèmes binaires d'étoiles. Avec le meilleur télescope, les étoiles ne paraissent que comme un point lumineux ; mais leurs oscillations produites par la Lune sont instantanées. Leur scintillation, comme nous le verrons, provient des changements subits qu'éprouve le pouvoir réfringent de l'air ; ces changements ne seraient pas sensibles, si elles avaient des disques comme les planètes.

Les diamètres apparents des étoiles ne peuvent rien nous apprendre de leurs distances relatives entre elles, ni par rapport à nous. Comme nous le verrons, c'est par leur parallaxe annuelle, pour celles qu'on a pu déterminer, que nous pouvons établir qu'elles sont au moins à telle ou telle distance. Nous savons aujourd'hui que la plus rapprochée est au moins à 8 trillions de lieues. Beaucoup d'entre elles, cependant, sont infiniment plus éloignées encore ; car, de deux étoiles qui semblent se toucher, l'une peut être bien au delà de l'autre, dans les profondeurs de l'espace. Suivant les observations de sir John Herschel, la lumière de Sirius (la Canicule ou le Grand Chien) est de trois cent vingt-quatre fois plus considérable que celle d'une étoile de sixième grandeur ; or donc, si nous supposons que ces deux étoiles soient de la même grandeur, leur distance à la terre doit être dans le rapport de 57,3 à 1, la lumière diminuant comme le carré de la distance du corps lumineux augmente.

L'on ne sait rien de la grandeur absolue des étoiles fixes, mais la quantité de lumière émise par plusieurs d'entre elles indique qu'elles doivent être beaucoup plus grandes que le Soleil. Le docteur Wollaston a déterminé le rapport approximatif de la lumière d'une bougie à celle du Soleil, de la Lune et des étoiles, en comparant leurs images respectives, réfléchies par de petits globes de verre remplis de mercure, d'où il a déduit le rapport qui existe entre les quantités de lumière émises par les corps célestes eux-mêmes. A l'aide de cette méthode, cet habile physicien a trouvé que la lumière du Soleil est à peu près 20 millions de millions de fois plus grande que celle de Sirius, qui, de toutes les étoiles fixes, est la plus brillante et celle qui est une des plus voisines de nous. D'après la parallaxe de Sirius, si cet astre était situé à la place du Soleil, il nous paraîtrait presque une fois et demie plus grand que lui, et nous donnerait six fois plus de lumière environ. Or, dans le grand nombre des étoiles fixes, beaucoup doivent être infiniment plus grandes que Sirius.

Comme presque toutes les étoiles n'apparaissent au télescope que comme de simples points brillants, on ne peut les distinguer à la vue simple des autres astres que par le caractère suivant : Les étoiles conservent entre elles leurs distances relatives et il faut des siècles pour que la configuration qu'elles forment entre elles se modifie; et encore, pour constater leur changement de position, il faut des mesures excessivement délicates. Une planète, au contraire, se déplace assez rapidement dans la même nuit et s'éloigne vite du groupe dont elle paraissait faire partie. De là, son nom de planète ou

astre errant, par opposition à l'étoile fixe ou considérée comme à peu près immobile.

De jour comme de nuit, les étoiles sont visibles,
quelques-unes à l'œil nu, les autres avec les lunettes et les télescopes. Ce qui nous empêche de les
voir en plein jour, c'est l'illumination atmosphérique ; et si nous étions sur la Lune ou si nous étions
dans les mêmes conditions qu'elle, c'est-à-dire sans
atmosphère ou avec une atmosphère presque nulle,
les étoiles seraient visibles en plein midi. Ce fut
Morin qui, en 1638, constata le premier qu'on pouvait apercevoir les étoiles en plein jour avec un
télescope. Arago a expliqué cette visibilité par l'affaiblissement de la lumière des particules atmosphériques dû au grossissement lui-même, et par
l'accroissement d'intensité du point lumineux provenant de la concentration de toute la lumière que
reçoit l'objectif. En effet, lorsqu'on fixe le Ciel à la
simple vue, l'éclat de l'atmosphère éteint l'éclat de
l'étoile qu'on voudrait voir, tandis que, dans une
lunette, c'est l'éclat de l'astre qui donne la lumière
de l'atmosphère. La puissance des instruments est
tellement grande que plusieurs astronomes, tels
que Struve, Wrangel, Encke ont pu voir en plein
midi un satellite de l'étoile polaire qui n'est cependant que de neuvième grandeur. Mais, pour voir,
sans lunettés, les étoiles, même les plus brillantes,

il faut ou se transporter sur les plus hautes montagnes ou descendre dans des puits très profonds,
comme sont les puits de mines.

Il y a d'ailleurs des vues meilleures les unes que
les autres.

« Quant à ma vue, dit M. Hers, elle est perçante
et bonne : les étoiles ne m'apparaissent pas, comme
beaucoup d'observateurs l'ont rapporté, entourées
de rayons, mais comme des points lumineux. Je
distingue sans difficulté des étoiles très voisines. Je
vois facilement doubles σ du Capricorne et ω du
Scorpion ; ε de la Lyre m'apparaît double quand le
Ciel est serein. Outre les six étoiles généralement
visibles dans les Pléiades, j'y vois les étoiles 28, 26,
18 de Flamsteed, et 1,170 B. A. C. ».

L'étoile nouvelle, aperçue par Tycho-Brahé, en
1572, était visible en plein midi, même par un
temps couvert, comme nous le verrons à l'article
des étoiles subitement apparues.

CHAPITRE II

I. — Est-il un spectacle plus imposant que celui d'une belle nuit, surtout d'une belle nuit d'hiver, lorsqu'un Ciel sans nuages nous découvre ses plaines azurées, où l'or semble mêler son éclat aux diamants dont elles sont semées? Que le manteau de la nuit est riche et pompeux! Sous cet aspect, elle n'a rien d'affreux; elle répand sur son passage une rosée bienfaisante qui abreuve les fleurs, les feuilles et les plantes desséchées par l'ardeur du jour, et elle entretient dans l'air cette douce humidité nécessaire à la végétation. Elle est comme la mesure du sommeil de la nature, et elle étend un voile sur l'homme et sur les animaux, pendant leur repos, qu'elle environne d'un majestueux silence. A l'ombre de ses ailes, tout ce qui respire sur la terre, dans les airs, dans les eaux, se délasse des travaux du jour. Ses ténèbres ne sont point celles du chaos, car elle a sa lumière, son ordre et son harmonie qu'on admire et qui ne le cède qu'à celle du jour. Ce n'est point, il est vrai, cet éclat éblouissant du Soleil qui fait tout disparaître, excepté lui, dans les Cieux, et nous découvre tout sur la Terre ; la nuit, au contraire, nous cache la Terre, et veut que nous ne soyons plus occupés que du.spectacle des Cieux, dont, sans elle, les astres brillants nous seraient inconnus.

L'œil, il est vrai, ne peut distinguer que quelques milliers d'étoiles ; mais armé du télescope, il en découvre un nombre vraiment prodigieux, ou, pour mieux dire, un nombre infini !

II. — Heureusement que les étoiles n'ont pas la même grandeur, car sans cela il serait absolument impossible de connaître le Ciel. Grâce aux différentes grandeurs qu'affectent pour nous les étoiles et aux figures qu'elles semblent dessiner, on peut déterminer facilement les différentes régions qu'elles occupent. Alors pour se reconnaître au milieu de ce dédale d'étoiles qui brillent sur la voûte des Cieux, on a eu l'idée de les diviser en groupes ou catégories, auxquels on a donné le nom de Constellations ou Astérismes. Cette idée remonte à la plus haute antiquité, et on la retrouve chez les plus anciens peuples de la Terre. Les Chinois, les Hindous, les Égyptiens, les Grecs, etc. Elle semble d'ailleurs si simple qu'elle se montre à peu près sur tous les points, chez les Péruviens, chez les peuplades errantes, chez les nations les moins avancées en civilisation. Les Grecs qui n'étaient que des enfants par rapport à la science profonde des Égyptiens, ainsi que Platon le dit quelque part, la tenaient d'eux très probablement. Cependant on a peut-être placé un peu trop haut l'époque à laquelle ces derniers en firent primitivement usage. Ce fut sous l'empire de cette idée que l'on assigna au fameux zodiaque de Denderah une origine qui le faisait remonter bien au delà de toutes les traditions historiques ; mais la découverte immense de Champollion le jeune, qui, au moyen d'une idée ingénieuse, est parvenu à rendre à l'histoire les nom-, breuses inscriptions des monuments du Nil, a ramené la date du Zodiaque à sa juste valeur. Il a pu lire sur le contour de cette peinture le mot Autocrator, titre que prenait Néron, et qu'on retrouve sur tous les monuments élevés de son temps. Ainsi le zodiaque de Denderah est de l'époque romaine, dans l'histoire de l'Égypte, c'est-à-dire du Ier siècle après J.-C.

D'un autre côté, les traditions porteraient à faire penser que l'origine des constellations grecques n'est pas en Égypte. Clément d'Alexandrie en attribue l'invention à Chiron, qui semble avoir vécu environ 1420 ans avant notre ère.

Antérieurement à cette même époque, elles étaient déjà connues, car il en est question dans le livre de Job, qui remonte à 1700 ; il y est fait mention des Pléiades, des Hyades et d'Orion. On ne sait pas si ces noms étaient bien ceux des Grecs : cependant la version des Septante le ferait croire.

Au IXe siècle (884 ans avant J.-C.) Hésiode, parle des Pléiades, de la Grande Ourse, de Sirius et du Bouvier ou Arcturus.

A cette même époque, Homère, auquel Hésiode avait disputé le prix de la poésie, désigne la seconde de ces constellations par ces mots : « Le chariot qui n'a pas sa part des bains de l'Océan ! »

Dans l'Iliade, Homère décrivant le bouclier d'Achille, dit que Vulcain, avec une divine intelligence, avait tracé sur la surface de ce bouclier 1,000 tableaux variés. Il ajoute qu'il y a représenté la Terre, les Cieux, la Mer, le Soleil infatigable, la Lune dans son plein, et tous les astres dont le Ciel est couronné : les Pléiades, les Hyades, l'Ourse, qu'on appelle aussi le Chariot, qui tourne toujours aux mêmes lieux et regarde l'Orion. C'est la seule qui ne se baigne pas dans les eaux de l'Océan.

Homère, dans l'Odyssée, parle encore de Pléiades, et il nomme le Bouvier, deux groupes d'étoiles qu'Ulysse consultait pour régler la marche de son vaisseau. Homère parle encore de Sirius et du Grand Chien, qu'il appelle l'Astre de l'automne.

Eudoxe de Knide, dans son ouvrage intitulé : *Miroir*, qui avait été traduit par Germanicus, parlait avec détail des constellations grecques. Plusieurs autres écrivains anciens avaient traité amplement la même question, mais leurs ouvrages ne sont pas arrivés jusqu'à nous ; les incendies successifs de la bibliothèque d'Alexandrie nous ayant enlevé la plus grande partie des écrits des philosophes de l'antiquité.

Les Chaldéens et les Tyriens connaissaient probablement les mêmes constellations.

Virgile nous donne la raison la plus probable de l'origine des constellations, Il dit dans le livre Ier de ses *Géorgiques* :

Navita tum stellis numeros et nomina fecit,
Pleiadas, Hyadas, clarumque Lycaonis Arcton.

« Alors le navigateur compta les étoiles et leur donna des noms : les Pléïades, les Hyades, et l'Ourse, l'étincelante fille de Lycaon. »

Pour placer sur une carte céleste et les étoiles et les constellations, on est obligé d'user d'artifice, d'employer certaines conventions, de même qu'il a fallu imaginer un moyen pour distinguer les étoiles d'une même constellation les unes des autres.

Hipparque, et les anciens à sa suite, leur avait donné des désignations dont l'emploi était difficile, et, par suite, d'une petite utilité.

En 1603, Bayer, astronome allemand, imagina de les désigner chacune selon l'ordre de leur grandeur, en se servant des lettres de l'alphabet grec, puis de celles de l'alphabet romain et enfin des chiffres. D'après cela, l'étoile la plus brillante de chacune des constellations prend la première lettre de l'alphabet grec α ; la moins brillante après elle β, etc. A du Taureau (Aldébaran), par exemple, est la plus remarquable des différentes étoiles de cette constellation ; β est celle qui lui est inférieure en éclat, et ainsi de suite.

Les astronomes ont admis avec Bayer six ordres de grandeur dans les étoiles visibles à la vue simple, mais au télescope, on aperçoit jusqu'à celles de seizième grandeur.

Nombre des constellations. — Dans l'antiquité, au temps d'Hipparque et de Ptolémée, on ne comptait guère que 48 constellations. Depuis Tycho-Brahé, et surtout à cause de la découverte du Ciel austral, on en augmenta le nombre en raison des constellations nouvelles. Aujourd'hui, on arrive au nombre total de 117.

Nous allons les nommer suivant la position qu'elles occupent dans le Ciel.

CONSTELLATIONS BORÉALES AVEC LEURS PLUS BELLES ÉTOILES

(48)

La Grande Ourse.
La Petite Ourse.
Le Dragon.
Céphée.
Cassiopée (en latin) ou Cassiépée.
Persée.
La Tête de Méduse [1].
Le Cocher (Capella ou la Chèvre.)
Les Chevreaux.
Le Renne.
Le Messier.
La Girafe.
Les Lévriers ou Chiens de chasse.
Le Cœur de Charles II (α des Lévriers.)
Le Bouvier (Arcturus).
Le Quart de cercle mural.
La Couronne boréale.
Hercule ou l'Homme à genoux.
La Massue.
Le Rameau et Cerbère.
La Lyre (Wéga).
Le Cygne (ou l'Oiseau).
Le Lézard.

Les Honneurs de Frédéric.
Andromède.
Le Triangle ou Deltoton.
Le Petit Triangle.
La Mouche et la Fleur de lys.
Le Télescope d'Herschell.
Le Lynx.
Le Petit Lion.
La Chevelure de Bérénice.
Le Mont Ménale.
Le Taureau de Poniatowski.
L'Aigle (Altaïr).
La Flèche.
Le Renard et l'Oie.
Le Dauphin.
Le Petit Cheval.
Pégase.
Le Bélier (Zodiaque.)
Le Taureau (Aldébaran) (Zodiaque.)
Les Pléiades.
Les Hyades.
Les Gémeaux (η) (Zodiaque.)
Le Petit Chien (Procyon.)
Le Cancer (Zodiaque.)
Deux Ânes et Prœsepe.

1. Les mots en italique indiquent plutôt des subdivisions que des constellations.

CONSTELLATIONS MOYENNES
(15)

La Vierge (Épi) (Zodiaque).   L'Éridan.
La Balance (Zodiaque.)   L'Hydre femelle.
Le Serpent.   La Harpe de Georges.
Ophiucus ou le Serpentaire.   Orion.
Antinoüs.   La Licorne.
Le Verseau (Zodiaque).   Le Sextant d'Uranie.
Les Poissons (Zodiaque).   Le Lion (Zodiaque).
La Baleine.

CONSTELLATIONS AUSTRALES
(54)

L'Octant.   La Dorade.
Le Caméléon.   Le Chevalet du peintre.
La Mouche australe.   Le Poisson volant.
L'Oiseau de paradis.   Le Navire.
Le Paon.   Le Chêne de Charles II.
L'Indien.   La Croix du Sud ou pieds du
Le Toucan.   Centaure.
Le Petit nuage.   Le Centaure.
Le Microscope.   Le Loup ou la Bête.
La Grue.   L'Équerre et le Compas.
Le Phénix.   Le Triangle austral.
L'Horloge.   L'Autel.
Le Burin du graveur.   Le Télescope.
La Colombe de Noé.   La Couronne australe.
Le Lièvre.   Le Sagittaire (Zodiaque).
Le Grand Chien (Sirius).   *L'Atelier de typographe.*
L'Hydre mâle.   La Boussole.
La Montagne de la Table.   *Le Loch.*
Le Grand Nuage.   *Le Chat* [1].
Le Réticule rhomboïde.   La Machine pneumatique.

1. C'est Lalande qui lui a donné ce nom. L'illustre astronome a dit pour le justifier : « J'aime les chats, j'adore les chats ; on me pardonnera bien d'en avoir mis un dans le Ciel après mes soixante années de travaux assidus. »

La Coupe.

Le Corbeau.

Le Solitaire ou Oiseau indien.

Le Scorpion ou les Serres (Zodiaque.)

L'Écu de Sobieski.

Capricorne (Zodiaque).

L'Aérostat.

Le Poisson austral.

L'Atelier du sculpteur.

La Machine électrique.

Le Fourneau chimique.

Le Sceptre de Brandebourg.

L'Épée d'Orion.

Le Baudrier d'Orion.

Il faut avouer que bien des noms de ces constellations ne font guère honneur aux astronomes qui les ont imaginés.

Constellations boréales visibles sur l'horizon de Paris. — Avant de pénétrer au cœur de l'univers stellaire, et d'en étudier la merveilleuse structure, il nous faut auparavant nous familiariser avec la grandeur et la forme des principales constellations. Comme depuis des siècles les figures des constellations sont restées les mêmes (nous verrons plus loin qu'elles se défigurent lentement), il sera facile de les distinguer au moyen des principales étoiles qui les composent.

Si pendant le jour nous pouvions apercevoir les étoiles aussi bien que pendant la nuit, comme la Terre tourne sur elle-même en 24 heures, nous verrions toutes les étoiles visibles sur l'horizon de Paris et elles passeraient tour à tour devant nos yeux, constellations par constellations. Malheureusement il n'en est pas ainsi, et la lumière diurne nous dérobe ce magnifique spectacle. Heureusement que, si la Terre tourne sur elle-même, elle se transporte en même temps autour du Soleil, dans l'espace ; il est vrai qu'il lui faut une année entière. Mais qu'arrive-t-il par suite de ce mouvement de la Terre dans son orbite annuelle ? C'est qu'elle présente successivement l'un quelconque de ses hémisphères obscurs à toutes les parties du Ciel qui correspondent à l'horizon de l'observateur.

Mais il ne faut pas oublier qu'en vertu des deux mouvements de la Terre, et parce qu'elle est sphérique, la partie du Ciel visible pour un lieu quelconque du globe, varie selon la latitude de ce lieu. Si c'est à l'équateur qu'on observe le Ciel, les deux pôles N. et S. seront à l'horizon, et le Ciel tout entier s'offrira aux regards du spectateur pendant les nuits d'une année entière. Mais au fur et à mesure qu'on s'avance vers l'un ou l'autre pôle, la partie visible du Ciel diminue, en dépassant toutefois encore la moitié. Aux pôles mêmes, il ne resterait plus que juste la moitié de visible, parce que l'équateur céleste se confondrait avec l'horizon et le pôle céleste serait au zénith du spectateur.

Maintenant, appliquons ce que nous venons de dire à l'horizon de Paris. Comme notre latitude est de 49°, nous voyons du côté du nord un point qui nous paraît immobile, c'est notre Pôle. Autour de ce pôle, les étoiles qui se lèvent chaque soir à l'horizon semblent décrire (par suite de notre mouvement), des cercles plus ou moins grands, selon leur éloignement du pôle. Celles dont le cercle n'atteint pas l'horizon restent visibles pendant toute la nuit et pendant toute l'année. Ces étoiles sont appelées pour cette raison *circumpolaires*, parce qu'elles semblent tourner autour de la Polaire. Mais les cercles qui plongent en partie au-dessous de l'horizon, grandissent jusqu'à l'équateur ; aussi nous ne les voyons que pendant un certain temps. Enfin il en est qui, n'émergeant jamais au-dessus de notre horizon, restent constamment invisibles pour tous ceux qui ont la même latitude. Il en serait autrement si nous nous rapprochions de l'équateur ; alors les étoiles du pôle méridional du Ciel deviendraient visibles au fur et à mesure que nous avancerions vers l'équateur.

Le Ciel se divise donc en trois zones, la première toujours visible pendant la nuit, la seconde visible en partie seulement, et enfin la troisième invisible.

Étudions maintenant chacune de ces zones séparément et commençons par nous orienter.

Pour le jeune lecteur qui n'est pas encore familiarisé avec le Ciel étoilé, voici un moyen très simple de reconnaître la position des principaux groupes d'étoiles ou constellations. On prend pour point de départ celle de la Grande Ourse, autrement dit le Chariot de David, assemblage brillant de 7 étoiles, dont le caractère est tellement remarquable, qu'une fois qu'on a bien reconnu sa place sur la voûte étoilée, on ne peut jamais être embarrassé de la retrouver. Pour cela, il vous suffira de vous tourner vers le nord, et entre votre zénith et l'horizon, vous l'apercevrez facilement tant elle est frappante.

Les 7 étoiles dont elle se compose, portent, dans le système de Bayer, les lettres que nous leur avons données ; six sont de seconde grandeur : α, β, γ, ε, ζ, η ; une de troisième, δ.

On voit qu'elles forment un grand quadrilatère à l'un des angles duquel (δ) se trouve une suite d'étoiles qui en est comme la queue ; c'est, en d'autres termes, le timon et les bœufs du charriot. L'étoile ζ du milieu du timon a sur sa gauche une toute petite étoile qu'on nomme Alcor, et que toute bonne vue peut apercevoir. Ce cavalier sert à éprouver la force de la vue. — On compte jusqu'à 138 étoiles dans la Grande Ourse.

Cette constellation est remarquable par la réputation qu'on lui a faite de tout temps. Le mot de septentrion, dérivé du latin *septem* (sept), et *triones* (bœufs de labour) vient de ce que les Romains, au lieu de dire un chariot et trois bœufs, abrégèrent et prononcèrent *septem-triones* (les sept bœufs), et désignèrent ainsi le point nord du Ciel.

Maintenant, si en partant de bêta (β) on fait passer idéalement une ligne par alpha (α) ou par les gardes, cette ligne prolongée ira rencontrer une troisième étoile, moins brillante, qui est la Polaire, alpha (α), appelée autrefois Tramontane[1] par les marins. Elle termine la queue d'une constellation présentant la même figure que la Grande Ourse, mais disposée en sens contraire. Ses proportions, du reste, sont beaucoup moindres, ce qui l'a fait nommer la Petite Ourse ou le Petit Chariot. Comme elle n'est composée que d'étoiles de troisième et de quatrième grandeur, elle est moins facile à reconnaître que la Grande Ourse. Cependant, comme l'étoile que nous avons nommée la Polaire est la plus remarquable de cette partie du Ciel, étant de seconde grandeur, on la retrouve assez promptement. Elle doit le nom qu'elle porte à son voisinage du pôle, dont elle est à 1 degré 36 minutes (1° 36′). Du temps d'Hipparque, elle en était plus éloignée, et elle en sera à 45° dans des milliers d'années, comme nous l'avons vu en parlant des mouvements de la Terre. Sa position fait qu'elle semble être le pivot immobile autour duquel

1. De là le proverbe : Perdre la Tramontane ou sa boussole.

tourne la voûte céleste et le centre dès cercles que décrivent toutes les étoiles.

La ligne qui a donné la Polaire étant prolongée d'une quantité égale, donne Pégase, grand carré formé de quatre étoiles secondaires. Avant d'y arriver, on laisse à sa droite Cassiopée, groupe d'étoiles de troisième et de quatrième grandeur, bien reconnaissable à sa figure en Y à queue recourbée, imitant un M à jambages très écartés, ou encore une chaise renversée.

La ligne qui nous a servi à déterminer la place de la Polaire, prolongée en sens contraire, conduit à la constellation du Lion, grand trapèze de quatre belles étoiles, dont deux de premier ordre, Régulus à l'ouest, la Queue à l'est.

Une ligne menée par Delta et Alpha (δ et α) de la Grande Ourse vers l'est, rencontre l'étoile Alpha (α) du Cocher que l'on appelle la Chèvre, et qui est une des étoiles les plus brillantes du Ciel.

La diagonale α, γ, de la Grande Ourse traversant l'espace, va trouver l'Épi, la seule étoile de première grandeur de la constellation de la Vierge. La diagonale de sens contraire *delta*, *béta*, conduit aux Gémeaux, qui forment un grand quadrilatère oblique dont deux angles sont occupés par les belles étoiles de Castor et de Pollux. En continuant la courbe que décrit la queue de la Grande Ourse, on tombe sur une étoile très remarquable qui est Arcturus.

Quoiqu'on puisse observer le Ciel dans toutes les nuits sereines, celles d'automne et d'hiver sont préférables à cause de leur longueur, de la limpidité de l'air et parce que la lueur crépusculaire diminue peu l'éclat des étoiles. Deux belles nuits, vers le mois d'octobre ou de mars, suffiront pour faire connaître toutes les constellations visibles à Paris. On ne distinguera d'abord que les plus brillantes. Celles de première et de seconde grandeur ont un éclat remarquable, même lorsque le Ciel est un peu couvert ou quand la lune brille, et ce sont autant de repères qui servent à trouver les noms des étoiles voisines.

Indiquons maintenant le nom et les figures des constellations,

Constellations boréales. — La Grande Ourse ou le Chariot. C'est une de celles qui ne se couchent jamais à Paris, et qui, par conséquent, prend toutes les situations possibles en tournant autour du Pôle, propriété qu'elle partage avec les trois suivantes.

La Petite Ourse ou le Petit-Chariot. Cette constellation, plus rapprochée du pôle que la précédente, est aussi formée de sept étoiles qui affectent la même figure, mais avec moins d'éclat, sous des dimensions moindres et placée en sens inverse.

La dernière étoile de la queue de la Petite Ourse

s'appelle la Polaire ou la Tramontane (*Transmontana*, au delà des monts, pour les Italiens).

Cassiopée ou le Trône, la Chaise. Cette constellation est de l'autre côté du pôle par rapport à la Grande Ourse ; elle est de celles qui ne se couchent jamais en France. Ce groupe de cinq étoiles tertiaires est très remarquable par sa figure en forme de M à jambages très écartés.

Céphée. Elle est formée de trois étoiles tertiaires disposées en un arc, plus près du pôle que Cassiopée et qui tourne sa convexité au Dragon.

Pégase ou la Grande-Croix, carré formé de quatre étoiles secondaires. Le carré de la Grande Ourse et celui de Pégase sont des deux côtés opposés du pôle.

Andromède : trois étoiles secondaires équidistantes formant une ligne un peu courbée.

Le Dragon. Cette constellation, qui ne se couche point à Paris, est très facile à reconnaître à la file d'étoiles en ligne doublement sinueuse. Sa queue sépare les deux Ourses. Le corps du Dragon contourne la Petite Ourse en se rapprochant de la Polaire et s'en éloigne ensuite par une courbure en sens contraire.

Persée, double file d'étoiles, dont l'une va à l'orient, vers la Chèvre et continue l'arc de Persée ; l'autre va au midi et se porte en ligne droite aux Pléiades. Algol (β), au-dessous de l'arc de Persée, est changeante et environnée d'un groupe de petites étoiles.

Le Cocher ou le Charretier forme un grand pentagone irrégulier, dont trois étoiles plus brillantes sont en triangle isocèle dont la base, vers le nord, porte là Chèvre, l'une des plus belles étoiles du Ciel.

Le Triangle boréal, entre le pied d'Andromède et le Bélier.

Le Bouvier est situé sur le prolongement de la queue de la Grande Ourse et présente une espèce de pentagone au nord-est d'Arcturus, l'une des plus brillantes étoiles. On y remarque aussi le Cœur de Charles, étoile tertiaire.

La chevelure de Bérénice, groupe de petites étoiles très rapprochées.

La Couronne boréale : six à sept étoiles à l'orient du Bouvier, disposées en demi-cercle ; belle étoile secondaire (la Perle).

La Lyre a une belle étoile primaire, Wéga, qui offre, avec Arcturus et la Polaire, un grand triangle. Elle est opposée à la Chèvre.

Le Cygne ou la Croix forme à l'orient de la Lyre une grande croix dans la Voie lactée. La 61e de cette constellation est la seconde étoile la plus rapprochée de la Terre.

L'Aigle, au midi du Cygne et de la Lyre : elle est reconnaissable à trois étoiles voisines et en ligne oblique dont celle du milieu s'appelle Altaïr.

Antinoüs, quadrilatère au midi de l'Aigle.

Le Dauphin, losange de quatre étoiles serrées au midi de la plus brillante du Cygne.

Le Serpentaire ou Ophiucus et le Serpent, deux constellations enlacées qui occupent un vaste espace. Ce dernier s'abaisse jusqu'au-dessous de l'équateur.

Hercule, formé particulièrement d'un grand quadrilatère.

Constellations zodiacales. — Les anciens ont placé douze constellations autour de l'écliptique, c'est-à-dire dans la partie du Ciel que le Soleil semble parcourir pendant un an; ils les nommèrent les douze maisons du Soleil, parce que le Soleil leur paraissait s'arrêter tour à tour chaque mois dans l'une d'elles.

Ils nommèrent Zodiaque [1] l'ensemble de ces

---

1. Il ne faut pas oublier que la constellation et le signe sont des choses très distinctes : le signe est une mesure précise et définie, tandis que la constellation renferme un espace très variable. Il résulte du phénomène de la *précession des équinoxes* que les constellations qui correspondaient autrefois aux signes du même nom, s'en sont écartées notablement, de sorte que la correspondance n'existe réellement pas. Le Zodiaque proprement dit n'est plus aujourd'hui qu'une concep-

douze constellations, parce que six d'entre elles portent un nom d'animal.

Le poète Ausone a mis en deux vers latins les douze signes ou constellations parcourues par le Soleil pendant une année. Il est alors facile de les apprendre par cœur.

Sunt : Aries, Taurus, Gemini, Cancer, Leo, Virgo,
Libraque, Scorpius, Arcitenens, Caper, Amphora, Pisces.

Nous les donnons en français avec le signe qui les caractérise :

Le Bélier	♈	La Balance	♎
Le Taureau	♉	Le Scorpion	♏
Les Gémeaux	♊	Le Sagittaire	♐
Le Cancer	♋	Le Capricorne	♑
Le Lion	♌	Le Verseau	♒
La Vierge	♍	Les Poissons	♓

Les signes sont hiéroglyphes : en effet, ♈ sont les cornes d'un bélier, ♉ la tête d'un taureau, et ♒ un cours d'eau.

Chaque signe occupe un arc céleste de 30° sur une zone de 18° de largeur.

Le zodiaque commence par le Bélier, parce que du temps d'Hipparque, le père de l'astronomie, le

tion sans aucune utilité et qui se trouve ainsi bannie de l'astronomie moderne. Il ne reste du Zodiaque qu'une sorte d'importance historique.

Soleil traversait la constellation du Bélier à l'équinoxe du printemps.

Chez les Égyptiens, le Bélier était consacré à Jupiter Ammon; le Taureau figurait le bœuf Apis,
leur principale divinité; les Gémeaux rappelaient
Horus et Harpocrate, que ce peuple ne séparait pas
dans son culte; l'Écrevisse était consacrée à Anubis; le Lion au Soleil ou à Osiris; la Vierge à Isis;
la Balance et le Scorpion au dieu Typhon; le Sagittaire à Hercule; le Capricorne à Mendès; les
Poissons à Nephtis; enfin, le Verseau rappelait
l'usage des Égyptiens d'aller en janvier chercher
une cruche d'eau à la mer.

Malgré ces données, les astronomes ne sont pas
d'accord sur les origines du zodiaque [1]. Plusieurs,
tels que Lalande, Dupuis et Francœur, y voient les
douze travaux d'Hercule, et Hercule n'est que le
Soleil lui-même considéré dans ses attributs relatifs
aux douze mois de l'année.

On a fait d'inutiles efforts pour substituer d'autres
noms à ceux du zodiaque. Au viiie siècle on voulut
les remplacer par les noms des apôtres, et l'historien Daunon dit avoir vu un calendrier où saint
Pierre et saint André remplacèrent le Bélier et le
Taureau. On voulut aussi remplacer les noms my

---

1. Voir notre ouvrage : *le Monde des infiniment grands.*

thologiques par les noms de David, Salomon et autres personnages tant de l'Ancien que du Nouveau Testament.

D'autres efforts modernes ont complètement échoué et les anciens nous sont restés. On a fait valoir à l'appui qu'il faudrait retoucher aux ouvrages des Anciens et qu'ils sont trop respectables pour établir une nouvelle distribution du Ciel qui jetterait de la confusion dans la Science.

Nous allons les décrire les uns après les autres ;

1º Le Bélier (♈) au-dessous d'Andromède, sur la ligne des Pléïades. Les Anciens l'avaient mis à la tête de l'année, parce qu'il marche à la tête du troupeau et qu'il ouvre pour ainsi dire la marche. Cette constellation est peu remarquable.

2º Le Taureau (♉), dont font partie les Pléïades ou la Poussinière et les Hyades. On voit, en effet, sur le dos du Taureau six étoiles très serrées ; ce sont les Pléïades. Une étoile de première grandeur, un peu rougeâtre, est l'Œil du Taureau ou Aldébaran : elle termine la branche inférieure d'un V oblique formé de cinq étoiles très visibles, avec un peu d'attention, qui sont les Hyades ou front du Taureau.

3º Les Gémeaux (♊). Ils forment une sorte de parallélogramme oblique à l'est du Taureau. Castor et Pollux en forment la tête et sont deux belles

étoiles de deuxième grandeur. Au-dessous est Procyon ou le Petit Chien, étoile de première grandeur.

4° L'Écrevisse ou le Cancer (♋), le signe le moins
apparent du zodiaque; il n'est composé que d'étoiles
de quatrième grandeur.

5° Le Lion (♌), grand trapèze de quatre belles
étoiles au-dessous de la Grande Ourse. La base inférieure a deux étoiles primaires dont l'une se
nomme Régulus ou le Cœur du Lion.

6° La Vierge (♍). Sur le prolongement de la
grande diagonale du carré de l'Ourse, on voit, vers
le midi, une étoile de première grandeur : c'est
l'Épi de la Vierge, près d'Arcturus.

7° La Balance (♎), à l'est de l'Épi, ressemble
exactement aux Gémeaux par deux étoiles de
deuxième grandeur, sauf qu'elles sont plus éloignées l'une de l'autre.

8° Le Scorpion (♏), la Lyre, Arcturus et Antarès
ou le Cœur du Scorpion forment un grand triangle
isocèle dont Arcturus est le sommet. Antarès, d'un
bel éclat rouge, est le centre d'un arc convexe vers
la Balance, formé de cinq ou six étoiles disposées
en diadème.

9° Le Sagittaire (♐) forme un trapèze oblique
un peu à l'orient d'Antarès; à droite est une file
d'étoiles en ligne courbe imitant un arc convexe

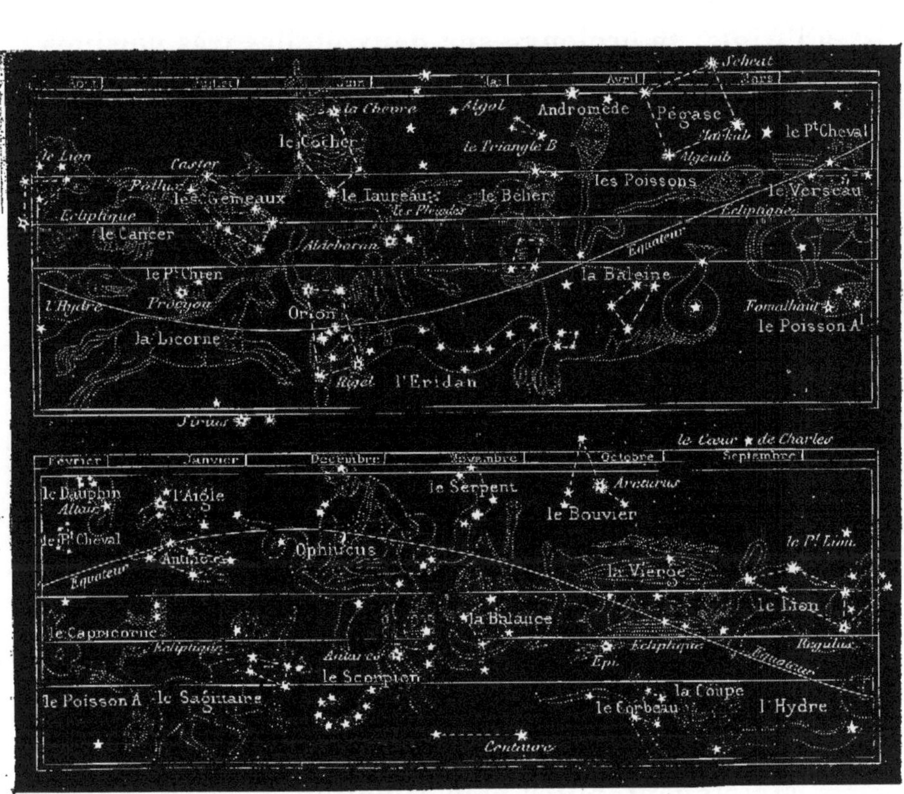

Constellations zodiacales.

vers le Scorpion. La flèche est indiquée par trois étoiles de deuxième et troisième grandeur qui se dirigent vers la queue du Scorpion. A Paris, cette constellation se voit près de l'horizon.

10° Le Capricorne (♑). La ligne, qui va de la Lyre à l'Aigle, se prolonge sur deux étoiles très voisines et tertiaires; c'est la tête du Capricorne. La plus élevée est double.

11° Le Verseau (♒), triangle très aplati avec une ligne sinueuse de très petites étoiles, aboutissant à l'horizon. L'étoile la plus septentrionale du triangle occupe un point de l'équateur.

12° Les Poissons (♓); constellation peu apparente composée de deux files d'étoiles très fines (troisième et quatrième grandeur) qui vont en divergeant l'une vers Andromède et le carré de Pégase, l'autre vers le Verseau.

Comme les étoiles du zodiaque sont tantôt au-dessus, tantôt au-dessous de l'horizon, il faut donc savoir à quelle époque elles sont visibles.

Maintenant, faites bien attention à ceci :

Les étoiles, et par conséquent les constellations, se lèvent et se couchent tous les jours au même point de l'horizon pour le même lieu; mais le lever ne se fait pas tous les jours à la même heure. Si l'on suit attentivement la même étoile, on verra facile- ment que son lever avance un peu chaque jour, a lieu un peu plus tôt que la veille, et ce n'est qu'au bout de 365 jours qu'elle se lève exactement au même endroit où on l'avait vue se lever l'année précédente. Il en résulte que le Ciel change chaque jour et chaque soir d'aspect, c'est-à-dire que bien que les constellations passent toutes au méridien en vingt-quatre heures [1], celles qui y passeront en janvier ne sont pas celles qui y passeront en juin. A six mois d'intervalle les constellations qui occupaient le Ciel visible pendant la nuit, seront celles qui l'occuperont pendant le jour, et *vice versa*. De même celles qui se levaient à un instant donné, se coucheront à ce moment-là six mois auparavant et celles qui se coucheront se lèveront à la même heure six mois après.

Nous allons indiquer le passage des constellations au méridien pour chaque mois de l'année :

PASSAGE DES CONSTELLATIONS ZODIACALES AU MÉRIDIEN [2], A NEUF HEURES DU SOIR, POUR LE PREMIER DE CHAQUE MOIS DE L'EST A L'OUEST.

Janvier.   Le Taureau (les Pléïades, Aldébaran).
Février.   Les Gémeaux sont encore un peu à l'est.
Mars.   Le Cancer. — Castor et Pollux sont passés.
              Procyon est au sud et les petites étoiles de

1. De l'est à l'ouest ou de gauche à droite.

2. Pour trouver le méridien, tirez à ce moment une ligne descendant du zénith au sud.

l'Écrevisse ou du Cancer sont encore à l'est, mais vont bientôt passer.

Avril.	Le Lion. — Remarquez Régulus,
Mai.	β du Lion et chevelure de Bérénice.
Juin.	L'Épi de la Vierge, ainsi que Arcturus.
Juillet.	Balance et Scorpion.
Août.	Antarès ou le cœur du Scorpion. — Ophiucus.
Septembre.	Le Sagittaire. — L'Aigle.
Octobre.	Capricorne et Verseau.
Novembre.	Les Poissons. — Pégase.
Décembre.	Le Bélier.

Constellations australes. — La Baleine, au-dessus du Bélier, composée d'un parallélogramme et de deux quadrilatères, l'un beaucoup plus petit que l'autre, et le premier à la gauche du second.

Le Poisson Austral, sous le Verseau, renferme une belle étoile primaire, Fomalhaut, qu'on peut distinguer si l'atmosphère est pure, parce qu'elle rase l'horizon au sud. Cette constellation s'élève très peu sur l'horizon de Paris.

Orion, la plus belle de toutes les constellations, par son étendue et le nombre d'étoiles brillantes qui la composent. Nous la voyons briller dans les belles nuits d'hiver, et elle se trouve dans une région du Ciel qui est peuplée d'une multitude d'étoiles éclatantes. Vers neuf à dix heures du soir, en février et mars, on peut découvrir à la fois jusqu'à 12 étoiles de première grandeur : Sirius, Procyon, la Chèvre, Aldébaran, Arcturus, l'Épi, le Cœur de l'Hydre, Orion, les Gémeaux et le Lion, sans compter un grand nombre de secondaires.

Orion forme un grand quadrilatère ; au milieu sont trois secondaires serrées, disposées en ligne oblique, c'est le Baudrier, la Ceinture, les Trois Rois, le Râteau, le Bâton de Jacob. Cette ligne va au nord-ouest à Aldébaran et au sud-est à Sirius ; au-dessous est une traînée lumineuse de 3 étoiles très rapprochées, c'est l'Épée. Entre l'épaule occidentale et Aldébaran est le Bouclier, composé d'une file d'étoiles très petites disposées en ligne courbe.

Le Grand-Chien, grand quadrilatère à gauche et à la base d'Orion. Cette constellation est remarquable par l'étoile Sirius, la plus belle étoile du Ciel.

Le Petit Chien (Procyon), à l'est de l'angle supérieur du quadrilatère d'Orion.

L'Eridan, constellation composée d'une foule d'étoiles tertiaires et quaternaires, qui vont en serpentant de l'angle occidental inférieur d'Orion, en descendant sous l'horizon, où elle se perd. Elle se termine par une belle étoile primaire (Acharnus).

Le Lièvre, quadrilatère au-dessous d'Orion.

L'Hydre, longue constellation qui occupe le quart de l'horizon, sous le Cancer, le Lion et la Vierge.

Le Corbeau, grand trapèze de 4 étoiles tertiaires au midi de la Vierge et sur l'alignement de la Lyre et de l'Épi.

La Coupe, formée de six quaternaires en demi-cercle au-dessous du Lion.

Le Navire, le Vaisseau, à l'orient du Grand Chien. L'horizon nous en cache une partie et surtout la plus belle étoile après Sirius, c'est Canope.

La Licorne, disposée en V oblique entre le Petit Chien et Orion.

Le Centaure [1], au-dessous de l'Épi de la Vierge. Elle s'élève peu sur notre horizon et contient plusieurs belles étoiles, entre autres deux de première grandeur. Entre les jambes du Centaure est la Croix du Sud, formée de 4 secondaires toujours cachées pour nous.

Le Loup, au sud-ouest d'Antarès.

Le Solitaire, au-dessous de la Balance.

Le Télescope, sous la flèche du Sagittaire, dans les brumes de notre horizon.

L'Autel, sous la queue du Scorpion, invisible à Paris.

La Couronne australe, très petites étoiles au-dessous du Sagittaire.

La Grue, au-dessous du Poisson austral, et d'autres dont nous ne parlerons pas, parce que ces constellations, voisines du pôle austral, ne sont jamais visibles à Paris.

---

1. α du Centaure est l'étoile la plus voisine de la Terre.

CHAPITRE III

ASCENSION ET DÉCLINAISON DES ÉTOILES

Lunette méridienne ou instrument des passages. — Comment
on détermine la position des étoiles dans le Ciel.

Si je disais à mes lecteurs que parmi cette
multitude innombrable d'étoiles que le Ciel offre
à notre vue d'une manière si confuse, il n'en est
aucune qui ne soit parfaitement connue des astronomes, qui n'ait son nom, ses notes, son histoire, et dont on n'assigne, d'avance et d'une manière aussi précise que certaine, à quelles heures,
minutes, secondes elle se lève ou se couche, ou
passe derrière un fil placé d'une certaine manière ;
si j'ajoutais que ces déterminations si précises s'ap-
pliquent non seulement à une étoile que notre vue
peut atteindre, mais à une foule d'autres qui échap-

3.

pent à l'œil nu, et que les astronomes ne peuvent saisir qu'au moyen de leurs puissantes lunettes, — je dirais une chose assurément bien incroyable, et telle est cependant la vérité.

Nous allons donc expliquer la manière dont les astronomes s'y prennent pour déterminer la position exacte d'un astre à un instant donné; sans cela, il serait impossible de concevoir une idée exacte des faits les plus simples.

Le passage des astres à leur culmination étant d'une grande importance en astronomie, on a imaginé un instrument propre à en faire l'observation ; c'est ce qu'on nomme une lunette méridienne ou des passages. Voici en quoi elle consiste :

Au foyer de cette lunette, montée comme un canon sur son affût, on place un réticule [1], muni de 3, 5 ou 7 fils verticaux équidistants, croisés par un fil horizontal. L'instrument est porté sur des bras parfaitement égaux et perpendiculaires à l'axe optique. On le vérifie par le retournement ; on place

1. Dans l'intérieur des lunettes astronomiques et *au lieu où se forme l'image réelle,* sont tendus des fils très fins en platine, qui ont à peine un millième de millimètre d'épaisseur. L'un d'eux est horizontal ; il est coupé par trois ou cinq autres fils verticaux équidistants, dont celui du milieu détermine l'axe de la lunette : le moment où une étoile est éclipsée derrière ce fil est considéré comme le moment précis du passage. Les autres servent à divers usages, qui ont également pour objet la précision des mesures.

le bras droit sur le support gauche, et réciproque-
ment, et il faut que, dans ces deux positions, le fil
moyen du réticule se peigne précisément sur la
même ligne de mire tracée au loin dans la campagne.

Les bras de la lunette méridienne sont portés
sur des supports inébranlables qu'on a construits
dans une situation convenable, et posent par leurs
bouts, ou tourillons, sur des coussinets un peu
mobiles qu'on fixe à volonté. L'un peut se mouvoir
verticalement, pour amener les bras à prendre une
direction parfaitement horizontale, ce dont on s'assure par le niveau à bulle d'air. Comme les bras
sont perpendiculaires à l'axe optique de la lunette,
cet axe doit, dans cet état, décrire un plan vertical. L'autre coussinet peut s'avancer sur le support, dans le sens horizontal, afin de pouvoir amener l'axe optique dans le plan du méridien, où il
est déjà placé approximativement à l'aide d'une
boussole, ou par tout autre moyen. On observera
le passage d'une étoile à chacun des fils verticaux
du réticule, le long du fil horizontal, et l'on notera
l'heure, la minute et la seconde qui répondent à
ces observations. L'instant moyen est celui du passage par l'axe optique qui répond au fil du milieu ;
il sera donc facile, par divers essais, de diriger la
lunette, de manière que le plan vertical de son axe

Lunette méridienne ou des passages

optique coupe par moitié le cercle diurne que décrit une étoile circumpolaire.

Ce plan est le méridien.

Les astronomes ont divers procédés pour s'assurer que la lunette méridienne est exactement placée, ou pour en calculer la petite déviation et corriger les observations.

Comme les essais sont trop longs pour amener la lunette à la position précise, on a soin de marquer au loin, sur une mire, la direction du méridien, afin de la retrouver et d'y ramener le fil du milieu, lorsqu'il s'en trouve écarté par quelque cause. L'un des bras porte une alidade [1] perpendiculaire, qui, se mouvant à mesure qu'on fait tourner la lunette sur ses tourillons, indique, sur un cercle gradué fixe, les diverses inclinaisons que prend cet instrument.

Ce cercle se nomme cercle mural.

Nous ne dirons rien des soins indispensables à prendre : par exemple, on diminue les frottements sur les coussinets, en allégeant le poids qu'ils supportent ; on creuse les tourillons pour pouvoir éclairer les fils et les rendre visibles dans l'obscu-

---

1. Règle mobile et horizontale, ayant à ses deux extrémités deux plaques de cuivre verticalement placées, qu'on appelle *pinnules*, et tournant sur le centre d'un instrument avec lequel on mesure les angles. Elle est d'un usage très répandu.

rité ; on prend des fils très fins ; on s'assure de leur parallélisme, de leur équidistance, etc.

Huygens est le premier qui imagina d'adapter un repère fixe aux deux bords du tuyau, idée bien simple qui devait avoir cependant des conséquences immenses. On se servit d'abord, à cet effet, de cheveux ; mais on ne tarda pas à s'apercevoir qu'ils étaient trop gros, et que d'ailleurs les rayons solaires les brûlaient. Les fils d'araignée que l'on employa ensuite ne brûlent pas, mais ils sont, à l'exception de celui qui porte la toile, hygrométriques et sujets par conséquent à se briser sous l'influence des variations atmosphériques. Enfin l'idée vint en dernier lieu de se servir de fils métalliques, si on pouvait les obtenir assez fins. Le laminage les donnait toujours trop gros, ou, lorsqu'on voulait les obtenir trop fins, ils se cassaient : un procédé ingénieux conduisit enfin au résultat désiré. Le voici :

Ces fils, qui sont en platine, sont d'abord amincis à la filière autant que cette opération peut le permettre. Ils sont ensuite mis dans des cylindres où l'on fond de l'argent, et forment ainsi l'axe de ces cylindres d'argent, qui, passés eux-mêmes à la filière, sont réduits en fils. Le platine s'est aminci en proportion, et, pour le dégager, on plonge le tout dans l'acide nitrique qui dissout l'argent sans agir sur le platine. Cet axe presque idéal de platine, ce fil si ténu qu'il est beaucoup plus fin que ceux des toiles d'araignées, constitue l'une des bases les plus importantes de l'observation : adapté au télescope, il prend le nom de *pinnule télescopique*.

Déclinaison d'une étoile. — Lorsqu'on dirige la lunette vers un point donné du Ciel, une étoile, par exemple, l'arc compris sur le limbe, entre la ligne de visée et la direction du fil à plomb, mesure la distance angulaire de l'étoile au zénith. Le complément de cet angle, ou sa différence à 90°, est la distance méridienne de l'astre à l'horizon ou la hauteur de l'astre. Le cercle mural fait donc connaître par une seule observation la hauteur d'un astre et l'instant de son passage au méridien. Il nous dit aussi en même temps de combien cet astre est austral ou boréal, ce qu'on appelle la *Déclinaison*, c'est-à-dire de combien il est éloigné de l'équateur vers l'un ou l'autre pôle. On voit qu'elle peut être australe ou boréale.

La déclinaison répond à la latitude en géographie.

La déclinaison d'un astre ou sa distance à l'équateur est toujours égale au complément ou à la différence entre 90° et sa distance au pôle. La distance au pôle s'obtient en retranchant la hauteur du pôle pour le lieu de l'observation de la hauteur de l'astre sur l'horizon, hauteur que donne immédiatement le cercle mural, ainsi que nous venons de le dire.

Ascension droite des étoiles. — La déclinaison d'un astre indique le cercle parallèle à l'équateur sur lequel il se trouve situé. On peut bien, sur ce parallèle, prendre un point arbitraire et y placer Sirius, par exemple, l'étoile la plus brillante du Ciel, après avoir déterminé sa déclinaison. Mais où placer les autres étoiles qui ont la même déclinaison que Sirius? La position des étoiles n'est donc pas complètement déterminée par l'observation de leurs déclinaisons. Il est nécessaire pour cela d'avoir une autre donnée. Cet autre élément de position, c'est l'ascension droite de l'astre. L'observation note avec précision l'heure, la minute, la seconde, où l'astre qu'il suit, Sirius, par exemple, vient se placer devant le fil central de la lunette méridienne; il observe avec la même précision l'instant du passage au méridien d'autres étoiles. Comparant entre elles les observations du passage au méridien des différentes étoiles, il aura en temps les intervalles qui les séparent, et il lui sera loisible de convertir ces temps en arcs de grand cercle, en se rappelant l'uniformité du mouvement de la sphère céleste, qui accomplit invariablement sa révolution en 24 heures; d'où il résulte qu'une différence d'une heure correspond à 15°, une minute de temps à 15 minutes, une seconde à 15 secondes. On aura ainsi les distances des différents méridiens qui renferment les étoiles observées à l'un d'eux pris pour point de départ, ou ce qu'on appelle leur *ascension droite*. Une erreur d'une seconde affecterait la mesure de l'arc d'une erreur de 15 secondes. Mais on a diminué considérablement les chances d'erreur en divisant le champ de la lunette en plusieurs intervalles égaux, au moyen de fils verticaux équidistants, d'une finesse extrême, dont nous avons parlé. Ces fils servent à déterminer la position précise des astres qu'on observe. Pour qu'ils restent toujours fixes et bien tendus, on les applique sur une plaque métallique percée en forme de diaphragme, que l'on fixe dans la lunette au moyen d'une vis latérale. L'appareil se nomme *micromètre*. Il y en a de plusieurs espèces, mais le plus simple est composé de cinq fils parallèles et d'un sixième qui les coupe à angles droits. Quelquefois il est composé seulement de deux fils parallèles dont l'un est mobile, croisés par un troisième.

L'instant du passage de l'astre devant chacun de ces fils se compte avec une précision admirable, au moyen de montres d'un mécanisme particulier et très ingénieux. L'observateur arrête la montre au moment du passage de l'astre devant un des fils, et il y a suspension du mouvement pendant qu'il observe ; mais à peine a-t-il poussé une détente, que l'aiguille se remet en mouvement, répare le temps perdu et vient se replacer dans la position qu'elle eût occupée si l'arrêt momentané n'avait pas eu lieu. Bréguet en a imaginé une d'un mécanisme plus ingénieux encore, où l'aiguille se charge elle-même de la notation, et en dispense l'observateur. Une pointe, liée au mécanisme de l'instrument, traverse une petite cavité hémisphérique, remplie d'une encre gluante et huileuse, dont on ne craint point par conséquent l'épanchement, et vient marquer un point sur un papier préparé à cet effet.

Mais le méridien de Sirius, que nous avons pris pour point de départ tout à l'heure, n'est pas celui que l'on a choisi en astronomie pour cet objet, parce que Sirius ne se voit pas de tous les points indifféremment. Le signe du Bélier, point où le Soleil coupe l'équateur lorsqu'il remonte du tropique austral vers le pôle boréal, est le point à partir duquel les astronomes comptent les ascensions droites.

L'ascension droite, comme le montre la figure ci-jointe, est donc l'angle que fait le plan horaire d'une étoile avec le méridien, à l'instant où le point fixe du Bélier, qui marque l'équinoxe du printemps, se trouve dans le plan du méridien. L'ascension droite se compte toujours d'occident en orient et depuis 0 jusqu'à 360°, étendue de la circonférence entière.

Soit une étoile E : sa déclinaison est la distance ED qui la sépare de l'équateur, mesurée par le cercle PDP', qui est perpendiculaire sur cet équa-

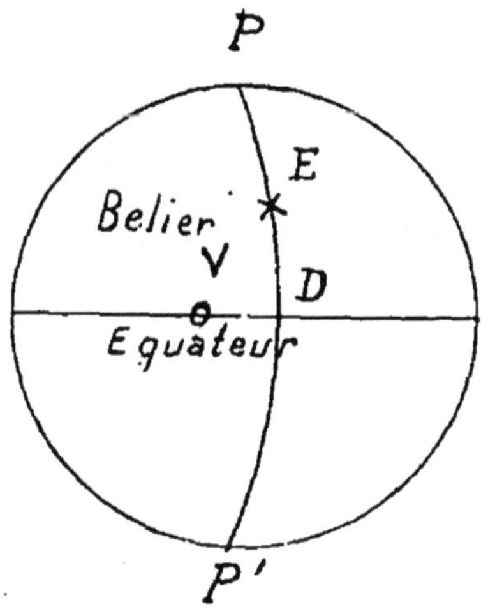

teur. Cette déclinaison est boréale, puisque l'étoile est au nord de l'équateur, par rapport à nous. Supposons-la de 30°, nous aurons :

Déclinaison........   = + 30°.

ou exprimée en distance polaire, la soustraction donne PE = PD — PE ou 90° — 30°. Elle est donc de 60° et nous écrivons :

Distance polaire....   = 60°.

Maintenant supposons l'étoile au delà de l'équateur et également à 30°; alors on additionne sa déclinaison à 90° au lieu de la soustraire, et la distance polaire devient 90 + 30 ou 120°.

Mais la déclinaison seule ne suffit pas, il faut trouver sa position sur le cercle-latitude ou sur le cercle tracé à 30° au-dessus de l'équateur. On l'obtiendra en mesurant la distance OD qui sépare son cercle vertical du point O du Bélier choisi pour point de départ des ascensions droites. Supposons la distance DO de 1 h. 30, nous aurons :

$$\text{Ascension droite..} \qquad = 1 \text{ h. } 30 \text{ m.}$$

de plus

$$\text{Déclinaison ......} \qquad = + 30°.$$

qui se marquent ainsi :

$$\text{AR (ascension recta).}$$
$$\text{D (déclinaison).}$$

Mais il y a aussi les latitudes et les longitudes célestes. Les latitudes célestes sont la distance de l'étoile à l'écliptique, et les longitudes célestes sont la distance à l'équinoxe du printemps comptées sur l'écliptique. On voit quelle différence il y a entre celles-ci et les latitudes et longitudes géographiques.

On appelle la déclinaison et l'ascension d'une

étoile ses coordonnées ; dès lors sa position est fixée.

Comme les positions des astres sont prises par rapport à des cercles de la sphère céleste invariablement fixes, puisque, en effet, ce sont l'équateur céleste et un méridien fixe, tous les observateurs situés à la surface de la Terre peuvent y rapporter leurs observations et comparer entre eux les résultats qu'ils ont obtenus.

En observant à des époques assez éloignées les unes des autres, les ascensions droites et les déclinaisons de plusieurs étoiles, on a remarqué ce singulier phénomène qu'elles changeaient avec le temps, ce qui semblait indiquer un mouvement général des étoiles. Mais on remarqua, en outre, que les distances angulaires qui les séparaient n'éprouvaient aucun changement ; on en conclut alors que le déplacement du point équinoxial, point de départ de leurs coordonnées, était la cause du phénomène. D'un autre côté, les observations, aidées du calcul, démontrèrent que le mouvement apparent de toutes les étoiles avait lieu, comme si elles étaient toutes entraînées d'un mouvement commun parallèlement à l'écliptique et en sens contraire de l'ordre des signes du Zodiaque, ou, si on veut, contrairement au mouvement annuel du Soleil, qui se fait d'occident en orient. Or tout ceci s'explique par la simple rétrogradation du point équinoxial le long de l'écliptique, et il n'est point nécessaire que l'inclinaison change d'ailleurs. C'est, comme nous l'avons vu en son lieu, le célèbre phénomène de la précession des équinoxes. (Voir le volume *la Terre*.)

Catalogue d'étoiles. — Ce que nous venons de dire va faire comprendre comment on peut obtenir un catalogue d'étoiles au moyen de la lunette méridienne ou de tout autre instrument convenable.

Après avoir placé dans la première colonne le nom d'une étoile quelconque et celui de la constellation à laquelle elle appartient, on détermine l'instant du passage de l'étoile dans le plan du méridien, et on note exactement l'heure, la minute, la seconde de ce passage, en partant de 0 heure du pendule. Ces valeurs seront contenues dans la seconde colonne. La troisième indiquera la déclinaison ou distance polaire de l'étoile. On fait la même chose pour toutes les autres étoiles. Ces données acquises, il est facile d'indiquer sur un plan leurs différentes positions dans l'espace, et on possédera ainsi une carte céleste sur laquelle seront tracés les divers groupes d'étoiles que forment les constellations. Hipparque est le premier qui les ait construites, et comme les distances relatives des étoiles n'ont pas présenté de changement sensible depuis les premières observations, ces cartes peuvent encore être employées, à la rigueur, pour connaître les principales constellations du Ciel.

« La position d'une étoile une fois bien définie, disait Herschel, constitue un point fixe d'une immense importance dans la constitution de l'Univers ; l'instrument qui l'a déterminée périra ; il en sera de même de l'astronome et de sa génération, mais ce point reste comme un terme fixe d'une stabilité éternelle, plus inaltérable que des monuments de bronze ou des pyramides de marbre. »

En effet, un catalogue d'étoiles bien fait est une œuvre de bénédictin, qui parfois peut passionner celui qui s'en occupe, mais qui ne donne pas la gloire comme certaines découvertes astronomiques illustrent leur auteur. De nos jours, un astronome, Yarnall, est mort subitement une heure après avoir reçu le premier exemplaire d'un catalogue de 10,658 étoiles auquel il avait travaillé obscurément pendant vingt-six ans de sa vie, de 1845 à 1871. Remarquez qu'il avait observé chacune d'elles sept ou huit fois en moyenne et quelques-unes plus de trois cents fois. N'avais-je pas raison de dire qu'un bon catalogue d'étoiles est une œuvre de bénédictin !!

Comme nous l'avons déjà dit, le plus ancien catalogue est celui d'Hipparque, il a deux mille ans, cent vingt-sept ans avant J.-C. Il contient 1,022 étoiles observées à Rhodes.

Aujourd'hui, l'immense atlas d'Argelander, publié en 1863, présente à l'œil émerveillé 324,000 étoiles, observées à Bonn, avec leur position précise et leur grandeur naturelle ou apparente. Il y a maintenant plus d'un million d'étoiles cataloguées et marquées sur les cartes célestes. Chacune d'elles a été observée séparément. Quelle patience !

Il est bon de remarquer que, dans les observatoires, les lunettes sont mues par des mouvements d'horlogerie d'une précision étonnante, en sens inverse du mouvement de la Terre. Quand une fois on a fixé la lunette sur une étoile et qu'on l'a mise en communication avec le mouvement d'horlogerie, l'étoile ne quitte plus le champ de l'instrument et on peut l'étudier à son aise, comme si la Terre avait cessé de tourner. De plus, quand on connaît exactement la position d'une étoile dans le Ciel, on peut diriger l'instrument d'après ses coordonnées et sans voir l'astre ; on sera certain qu'il sera au bout de la lunette dès qu'on mettra l'œil à l'oculaire.

Mais il faut que les calculs soient bien exacts. Nous nous rappelons qu'une nuit que nous observions, à la grande lunette de l'Observatoire de Paris, du temps de Leverrier, une étoile du Capricorne, nous fûmes fort étonnés de ne pas l'apercevoir dans le champ de la lunette. Nous refîmes le calcul à une tierce près au lieu d'une seconde, et nous eûmes l'immense satisfaction de voir l'étoile dont nous cherchions la position exacte, se présenter dans le champ de l'instrument.

CHAPITRE IV

CLASSIFICATION DES ÉTOILES — NOMBRE DES ÉTOILES
LES ÉTOILES VUES AU TÉLESCOPE

On classe les étoiles suivant leur éclat apparent, car on ne connaît pas leur grosseur ; et les places les plus remarquables, parmi celles qui sont visibles à l'œil nu, sont déterminées avec une grande précision et consignées dans des tables, non seulement pour la détermination des positions géographiques au moyen de leurs occultations, mais encore pour servir comme points de repère pour indiquer les places des comètes et autres phénomènes célestes.

La vue simple ne peut guère distinguer que six grandeurs d'étoiles ; les vues exceptionnelles vont jusqu'à la septième, mais le télescope nous fait apercevoir celles de la quinzième grandeur et au delà, jusque dans les profondeurs de l'infini.

Les étoi. s de la première grandeur ou les étoiles primaires son. au nombre de 15 ; on distingue ensuite les étoiles secondaires, tertiaires, quaternaires, etc., comme dans la figure suivante :

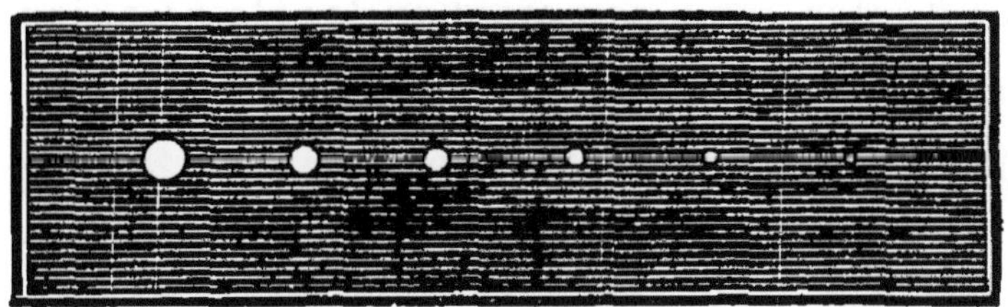

Les étoiles de la première grandeur visibles sur tous les horizons de l'Europe, sont au nombre de 15, comme nous l'avons déjà dit, voici leurs noms :

ÉTOILES BORÉALES

1. Sirius ou la Bouche du Grand Chien.
2. Wéga ou α de la Lyre.
3. Adaher ou l'Épaule d'Orion.
4. Rigel (β) ou le pied d'Orion.
5. Aldébaran (α) ou l'Œil du Taureau.
6. Castor des Gémeaux.
7. Régulus ou le Cœur du Lion.
8. L'Épi (α) de la Vierge.
9. Antarès (α) ou le Cœur du Scorpion.
10. Altaïr (α) ou le Cœur de l'Aigle.
11. Fomalhaut (α) ou la Bouche du Poisson austral.
12. Procyon ou α du Petit Chien.
13. Arcturus ou α du Bouvier.
14. Capella ou la Chèvre (α du Cocher).
15. La Queue du Cygne.

ÉTOILES AUSTRALES

16. Canopus dans le Navire.
17. Achernar ou α de l'Éridan.
18. α dans la Croix du Sud.
19. α ⎫
20. β ⎭ du Centaure.

En inscrivant les étoiles par ordre d'éclat, comme l'a fait Képler, voici comment on les classe aujourd'hui :

1re grandeur.		18	9e grandeur.		100,000
2e	—	59	10e	—	400,000
3e	—	182	11e	—	1,000,000
4e	—	530	12e	—	3,000,000
5e	—	1,600	13e	—	10,000,000
6e	—	4,800	14e	—	30,000,000
7e	—	13,000	15e	—	100,000,000
8e	—	40,000			

Ce tableau diffère *sensiblement* de celui de Képler qui ne portait guère que 1,400 étoiles.

On n'avait autrefois que des notions vagues à l'égard du dénombrement des étoiles visibles à l'œil nu, et encore les appréciations étaient très divergentes.

Le plus ancien catalogue, comme nous l'avons dit plus haut, est celui d'Hipparque qui vivait 125 ans avant notre ère. Il donne la position de 1,022 étoiles ; travail de géant, ou comme le disait Pline : chose difficile même pour un Dieu, *rem etiam Deo improbam.* En effet, à cette époque où

les moyens d'observation manquaient, cataloguer
1,022 étoiles, c'est-à-dire déterminer leur grandeur
apparente, leurs positions dans les constellations,
donner leur ascension droite et leur déclinaison,
devait être une entreprise difficile et d'une grande
patience. Comme le célèbre astronome observait à
Alexandrie où les étoiles visibles à l'œil nu dépas-
sent 4,500, il faut croire qu'il n'alla que jusqu'aux
étoiles de cinquième grandeur et encore à peine.
Il paraît certain toutefois qu'il négligea toutes celles de la sixième grandeur.

Ptolémée n'ajouta que 4 étoiles au catalogue
d'Hipparque et son catalogue comprend 49 étoiles
de la sixième grandeur. Il faut ensuite attendre l'invention des lunettes et arriver jusqu'à Képler qui,
comme nous l'avons dit, porta son catalogue à
1,400.

Aujourd'hui, parmi les plus célèbres recueils
d'étoiles recensées, il faut citer ceux du siècle dernier faits par Lacaille, Bradley, Flamsteed et Lalande ; et pour le siècle actuel ceux de Bessel, de
Weisse, d'Argelander, de Brisbarre, etc. C'est Halley et Lacaille, astronomes français, qui ont, les
premiers, dressé le catalogue des étoiles de l'hémisphère sud.

L'*Histoire céleste française*, de Lalande, renferme
47,390 étoiles ;

Les *Zones*, de Bessel, avec additions d'Argelander, en contiennent près de 100,000.

Il est difficile de se faire une idée sur la différence qu'il y a entre la vue simple et la vue télescopique. Ainsi, Argelander a eu la patience de cataloguer à leur position précise 324,000 étoiles de notre Ciel boréal [1], avec une lunette de 7 centimètres de diamètre. Là, où la vue simple ne distinguait que 5 à 6 étoiles, le télescope les montre par milliers.

On ne distingue à l'œil nu qu'environ 7,000 étoiles dans les deux hémisphères ; les bonnes vues en aperçoivent 8,000, mais ces vues sont rares. Généralement on s'imagine en voir un bien plus grand nombre et on croit pouvoir les compter par millions; mais il n'en est rien. Ce petit nombre étonnera certains lecteurs qui n'ont point cherché à se rendre compte de la quantité d'étoiles qui brillent sur leurs têtes pendant les plus belles nuits. A la vue de cette multitude de points étincelants qui parsèment le Ciel, on est tout disposé à croire qu'ils sont par millions, ou du moins par centaines de mille, mais ce n'est là qu'une illusion. Dans toute la portion du Ciel qu'on peut apercevoir au même instant, sur chaque horizon, portion qui après tout n'est jamais que la moitié du Ciel entier ou un hémis-

---

1. M. Heis, avec sa vue perçante, en trouve 3,968.

phère, les meilleurs observateurs en ont compté une moyenne de 3 à 4,000 au maximum. Cependant le Dr Gould a compté dans l'hémisphère austral 6,400 étoiles visibles à l'œil nu, entre l'équateur et le pôle sud, et il évalue à 11,000 le nombre total pour les deux hémisphères. Cette différence peut tenir à la pureté du Ciel de Cordoba où le Dr Gould observait, ou encore à l'excellence de sa vue, ou bien enfin à une densité stellaire particulière aux régions céles-tes explorées. Plus la scintillation est vive, plus il est facile d'observer les étoiles les plus faibles. Il ne faut pas oublier que si on veut se rendre un compte exact des étoiles que chaque vue peut apercevoir à l'œil nu, il faut observer lorsque la Lune est sous l'horizon et loin des grands centres de population où l'illumination des rues et des maisons empêche de distinguer les étoiles des dernières grandeurs. Le planisphère de Proctor, que nous reproduisons en tête de ce volume, les contient toutes, et le lecteur peut, s'il dispose d'une heure, s'amuser à les compter.

Mais quand on examine le Ciel avec un télescope, le nombre des étoiles ne paraît limité que par l'im-perfection de l'instrument. Le grand astronome anglais, sir William Herschel, a évalué à 50,000 les étoiles qui, en une heure de temps, et dans une zone de 2° seulement avaient passé dans le champ de son télescope. On ne se figure pas l'accumulation extraordinaire d'étoiles qui existe dans certaines parties du firmament. L'un dans l'autre, l'étendue totale des cieux doit offrir à la vision télescopique environ cent millions d'étoiles fixes ou de Soleils. Ces chiffres énormes nous écrasent de leur poids et ne nous apprennent absolument rien. Nous aimons mieux citer le savant auteur de l'*Astronomie populaire* :

« Cent millions de Soleils analogues au nôtre et entourés de mondes se comptant par milliards : ce sont là, sans contredit, des nombres bien prodigieux, et il n'y aurait rien de surprenant à ce qu'ils ne fussent pas sentis dans leur prodigieuse grandeur par nos cerveaux inaccoutumés à recevoir à la fois des chiffres aussi multipliés. Cependant, remarquons-le en passant, un chiffre bien compris en dit plus que les plus belles phrases.

« Aussi, par exemple (un instant de distraction : *similia similibus curantur*), quelle idée votre imagination vous donnerait-elle de la somme la plus énorme qui ait jamais été calculée ? Cette somme, remarque assez surprenante, est celle qui serait produite actuellement par les intérêts composés de cinq centimes placés à la naissance de J.-C. Un rhétoricien aura beau vous affirmer que cette somme serait si énorme que tous les wagons de tous les chemins de fer du monde ne pourraient pas la porter, il aurait beau vous dire que les Alpes et les Pyrénées, fussent-elles des mines de diamant, ne représenteraient pas sa valeur, si un calculateur constate qu'elle ne peut s'écrire que par la rangée suivante de 39 chiffres :

342,653,248,699,000,000,000,000,000,000,000,000,000

« Ou, en nombre rond :

342 undécillions 653 décillions de francs.

« Nous tombons absolument abasourdis sous le coup d'un pareil nombre! Ce nombre, dès lors, s'éclaire, s'illumine, se transfigure, lorsque nous réfléchissons que le globe entier de la Terre ne pèse que 5,875 sextillions de kilogrammes et que, s'il était formé d'or massif, il serait trois fois plus lourd, pèserait 20,562 sextillions et ne vaudrait que 69,910,800,000 milliards de milliards de francs !... Si donc notre planète était en or massif, il faudrait encore quatre milliards 900 millions de globes comme la Terre pour payer ce fameux capital. En imaginant qu'il tombât du Ciel chaque minute un lingot d'or gros comme la Terre, il faudrait que cette chute se perpétuât pendant neuf mille trois cents ans pour arriver à payer la somme totale.

« Que l'on prétende maintenant que les chiffres ne sont pas éloquents ! »

En voici un curieux exemple donné également par le même auteur :

« 10 personnes, assises à une même table, peuvent changer de place 3,628,800 manières différentes. Si au moment d'un dîner on ne parvenait pas à s'entendre, soit par modestie, soit par vanité, sur certaines questions de préséance et si l'on décidait que l'on recommencera le dîner tous les jours jusqu'à ce que la série des combinaisons possibles soit épuisée, il faudrait que les 10 mêmes personnes dînassent ensemble pendant 3,628,800 jours de suite, c'est-à-dire pendant 9,388 ans ! En supposant que les dîners aient commencé aussitôt qu'Adam et Ève eurent huit enfants, le cercle ne serait pas encore parcouru à l'heure actuelle, puisque les traditions n'accordent que 6,000 ans à l'époque de l'apparition de l'homme sur la Terre. »

Les étoiles sont répandues très irrégulièrement dans le firmament : elles abondent tellement dans de certaines places qu'elles semblent presque se toucher, tandis que dans d'autres elles ne sont que très légèrement clair-semées. Un petit nombre de groupes plus condensés offrent des aspects magnifiques, et offrent, même à la vue simple, un coup d'œil admirable. Les Pléïades et la constellation de la Chevelure de Bérénice sont de tous ces groupes les plus dignes de remarque, mais la plupart de ces amas d'étoiles présentent à l'œil nu l'apparence de légers nuages blancs ou de vapeurs; telle est la Voie lactée qui, ainsi que sir William Herschel l'a prouvé, doit son éclat à la lumière diffuse des myriades d'étoiles dont elle est composée. La plupart de ces étoiles paraissent extrêmement petites à cause de leurs distances énormes, et elles sont si nombreuses que, d'après l'estimation du même astronome, il en passa 50,000 au moins dans le champ de son télescope en une heure de temps et dans une zone de 2° de largeur. Cette portion singulière des cieux, qui fait partie de notre firmament, consiste en une couche d'étoiles très étendue mais d'une épaisseur très petite comparativement à sa longueur et à sa largeur : la Terre est placée à peu près au milieu de l'épaisseur de cette couche, près du point où elle se divise en deux branches.

Plusieurs amas d'étoiles, examinés à l'œil nu ou avec un télescope ordinaire, ressemblent à des nuages blancs ou à des comètes rondes sans queue ; mais sir John Herschel a trouvé que, vues à travers un instrument puissant, leur aspect devient comparable à un espace globulaire qui, rempli d'étoiles et isolé dans les Cieux, semble former une Société indépendante de tous les autres corps célestes et soumise à des lois qui ne régissent qu'elle seule.

« Ce serait vainement, dit-il, qu'on essayerait de

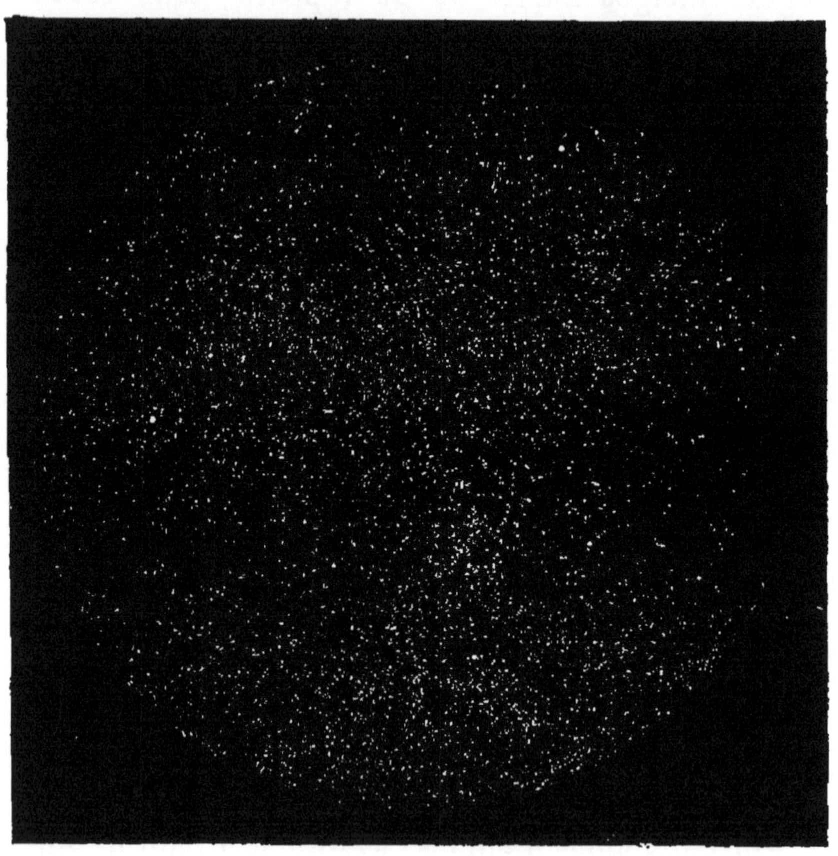

Un coin du Ciel.

compter les étoiles qui composent un de ces amas globulaires, et dans tous les cas, ce ne serait pas par centaines qu'il faudrait les compter, puisque, d'après un calcul grossièrement fait, il paraît que plusieurs de ces groupes doivent contenir dix ou vingt mille étoiles, si rapprochées les unes des autres et formant une masse si compacte dans l'espace circulaire qui les renferme, que la surface de cet espace n'excède pas la dixième partie de celui que recouvre sur le Ciel le disque de la Lune. Le centre de cet espace, où les étoiles semblent se projeter les unes sur les autres, offre l'apparence d'une flamme brillante, ou d'un foyer de lumière très éclatant. (Voir la figure).

Si, comme on le croit aujourd'hui, toutes ces étoiles sont autant de Soleils dont les distances respectives soient égales à celles qui séparent notre propre soleil de l'étoile fixe la plus voisine, l'intervalle compris entre nous et le groupe dont l'ensemble est à peine visible à l'œil nu, doit être si considérable que l'existence de cet objet magnifique ne peut nous être révélée que par la lumière qui s'en est dégagée il y a mille ans au moins. On connaît en effet aujourd'hui la distance de notre plus proche voisine, et on sait que la lumière qui parcourt 75,000 lieues à la seconde ne nous arrive de cette étoile qu'après trois ans et demi. Or, à une telle distance, non seulement l'orbite terrestre n'est plus qu'un point, mais le système solaire tout entier, vu au foyer du télescope le plus puissant, peut être couvert par *l'épaisseur d'un fil d'araignée*. Cependant combien cette distance paraîtra petite, tout immense qu'elle est, si nous la comparons à celle des corps les plus éloignés qui brillent dans les cieux ! il est hors de doute que les étoiles fixes sont lumineuses comme le Soleil; il est donc probable qu'elles ne sont pas plus près les unes des autres que ne l'est le Soleil de la moins éloignée d'entre elles. Dans la Voie lactée, de même que dans les autres nébuleuses, quelques-unes des étoiles qui nous semblent se toucher peuvent être prodigieusement loin les unes derrière les autres dans les profondeurs sans bornes de l'espace, l'on pourrait même, rationnellement, les supposer plusieurs milliers de fois plus éloignées encore. La lumière mettrait donc des siècles et des siècles à nous parvenir de ces myriades de Soleils dont celui qui occupe le centre de notre système n'est que le compagnon obscur et éloigné.

Les amas d'étoiles sont quelquefois si irréguliers et si mal terminés dans leurs contours, que leur aspect ne présente à l'esprit d'autre idée que celle d'une plus grande richesse dans la portion du Ciel qu'ils occupent que dans d'autres. Ils contiennent moins d'étoiles que les amas globulaires, et quelquefois une étoile rutilante forme au milieu d'eux un objet remarquable. Sir William Herschel les considérait comme des rudiments d'amas globulaires dans un état moins avancé de condensation, mais tendant vers cette même forme globulaire par suite de leur attraction mutuelle [1].

1. J. Herschel, *Traité d'astronomie.* — Sommerville, *Connexion des sciences.*

CHAPITRE V

DISTANCE DES ÉTOILES

Étoiles voisines. — Mesure de leur distance, — par
la parallaxe, — par la vitesse de la lumière.

Mesurer la distance qui nous sépare des étoiles
quand nous ne savons pas encore au juste celle qui
s'étend de la Terre au Soleil, n'est-ce pas de la folie
toute pure? Voilà ce que dira le lecteur, le sourire
de pitié sur les lèvres.

Eh bien ! oui, le génie de l'homme a pu mesurer
ces effroyables distances des étoiles ; il a fait mieux,
comme nous le verrons plus loin, il a découvert leur
constitution chimique, et cela par des procédés d'une
remarquable simplicité et que l'esprit le moins ouvert peut facilement saisir. Depuis le commencement de ce siècle l'idée de l'Univers s'est agrandie

et transformée en subissant la plus complète des
métamorphoses, métamorphose dont peu de personnes paraissent encore se douter. Que le lecteur
bienveillant veuille bien nous suivre.

Notre étoile la plus voisine, ou, ce qui est plus
vrai, notre Soleil le plus voisin, est Alpha (α), la
plus brillante étoile de la constellation australe du
Centaure : sa parallaxe est d'après Henderson et
Maclear, d'environ 1 seconde ($0''913$) et de $0''88$
d'apres Mœsta. Les premiers la mesurèrent de 1832
à 1839 et le second en 1867. C'est la plus grande
des parallaxes déterminées, c'est-à-dire que cette
étoile est probablement notre plus voisine.

En prenant le milliard pour unité, elle est à
8,000 milliards de lieues, et si on veut exprimer sa
distance en milliards de kilomètres, on trouve 33,400.
Cela revient à dire que sa distance au Soleil est
égale à 225,970 fois le rayon de l'orbite terrestre.
La lumière, qui parcourt 75,000 lieues à la seconde,
met 3 ans 5 à nous arriver de cette étoile. Le son
mettrait plus de 3 millions d'années pour nous parvenir. L'imagination est impuissante à se repré-
senter une telle distance, et nous ne pouvons le
faire qu'en associant au sens de la vue celui de la
perception du temps. Eh bien! pour nous figurer
cette effrayante grandeur, prenons pour unité l'espace que franchit la lumière, non plus en une

seconde, ni en une heure, ni en un jour, mais en une année, et demandons-nous depuis quand est parti le rayon lumineux qui vient de cette étoile et frappe actuellement notre rétine. Après le premier jour, ce rayon lumineux a déjà parcouru près de six fois la distance du Soleil à Neptune qui est de 1 milliard 200 millions, en nombre rond, et cependant il n'a encore parcouru que la millième partie du chemin, qui exige 1,245 jours ou 1,245 étapes pareilles, ou 8,964,000,000,000 lieues.

Cette étoile est la seconde qui ait été mesurée.

Quoique cette étoile soit la plus rapprochée de nous, sa distance pourtant, tout énorme qu'elle est, n'est que le minimum de celle à laquelle l'étoile peut être, et l'on ne pourrait dire combien de fois il se pourrait qu'elle fût plus éloignée.

« Pour que sa lumière, après avoir traversé l'abîme qui nous en sépare, nous arrive encore si intense, il faut non seulement que cette étoile, comme toutes les autres, brille de sa propre lumière, — car le globe le plus colossal et le plus blanc, éloigné à une pareille distance, ne recevrait de notre Soleil et ne réfléchirait qu'une clarté insignifiante, absolument nulle pour nos yeux, — mais il faut encore qu'elle soit plus lumineuse, plus ardente, plus éclatante que notre merveilleux foyer solaire. Si nous pouvions nous approcher d'elle, elle deviendrait un

Soleil pour nous, tandis que notre Soleil amoindri
deviendrait une étoile, et en nous envolant jusque
dans sa gloire, s'il nous était possible de le faire
sans être fondus comme de la cire, vaporisés comme
la goutte d'eau qui touche un fer rouge, nous ne
pourrions nous empêcher toutefois d'être éblouis
par sa splendeur, fascinés par sa puissance, terrifiés
par l'effroyable conflagration d'éléments qui brûlent, crient, flamboient, s'élancent autour de ce
foyer en explosions formidables, retombent en ca-
taractes de feu, rayonnent et poudroient dans l'atmosphère incendiée de l'éblouissante fournaise.

« Ainsi *chaque étoile est un ardent Soleil.* C'est leur
immense éloignement qui les réduit pour nous à
des points silencieux, mollement endormis dans le
sommeil de la nuit. »

Ce que nous disons là, d'α du Centaure, nous devons le dire, à plus forte raison, des autres étoiles.

Cette effroyable distance de 8,000 milliards de
lieues, qui n'est cependant *rien* si on la compare à
celle des autres Soleils de l'infini, est difficile à apprécier, même comme nous avons essayé de le faire.
Voyons cependant si nous pouvons nous la rendre
plus sensible.

Imaginez un train express lancé sur les rails invisibles de l'espace, et courant en ligne droite avec une
vitesse constante de 60 kilomètres à l'heure. Eh bien !

cet express mettrait neuf mois et demi à arriver à la Lune ; 266 ans pour atteindre le Soleil. Parti le 25 août 1883, instant précis où nous écrivons ces lignes, il ne parviendrait au but de son voyage qu'en l'an 2148, c'est-à-dire à la septième génération des voyageurs qui partiraient actuellement, — de sorte que ce ne serait qu'un fils de la quatorzième génération qui, en revenant ici, pourrait nous donner des nouvelles de ce que le trisaïeul de son bisaïeul lui raconterait.

Ce voyage est terrifiant, n'est-ce pas ? Cependant il n'est rien, pas une minute par rapport au temps employé par l'express pour atteindre α du Centaure, qui est cependant le Soleil le plus rapproché de nous.

Le train express n'arriverait qu'après

SOIXANTE MILLIONS D'ANNÉES

C'est tout simplement fantastique !

Victor Hugo a donc eu raison de dire : « Nul poème n'atteint en éloquence le simple spectacle d'une étoile double gravitant au fond des Cieux. »

Notre seconde voisine est la 61e du Cygne, aujourd'hui célèbre dans la Science, car c'est la première détermination positive faite.

De toutes les étoiles dont on a observé le mouvement, aucune ne paraît se mouvoir aussi rapidement, c'est ce qui l'a fait supposer plus près de nous qu'aucune autre, un objet paraissant se mouvoir d'autant plus vite qu'il est plus rapproché. Conduits par cette supposition, Arago et Mathieu ont tenté de déterminer sa parallaxe annuelle, c'est-à-dire d'établir quelle serait la grandeur du diamètre de l'orbite terrestre vu de l'étoile, et, par suite, de calculer sa distance à la Terre. Le résultat de leurs observations a été que le diamètre de l'orbite terrestre, qui est de 70 millions de lieues à peu près, ne soutiendrait, vu de l'étoile, qu'un angle d'une demi-seconde, d'où ils ont conclu que la 61ᵉ du Cygne devait être à 412 millions de fois 70 millions environ de la Terre, distance que la lumière, tout en parcourant 75,000 lieues par seconde, mettrait au moins 6 ans à traverser.

Des observations plus précises ont été faites de nos jours. L'honneur en revient à l'illustre Bessel (1837-40). Sa découverte excita l'enthousiasme des esprits que le sublime exalte. En effet, pour la première fois l'homme mesurait vraiment les Cieux [1].

1. Quelques jours avant la révolution de juillet 1830, toute la ville de Weimar était en mouvement. Le 2 août, Gœthe arrive, dans l'après-midi, chez le vieux philosophe Eckermann, et lui dit : Eh bien ! que pensez-vous de ce grand événement ? Le volcan a fait explosion ; tout est en flammes ; ce n'est plus un débat à huis clos ! — C'est une

Cette étoile est à peine visible à l'œil nu. Sa parallaxe a un peu plus du tiers d'une seconde (0″374); par conséquent sa distance au Soleil égale 551,000 fois le rayon de l'orbite terrestre, ou, ce qui revient au même, 81,000 milliards de lieues. En d'autres termes, elle est à 589,300 fois la distance de la Terre au Soleil, distance qui est, en moyenne, de 37 millions de lieues. Sa lumière nous arrive en 8 ans et 7 mois.

Sigma (σ), du Dragon, a été mesurée par Brünnow : il a trouvé sa parallaxe de 0″250. Sa distance est de 120,500 milliards de kilomètres, et le rayon lumineux qui nous la montre met 12 ans et 8 mois à nous parvenir.

Wéga (de la Lyre), étoile de première grandeur, vient ensuite ; elle est à plus de 50,000 milliards de lieues, sa parallaxe étant de 0″155 ; elle été mesurée

terrible aventure, répond Eckermann ; mais dans des circonstances pareilles, avec un tel ministère, pouvait-on attendre une autre fin que le renvoi de la famille royale? — Eh! qui vous parle de cela? répliqua Gœthe. Il s'agit d'un débat bien autrement grave et d'une conquête bien autrement importante que les querelles de partis : il s'agit d'un débat entre Cuvier et Geoffroy Saint-Hilaire. Je me réjouis d'avoir assez vécu pour voir le triomphe général d'une théorie à laquelle j'ai consacré ma vie... Et maintenant je puis mourir ! On sait qu'il s'agissait du transformisme et d'une autre conception des lois générales de l'Univers et du développement de la création, dont Cuvier s'était fait l'adversaire.

par O. Struve, et elle donne 197,850 milliards de kilomètres, et, en rayons de l'orbite terrestre, 1,332,100. La lumière en arrive après 21 ans.

Sirius (le Grand Chien, la Canicule), étoile de première grandeur, est à 52 trillions de lieues d'ici, ou, pour être exact, à 52 trillions 200 milliards. Sa parallaxe (0″150) donne 202 milliards de kilomètres. Sa découverte est due à Henderson et Peters. Si vous voulez vous faire une petite idée de cette distance, sachez qu'un boulet de canon, qui parcourt 840 mètres par seconde, mettrait 8 millions et demi d'années pour y aller, tandis que la lumière nous en arrive en 21 ans et 3 mois.

C'est encore une de nos voisines.

Nous passons ensuite à Iota (ɩ), de la Grande Ourse. Peters a trouvé que sa parallaxe était de 0″133 et sa distance de 229,500 milliards de kilomètres et, en rayons terrestres, de 1,550,000. La lumière franchit cette distance en 24 ans et 4 mois.

Arcturus, belle étoile de première grandeur, placée en ligne droite de la queue de la Grande Ourse, a été l'objet des recherches de Peters ; il a estimé sa parallaxe à 0″127 et sa distance à plus de 52,000 milliards ou 241,000 milliards de kilomètres, et, en rayons terrestres, 1,628,000. La lumière nous en arrive après 25 ans et 5 mois.

La Polaire, que tout le monde connaît, et qui

n'est que de seconde grandeur, a 0"127 pour parallaxe, d'après Peters, et est à 117,000 milliards ou à
63 trillions 948 milliards de lieues ou à 288,000 milliards de kilomètres, et, en rayons terrestres,
1,946,600. Il faut 30 ans et 6 mois à la lumière
pour franchir cet abîme.

Enfin, pour abréger, arrivons à la Chèvre, la plus
brillante étoile de la constellation du Cocher et une
des plus belles du Ciel. Peters (toujours Peters) a
déterminé sa parallaxe à 0"046 ; elle est à 170,000 milliards ou 663 milliards de kilomètres, ou en d'autres
termes, à 170 trillions 392,000 mille millions de
lieues. Lisez bien haut :

$$170,392,000,000,000$$

La lumière ne met pas moins de 72 ans à franchir
cet insondable espace, la vie tout entière d'un
homme !

Mentionnons encore Pégase (85e), dont la lumière
ne nous parvient qu'en 63 ans, et Groombridge
(1830e), qui paraît demander 96 ans pour que sa lumière nous parvienne.

Certaines étoiles sont à des mille et des millions
et des milliards de milliards de lieues, et d'autres à
des trilliards de billiards de milliards [1].

1. En chiffres : 23,888,000,000,000,000.
Ces nombres échappant à toute appréciation de l'esprit,

Voulons-nous, à un autre point de vue, nous faire une petite idée de ces distances? Transportons-nous par la pensée sur Alpha du Centaure et regardons de là notre Soleil. Eh bien! du point où nous sommes, le rayon tout entier de l'orbite terrestre[1] sera caché par un fil d'un millimètre de diamètre, reculé à une distance de 200 mètres de notre œil; en d'autres termes, une ligne de 37 millions de lieues, vue de face à cette distance, n'apparaît plus que comme un point imperceptible.

Notons que si nous ne savons pas juste à quelle distance de la Terre sont dispersées les étoiles, nous savons avec certitude qu'il n'y a pas un de ces astres qui ne soit au moins à 200,000 fois la distance du Soleil à la Terre; par conséquent, pour arriver à nous, leur lumière met au moins 200,000 fois 8' 13", c'est-à-dire 1,141 jours, ou 3 ans 45 jours. Sans doute il n'y a pas d'exagération à supposer que nous voyons des étoiles qui sont quelques milliers de fois plus éloignées et dont la lumière, par conséquent, met plusieurs siècles à venir jusqu'à nous. Tout ce qui existe dans le Ciel, au delà de notre système, pourrait être brisé, con-

afin de le rendre plus compréhensible, supposons 80,000 individus occupés jour et nuit à le compter, depuis la création du monde.

1. L'orbite terrestre est de 232 à 235 millions de lieues.

fondu, anéanti, et nous, habitants paisibles de la Terre, nous passerions encore de nombreuses années à contempler, comme aujourd'hui, ce grand spectacle d'ordre et de magnificence, qui ne serait plus qu'une illusion trompeuse, une image sans réalité.

Ces conclusions supposent que les lumières directes du Soleil et des étoiles possèdent exactement la même vitesse que la lumière réfléchie qui nous vient de Jupiter : elles supposent, par conséquent, que l'éther autour des planètes a exactement la même densité et la même élasticité que dans la masse et le voisinage du Soleil et des étoiles ; or, cela est-il prouvé ? Les expériences de Roëmer le disent-elles ? Non assurément. Est-ce du moins probable et peut-on espérer de le démontrer quelque jour ? Il est évident qu'on est obligé de répondre négativement à toutes ces questions. Il est même certain que la lumière des étoiles n'est pas semblable à celle du Soleil ; car elle donne des spectres qui diffèrent du spectre solaire par le nombre et la position des raies. Mais si l'éther qui pénètre et environne les étoiles, avait une élasticité dix, cent ou mille fois plus grande que celle du fluide qui environne les planètes, la vitesse de leurs lumières pourrait varier indéfiniment, comme celle du son varie avec l'élasticité de l'air ; elle pourrait être dix, cent fois ou des millions de fois plus grande que celle de la lumière planétaire ; et, dans ce cas, deux rayons partis au même instant, l'un d'une étoile fixe, l'autre d'une planète, pourraient nous arriver en même temps. Au reste, ces vitesses, quelque énormes qu'elles fussent, n'auraient rien d'aussi merveilleux que les hypothèses précédentes. Nous savons que, d'après les expériences de Weatstone, l'électricité qui se meut dans un fil de cuivre d'une longueur indéfinie, doit parcourir environ 115 mille lieues par seconde : voilà donc une vitesse qui surpasse de beaucoup celle que possède la lumière de Jupiter ; par conséquent, il n'y a aucune absurdité à supposer qu'il en existe d'autres qui soient dix, cent ou mille fois plus grandes. La lumière directe du Soleil, par exemple, pourrait bien avoir une vitesse de 2 ou 300 mille lieues par seconde, du moins on ne prouvera pas le contraire. Aussi, quand on affirme que la lumière de telle ou telle étoile met des milliers d'années pour arriver jusqu'à nous, on fait une hypothèse tout à fait gratuite. Il peut paraître poétique de faire ainsi voyager les ondes lumineuses pendant des siècles , mais une conjecture n'est pas une vérité démontrée, et quand on prétend déduire celle-ci des observations de Roëmer, on ne fait qu'un sophisme.

Si l'on voulait appliquer à la mesure de la distance des étoiles le procédé ordinaire de la parallaxe, comme nous l'avons fait pour la Lune et le Soleil [1], nous ferions fausse route. En effet, nous nous sommes servi des dimensions de la Terre pour arriver à ce but, mais ces dimensions sont trop petites pour être la base d'une pareille mesure, et le diamètre de l'écliptique lui même n'a pas une étendue suffisante. On a dû avoir recours à un autre moyen. Nous savons que la Terre parcourt autour du Soleil une ellipse de 241 millions de lieues, qu'elle occupe par conséquent, à six mois d'intervalle, deux positions éloignées l'une de l'autre de 74 millions de lieues. Cette longueur est assez respectable pour servir de base à un triangle dont le sommet serait une étoile. Si donc on mesure la hauteur méridienne d'une même étoile, pour un même lieu, à ces deux points opposés, on ne constatera aucune différence.

La figure ci-après fera parfaitement comprendre le problème à résoudre :

Soit E e' l'orbite décrite par là Terre autour du Soleil S, dans sa révolution annuelle, TST' le diamètre de cette orbite, T et T' la position de la Terre aux deux extrémités de ce diamètre, c'est-à-dire à six mois d'intervalle, la Terre faisant en un an

---

1. Voy. notre ouvrage : *La Lune.*

le tour entier ; soit enfin E dont il s'agit de trouver
la parallaxe, ou en d'autres termes de mesurer la
distance.

Lorsque la Terre est arrivée au point T, on mesure l'angle STE, c'est-à-dire l'angle formé par
le Soleil, la Terre et l'étoile ; puis quand elle est
arrivée en T', on mesure l'angle ST'E. La géomé-
trie nous apprend que dans tout triangle, la somme
des trois angles égale deux angles droits, ou 180°;

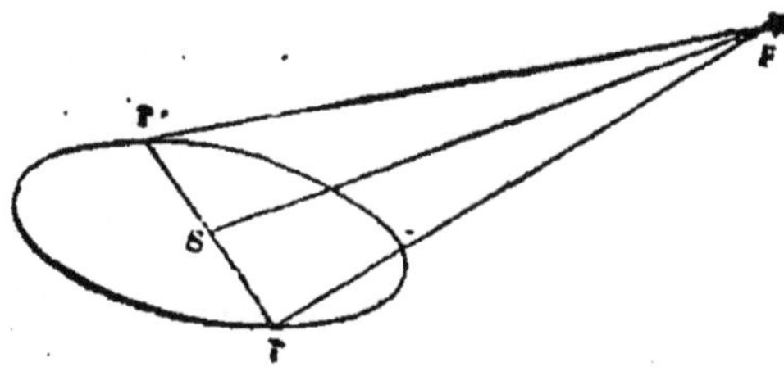

Mesure de la distance des Etoiles.

donc en faisant la somme des deux angles STE,
ST'É, et la retranchant de 180°, on a la valeur de
l'angle E, formé par le diamètre de l'orbite terrestre, aussi exactement que si on le mesurait directement de l'étoile E si on pouvait s'y transporter.
En prenant la moitié de cet angle, ou SET, on a
ce qu'on appelle la parallaxe de l'étoile E.

Si pendant toute une année on prend ainsi des
observations correspondantes à deux points de l'orbite terrestre diamétralement opposés, on aura un
grand nombre de mesures de la parallaxe annuelle.

Dans la figure ci-dessus, l'étoile est placée au pôle de l'écliptique, mais le problème, quoique plus difficile, serait le même pour les autres positions du Ciel. Pratiquement, pour avoir la valeur exacte des angles STE, ST'E, on compare les positions successives de l'étoile observée à la position d'une autre étoile relativement fixe et dont on n'a pas trouvé la parallaxe, ce qui est le cas de la plupart des étoiles.

Supposons une seconde seulement de parallaxe, ce qui n'est pas, comme nous le verrons plus loin, eh bien ! la distance de la Terre à l'étoile ainsi observée serait de 7,870 mille de millions de lieues, et il faudrait à la lumière, qui parcourt 75,000 lieues à la seconde, une durée de trois ans environ pour nous parvenir.

Bradley, astronome du siècle dernier, avait déjà essayé de mesurer la distance des étoiles par des observations faites à six mois d'intervalle, mais il découvrit le phénomène de l'aberration de la lumière en place de ce qu'il cherchait.

Bessel, astronome danois, est parvenu par un procédé nouveau à obtenir la parallaxe d'une étoile. Il observa, pendant une année entière, la distance d'une étoile à deux autres étoiles placées très près l'une de l'autre, et il chercha à reconnaître si la distance de la première à celles-ci variait avec le temps. Il observa de 1837 à 1840 la 61e du Cygne, ainsi que deux étoiles éloignées d'elle de 8 et de 12′. Or, après une année d'observation, il constata que la distance angulaire de la première à la troisième avait varié, conséquence naturelle du déplacement de la Terre le long de son orbite, et ce qui est un effet de parallaxe pour l'observateur visant entre deux étoiles. Il continua de s'assurer si ses observations étaient justes, et pendant 30 mois de persévérance, avec des soins d'une délicatesse extrême, il trouva à la 61e du Cygne une parallaxe de un tiers de seconde (0″ 31). Des observations plus récentes ont un peu modifié ce chiffre, comme on le verra plus loin. Or, le calcul prouve que cette parallaxe correspond à une distance de plus de 25 millions de millions de lieues. C'est plus de 600,000 fois la distance qui nous sépare du Soleil, distance qui est de 37 millions de lieues.

Comme le lecteur peut concevoir encore des doutes sur la légitimité des résultats obtenus, nous allons tâcher de lui faire bien saisir la beauté et en même temps la valeur des calculs qui ont permis d'atteindre ce but. M. A. Guillemin ayant exposé le problème d'une manière très claire, nous allons citer ce qu'il dit :

« Imaginons un observateur placé au centre d'une plaine. Devant lui, à l'horizon, s'élève une

tour, dont le sommet paraît à une certaine hauteur
au-dessus de la surface du sol. N'est-il pas évident
que cette hauteur apparente du sommet de la tour
dépend de la distance où s'est trouvé l'observateur?

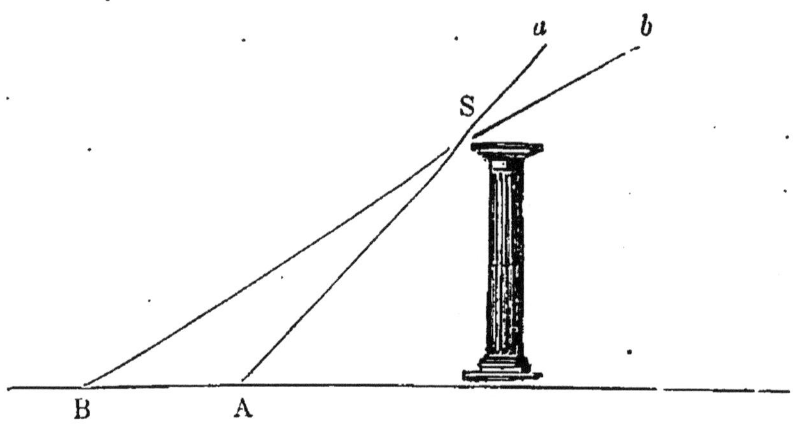

N'est-il pas vrai que cette hauteur augmentera s'il
marche de manière à se rapprocher de l'objet;
qu'elle diminuera, au contraire, s'il s'en éloigne?
C'est un fait d'observation qu'il est facile à chacun
de constater. »

« Qu'on examine la figure ci-jointe :

» Quand l'observateur est en B, son rayon visuel fait paraître le sommet de la tour en *b*, sur le
fond du paysage, sur le Ciel, je suppose. S'il se
meut de B en A, en s'approchant de la tour, le nouveau rayon visuel AS sera moins incliné que le
premier, de sorte que le sommet de l'édifice aura
paru s'élever graduellement de *b* vers *a*. De com-

bien? On le voit sur la figure : d'une quantité angulaire précisément égale à l'angle sous lequel un œil placé en S, verrait la base AB, c'est-à-dire la longueur de la ligne qui mesure le déplacement de l'observateur.

« Eh bien! la plaine horizontale, c'est le plan de l'orbite terrestre ; le sommet de la tour, c'est l'étoile dont il s'agit de mesurer la distance ; sa distance angulaire au-dessus du plan, c'est ce que les astronomes appellent la latitude de l'étoile. La distance parcourue AB, ce sera, par exemple, celle que nous franchissons dans le Ciel en six mois, et qui, mesurée en ligne droite, n'est pas moindre de 74 millions de lieues. Le déplacement apparent b, a, n'est donc autre chose que la parallaxe annuelle de l'étoile, rapportée au diamètre de l'orbite de la Terre ; c'est le double de la parallaxe de l'étoile, si l'on prend pour base le rayon de cette orbite, la distance de la Terre au Soleil. »

Toute la question reste donc à savoir si la latitude de l'étoile augmente sensiblement quand la Terre passe de la première à la seconde position, et au cas où cette augmentation est reconnue, quelle en est la valeur précise.

De nombreuses et minutieuses observations, répétées sur un grand nombre d'étoiles, n'ont donné d'abord, pour la variation en latitude, aucun résultat appréciable. En un mot, il a été impossible de constater un accroissement d'une seconde d'arc. Ainsi l'angle visuel sous lequel on doit voir, de l'une de ces étoiles, l'énorme distance de 74 millions de lieues est presque nul.

Or, un calcul trigonométrique très simple montre que, pour qu'une longueur déterminée, vue de face, 1 mètre, par exemple, se réduise à n'apparaître plus que sous un angle aussi petit que l'angle d'une seconde (1″), il faut l'éloigner de l'œil de 206,265 fois la longueur du mètre.

Voici du reste les différents calculs qui ont été faits à partir d'une seconde et au-dessous.

RAPPORTS QUI RELIENT LES ANGLES AUX DISTANCES

Un angle de 1 degré correspond à une distance de...............	57
— 1/2 ou 30′...............	114
— 1/10 ou 6′...............	570
— 1′ (minute)...............	3,438
— 1/2 ou 30″...............	6,875
— 20″...............	10,313
— 10″...............	20,626
— 5″...............	41,253
— 2″...............	103,132
— 1″ (seconde)...............	206,265
— 0″9...............	229,183
— 0″8...............	257,830
— 0″7...............	294,664
— 0″6...............	343,750

— 0'4...............................	515,660
— 0"3...............................	687,500
— 0"2...............................	1,031,320
— 0"1...............................	2,062,050
— 0"0...............................	Incommensurable.

« Mais continuons notre exposé.

« Il résulta donc de cette première tentative que les étoiles étaient éloignées de nous d'une distance au moins égale à 206,265 fois la distance de la Terre au Soleil, en nombres ronds 206,000 fois 74 millions de lieues. Imaginons dans l'espace une sphère ayant la Terre pour centre et, pour rayon, cette effroyable distance : aucune des étoiles visibles n'est certainement contenue à l'intérieur dans cette sphère ; toutes sont situées par delà cette surface. »

Cette première tentative, malgré sa beauté, n'ayant toutefois qu'un résultat négatif, les astronomes, loin de se décourager, travaillèrent avec ardeur, imaginèrent un moyen nouveau, celui de Bessel, dont nous avons parlé. Nous allons le comprendre.

« Revenons à notre observateur. La première opération, par hypothèse, ne lui a point permis de reconnaître un accroissement appréciable dans la hauteur de la tour au-dessus de la plaine, circonstance qui a tenu à la petitesse de son déplacement, comparée à la distance de l'objet observé. Cependant cet accroissement, quelque faible qu'on le suppose, a eu réellement lieu. Comment l'appréciera-t-il? Le voici :

« Au lieu de ne viser que le sommet de la tour, il en comparera la position avec un point voisin, du moins en apparence ; puis il recommencera sa marche. Qu'arrivera-t-il alors? De deux choses l'une : ou bien les deux points observés sont à peu près à la même distance de l'observateur, ou, au contraire, le second est à une distance beaucoup plus grande que l'autre.

« Dans le premier cas, la variation de hauteur sera presque la même pour tous les deux, et la méthode ne réussira point. Dans le second cas, le sommet de la tour s'élevant beaucoup plus que l'autre point, leur distance réciproque variera. Or, d'une part, il est plus aisé de mesurer une variation dont le champ est très limité, que celle d'une quantité relativement considérable, c'est-à-dire de la hauteur ou de la latitude de l'étoile. D'autre part, les petits mouvements apparents dus à différentes causes, et les erreurs inévitables des observations et des instruments, affectent de la même manière les deux points observés, et dès lors deviennent négligeables. Tel est l'esprit de la seconde méthode employée par les astronomes, et dont la réussite a permis de connaître avec une grande exactitude la distance où nous sommes d'un certain nombre d'étoiles.

« Comparant avec un soin extrême, et pendant plusieurs années de suite, les positions apparentes de plusieurs couples d'étoiles très voisines, ils ont pu en déduire l'angle visuel qui, de la plus rapprochée des deux, embrasse le diamètre entier de l'orbite de la Terre [1]. »

Mais avant d'en arriver là, il y a une foule de précautions à prendre, et il faut toute la patience, tout le génie des astronomes pour vaincre les difficultés résultant et des instruments et des causes d'erreurs qui sont innombrables ; de plus, il faut que le temps, en accumulant les observations, vienne démontrer leur justesse.

Les difficultés énormes qu'il faut ainsi vaincre, sont la cause du petit nombre de parallaxes calculées, puisque depuis 1840, époque de la découverte de la première parallaxe de la 61° du Cygne, on n'en connaît que 22, et encore plusieurs demandent de nouveaux calculs.

Comme les auteurs que nous avons consultés n'indiquent pas tous la même parallaxe, nous donnons ici le travail de l'auteur de l'*Astronomie populaire*, comme résumant les données les plus certaines de la Science.

1. Guillemin, *les Étoiles,* p. 80.

ÉTOILES DONT ON A PU MESURER LA DISTANCE

Noms.	Grandeur.	Parallaxe.	Distance en rayons de l'orbite terrestre.	Distance.	Trajet de la lumière.	Auteurs de la parallaxe.
				Trillions.	Années.	
1. α du Centaure.	1	0,928	222,000	8	3 1/2	Henderson, 1832 et Maclear, 1842-48.
2. 61° du Cygne.	5 1/2	0,511	404,000	15	6 2/10	W. Struve, 1852 et Auwers, 1862.
3. 21,185 Lalande.	7 1/3	0,501	412,000	15	6 4/10	Winnecke, 1857-68.
4. β du Centaure.	1	0,496	416,000	15	6 1/2	Maclear, 1837.
5. μ. Cassiopée.	5 1/2	0,342	603,000	22	9 1/2	O. Struve, 1858.
6. 34. Groombridge.	3	0,307	672,000	25	10 1/2	Peters, 1863-66.
7. 21,258 Lalande.	8 1/2	0,271	761,000	23	12	Auwers, 1862.
8. 17,415 Œltzen.	8	0,247	835,000	31	13	Krüger, 1862.
9. α Dragon.	5	0,222	928,000	34	14 4/10	Brunnow, 1870.
10. Castor.	2	0,210	982,000	35	15 7/10	Johnson, 1855.
11. Sirius.	1	0,193	1,069,000	49	16 7/10	Maclear, 1837 et Gylden, 1870.
12. Wéga.	1	0,180	1,146,000	42	18	Brunnow, 1870.
13. 70 Ophiucus.	5	0,168	1,221,000	55	19	Krüger, 1858-62.
14. η Cassiopée.	4	0,154	1,314,000	50	20 8/10	O. Struve, 1858.
15. ι Grande Ourse.	4	0,133	1,551,000	59	24 1/4	Peters, 1842.
16. Arcturus.	1	0,127	1,624,000	62	25 1/10	Peters, 1842.
17. σ Dragon.	3	0,092	2,242,000	83	35	Brunnow, 1873.
18. 1330, Groombridge.	7	0,090	2,291,000	85	35 8/10	Wichmann, 1851 et Brunnow, 1871.
19. Etoile polaire.	2	0,076	2,714,000	109	42 1/2	Peters, 1842.
20. 3077 Bradley.	6	0,076	2,946,000	107	46	Brunnow, 1873.
21. 85 Pégase.	6	0,054	3,805,000	129	64 1/2	Brunnow, 1873.
22. Capella.	1	0,046	4,484,000	170	71 6/10	Peters, 1842.

Ce tableau fait voir qu'il n'y a pas une étoile qui jusqu'ici ait donné une parallaxe d'une seconde.

Savary, autrefois astronome à l'observatoire de Paris, a imaginé de se servir de la vitesse de la lumière pour mesurer la distance des étoiles, du moins de celles autour desquelles on en voit une autre tourner. Pour se faire une idée du procédé, il faut observer que l'étoile satellite paraît mettre plus de temps à parcourir la moitié de son orbite où elle s'éloigne de nous, que la moitié où elle se rapproche. En nous supposant dans le plan de l'orbite, comme cas plus simple, la différence est évidemment le double du temps qu'emploierait la lumière à traverser le diamètre, qui se trouve ainsi connu en lieues. L'angle sous-tendu par ce diamètre se mesure en observant l'étoile dans les plus grands écarts, de sorte qu'il ne reste plus qu'à déterminer la distance où il faut se placer, par rapport à une base connue, pour qu'elle sous-tende un angle donné, ce qui est un problème très simple de trigonométrie.

CHAPITRE VI

SCINTILLATION DES ÉTOILES — EXPLICATION
DU PHÉNOMÈNE

Le premier phénomène qui frappe les yeux,
quand on regarde les étoiles, c'est le changement
d'éclat, incessant et rapide, qu'on remarque dans
leur lumière. Ce phénomène a été appelé *scintillation*. Voici comment Arago le définit :

« Pour une personne regardant le Ciel à l'œil nu,
la scintillation consiste en des changements d'éclat
des étoiles très souvent renouvelés. Ces changements sont ordinairement, sont presque toujours
accompagnés de variations de couleurs et de quelques effets secondaires, conséquences immédiates
de toute augmentation ou diminution d'intensité,
tels que des altérations considérables dans le dia-

6.

mètre apparent des astres, ou dans les longueurs
des rayons divergents qui paraissent s'élancer de
leur centre, suivant diverses directions. »

Le phénomène de la scintillation consiste donc
dans les changements d'intensité et de couleur que
nous observons dans la lumière des étoiles. Quant
aux planètes, qui n'ont qu'une lumière empruntée
(et c'est ce qui les fait distinguer au premier coup
d'œil), elles scintillent à peine et quelques-unes ne
scintillent pas du tout comme Jupiter et Saturne.
Nous verrons plus loin pourquoi. Cette lumière,
tantôt verte, tantôt rouge ou même blanche, tantôt
vive et tantôt faible, paraît s'élancer des profondeurs de l'infini, semblable aux feux qui jaillissent
du diamant le plus limpide ; on dirait des yeux
innombrables ouverts dans les cieux et animant les
solitudes des espaces intersidéraux. Le silence sans
doute est toujours le même, mais la vie semble s'y
accentuer davantage, et on oublie un instant la
Terre en contemplant ces foyers éclatants qui s'al-
lument pour nous à des distances vertigineuses. Il
est rare, en effet, qu'on observe des traces de ce
phénomène dans Saturne et dans Jupiter, mais il
est plus sensible dans Mars, et souvent assez mar-
qué dans Vénus et surtout dans Mercure. D'après
Arago, la scintillation des planètes ne serait qu'un
simple changement d'intensité, sans aucune varia-

tion de couleur ; et c'est en ce point important qu'elle différerait de celle des étoiles. Dans nos climats, cette différence dans la nature et dans l'intensité du phénomène doit suffire à ceux qui ne sont pas familiarisés avec les constellations, pour distinguer une planète d'une étoile.

Aristote dit que la scintillation est due à des rayons qui sortent de notre œil et qui ne parviennent pas jusqu'aux astres, à moins qu'ils ne soient très éloignés. Nous avouons ne rien comprendre à cette explication, d'ailleurs futile, puisque les planètes les plus voisines sont celles qui scintillent le plus, et Vénus en est un exemple bien frappant. Les grands astronomes Tycho-Brahé et Képler, pensaient qu'il pouvait y avoir des astres à facettes renvoyant des rayons rouges, violets, etc., à la manière des pendeloques des lustres qui, aux lumières des salons, présentent des changements d'intensité lumineuse et des couleurs variées. Mais cette hypothèse est inadmissible, car le phénomène auquel ils comparent la scintillation n'est qu'un jeu de la lumière sur les facettes des verroteries et des pendeloques, tandis que les étoiles sont lumineuses par elles mêmes.

Les étoiles présentent, en général, les phénomènes de la scintillation à un très haut degré, surtout dans nos régions tempérées. Cependant il y a des régions de la Terre où, chose curieuse, elles ne scintillent pas. Le voyageur Le Gentil l'a constaté à Bender-Abassy, sur la côte nord du golfe Persique, et à Pondichéry dans l'Inde, Saussure, lors de sa station au col du Géant, et de Humboldt, à Cumana (république de Vénézuéla) l'ont également remarqué. Il est donc absurde d'expliquer la scintillation en disant que les étoiles scintillent *nécessairement*. D'ailleurs l'intensité de ce mouvement lumineux diffère de l'une à l'autre, et elle varie selon le degré de pureté du Ciel, l'élévation des étoiles au-dessus de l'horizon et la basse température des nuits. Elle est assez forte pour amener par moment la disparition complète des petites étoiles. Comme, d'après la théorie d'Arago que nous allons expliquer tout à l'heure, la scintillation vient de la différence de vitesse des rayons lumineux de diverses couleurs traversant les couches atmosphériques, qui diffèrent en chaleur, en densité et en humidité, on voit que le phénomène varie en intensité selon le temps et le climat. On a dû remarquer plus d'une fois que la scintillation est plus forte lorsque l'orage ou la pluie menacent et c'est un pronostic pour les gens de la campagne. Aussi il est aujourd'hui établi scientifiquement que les fortes scintillations annoncent la pluie. Le phénomène est surtout frappant par les vents violents et le temps se couvrant

et se découvrant à chaque minute [1]. De Humboldt
a remarqué que dans les régions tropicales où il
n'y a pas d'homogénéité dans l'air, les étoiles situées à 15° au-dessus de l'horizon, c'est-à-dire au
sixième de la distance de l'horizon au zénith, scintillent davantage; et cette circonstance, ajoute-t-
il, donne à la voûte céleste de ces contrées un caractère de calme et de douceur.

Newton faisait dépendre la scintillation d'un
mouvement oscillatoire de l'étoile; mais on peut
constater facilement avec une lunette [2] que dans
certaines nuits les étoiles scintillent très fortement
sans qu'il y ait de mouvement oscillatoire. D'ailleurs ce mouvement ne rendrait pas raison du changement de couleur, et ce changement est fatal dans
l'explication du phénomène. Du reste, il n'est pas
étonnant que tous les hommes éminents qui ont

1. Tout le monde a également remarqué que par un froid
vif, et par conséquent en hiver, la scintillation est plus forte.
Aussi les étoiles scintillent plus dans les régions du nord que
dans nos climats.

La scintillation diminue d'autant plus qu'on s'élève davantage dans les airs; aussi paraît-elle très faible au sommet
des montagnes.

2. Simon Marius, Nicholson, Arago ont donné plusieurs
procédés pour étudier dans les lunettes le phénomène dont les
phases deviennent alors beaucoup plus rapides et plus tranchées qu'à l'œil nu. D'après Nicholson, la lumière que nous
envoie Sirius, change distinctement au moins trente fois de
couleur par seconde avant d'être perçue par notre œil.

voulu en surprendre la cause n'aient pu le faire, puisque le phénomène tient à des propriétés intimes de la lumière récemment découvertes.

Explication de la scintillation. — C'est François Arago qui a expliqué le mieux le phénomène de la scintillation. Sa théorie est partout admise aujourd'hui : elle est fondée sur la théorie des interférences. Cet illustre astronome attribue les changements d'éclat et de couleur de la lumière d'une étoile aux chemins inégaux qu'ont parcourus les ondes lumineuses dans leur trajet au sein de l'atmosphère. Il en résulte des destructions alternatives partielles dans la partie rouge, verte, bleue, etc. du faisceau lumineux, et, par suite, des variations d'éclat et de couleur. (*Annuaire du Bureau des longitudes*, 1852.)

Biot admet une autre cause : il pense que l'atmosphère, étant très agitée, éprouve dans ses couches successives des changements brusques de densité, et qu'il résulte de là mille réfractions accidentelles.

Francœur pensait que la scintillation était un phénomène dont notre œil est affecté par la vivacité de l'éclat des astres au milieu de la nuit.

Mais la théorie d'Arago est seule admise aujourd'hui et nous allons l'expliquer en détail.

Pour mieux comprendre le phénomène qui nous

occupe, il est nécessaire de rappeler certaines notions sur la lumière.

On nomme *milieux* les corps à travers lesquels la lumière se meut : ainsi l'eau, l'air sont des milieux. Ces milieux sont de densités différentes, c'est-à-dire que leurs molécules sont plus ou moins rares, qu'elles pèsent plus ou moins sous le même volume. Quand un rayon de lumière traverse un milieu, il le fait en ligne droite. Pour le prouver, il suffit de percer dans le volet d'une chambre parfaitement obscure un petit trou par lequel passera un rayon de soleil. On verra ce rayon prendre, en quelque sorte, une *forme sensible* en éclairant fortement sur son passage tous les corpuscules qui tourbillonnent dans l'atmosphère. Quel est le lecteur qui n'a pas été cent fois témoin de ce fait. En traversant l'eau, la lumière se conduit de la même manière, mais, toutefois, le rayon prend une direction différente, d'après ce principe de physique : Lorsqu'un rayon passe d'un milieu dense dans un autre plus dense, il est dévié de sa direction première, ou, plus généralement, toutes les fois que des rayons lumineux traversent des milieux de densités différentes, ils le font suivant des directions différentes.

Notre œil est organisé de telle sorte que son cristallin n'est autre chose qu'une lentille convergente parfaite, et la membrane nerveuse qui tapisse la choroïde, la rétine, un écran sur lequel viennent se peindre les images des objets extérieurs.

Une fois ceci posé, l'image de l'étoile qui arrive à notre œil restera blanche si la densité de l'air, si la température et son degré d'humidité sont uniformes.

Mais cela n'existe que pour quelques régions privilégiées ; en général, l'air n'est pas homogène ; il est formé de couches plus froides ou plus chaudes, plus rares et plus denses, plus ou moins humides, c'est-à-dire qu'il remplit à chaque instant quelques-unes des conditions nécessaires pour amener la destruction d'un des rayons du spectre. On conçoit dès lors que la lumière blanche émanée d'un point lumineux, rayonnant librement dans l'espace, pourra passer aux yeux de l'observateur par toutes les nuances prismatiques, suivant que telle ou telle différence de densité, de température ou d'humidité viendra affecter les milieux que traverse la lumière. Il se produira dès lors des phénomènes d'interférence, et l'étoile observée affectera notre œil de telle ou telle nuance prismatique. Ce point lumineux nous paraîtra rouge, par exemple, si les rayons ont traversé des couches qui ont détruit les rayons verts ; il nous paraîtra vert si les rayons rouges ont été détruits, et ainsi de suite. Comme, de plus, ces effets se reproduisent avec une grande rapidité, l'étoile paraîtra affectée d'un mouvement d'oscillation plus ou moins rapide, en même temps qu'elle semblera changer successivement de lumière, qu'elle *scintillera*.

En un mot, ce phénomène si curieux de la scintillation n'est qu'un phénomène d'interférence, comme nous l'avons déjà dit.

Modifications dans le phénomène de la scintillation. — Le phénomène de la scintillation présente quelques particularités qu'il est important de connaître pour se rendre compte des modifications qu'il peut offrir.

On voit souvent, dans le midi de la France, des enfants courir à travers les champs ayant à la main un bâton dont l'une des extrémités est enflammée ou porte un charbon incandescent qu'ils font tourner assez vite pour lui faire décrire sans fin un cercle de feu. Nous-même, dans notre enfance, nous nous sommes bien souvent amusé à ce jeu qui, au premier abord, n'a aucune importance, et qui, cependant, nous servira à expliquer un fait physiologique fort remarquable. Il nous prouve que la sensation produite sur la rétine par la lumière qui arrive à notre œil n'est point instantanée, mais qu'elle dure pendant un intervalle de temps appréciable. On a même prétendu, dans ces derniers temps, qu'on pourrait, en photographiant l'œil d'une personne assassinée, reproduire les traits du meurtrier s'ils ont été vus par la victime.

Substituons seulement la marche régulière de l'expérience à l'arbitraire auquel le phénomène était livré tout d'abord.

Prenons un charbon incandescent et faisons-le tourner circulairement avec rapidité ; nous verrons un cercle de feu continu. Faisons-le tourner moins vite et plaçons-le devant un écran percé d'un trou à sa partie supérieure ; à l'instant du passage du charbon rouge devant l'ouverture de l'écran, il y aura un moment de clarté : la lumière et l'obscurité se succéderont ainsi alternativement ; mais, si l'on agite d'un mouvement de rotation rapide le charbon rouge, l'œil perçoit une impression continue de lumière ; dans une place où le charbon ne s'est montré que quelquefois par intervalles, il apparaît actuellement d'une manière continue. C'est là un résultat singulier, mais incontestable ; il ne se produirait pas si la sensation de la lumière était instantanée.

Il a été constaté qu'il fallait que le charbon tournât assez vite pour revenir au même point en moins de 1/10 de seconde, ou, en d'autres termes, qu'il fallait qu'il s'écoulât au plus 1/10 de seconde entre deux sensations consécutives pour que l'impression de la lumière fût continue, et cette durée est la même pour tous les rayons de lumière, que cette lumière soit blanche, rouge ou verte, etc.

Mais, voilà qui étonnera le lecteur :

Supposons maintenant qu'au lieu de charbon on mette deux corps émettant, l'un de la lumière verte, l'autre de la lumière rouge, en se succédant à 1/10 de seconde d'intervalle. N'est-il pas évident que ces deux impressions presque simultanées, venant à se confondre, produiront sur la rétine le même effet que celui qui résulterait de la superposition de ces deux couleurs supplémentaires, en un mot, de la sensation de la lumière blanche, c'est-à-dire que là où passent rapidement du rouge et du vert, on verra du blanc? Il n'y a donc pas lieu de s'étonner que la scintillation, qui est un phénomène beaucoup plus fréquent qu'il ne le paraît, n'ait pas toujours lieu lorsque nous regardons les astres, puisqu'il y a sans cesse des compensations de la nature de celles dont nous venons de parler. Ainsi supposons que les circonstances qui doivent produire la destruction de la lumière rouge ne soient séparées que par un intervalle moindre de 1/10 de seconde de celles qui doivent amener la destruction des rayons rouges, il y aura superposition de ces deux lumières, et par conséquent du blanc.

Voici la preuve de ceci :

Si par un mécanisme quelconque, nous donnons à la lunette dirigée vers une étoile un mouvement d'oscillation autour de cette étoile, au lieu d'un point lumineux nous apercevons un ruban de lumière, et il pourra se faire que les cercles lumineux qui nous apparaîtront tour à tour, pendant ces mouvements de rotation, se revêtent de diverses teintes, qu'ils soient, par exemple, couleur de rubis, d'émeraude, etc., mais ces couleurs ne se montreront ainsi distinctes, isolées, qu'autant que l'œil les apercevra dans de grands cercles, parce qu'alors la sensation produite sur la rétine durera au moins autant que la durée de la révolution du point lumineux, c'est-à-dire 1/10 de seconde. S'il arrive, au contraire, que les cercles lumineux soient petits, vous n'obtiendrez que des couleurs composées, telles que le blanc, qui résulteront de la superposition de diverses teintes.

D'ailleurs, le phénomène de la scintillation est, ainsi que tous ceux qui dépendent de la théorie des interférences, soumis à plusieurs conditions difficiles à obtenir, et qui expliquent pourquoi il ne se reproduit que rarement : elles proviennent soit de l'astre lui-même, soit des milieux que traverse la lumière qui en émane.

Les rayons de lumière s'ajoutent pour une certaine différence d de route, variable d'un rayon à l'autre, ou pour une différence 2 d, 3 d, etc., qui sont un multiple en nombre entier de cette valeur. Ils se détruisent, au contraire, pour des différences de route intermédiaires. Ainsi, deux rayons rouges, par exemple, ajoutent leur éclat et font de la lumière quand ils se rencontrent sous une petite obliquité, après avoir parcouru des chemins dont la différence est de 620 millionièmes de millimètre, ou un nombre pair de fois 620 divisé 2 ou 620/2 ; ils se détruisent, au contraire, et font du noir quand ils se rencontrent, après avoir parcouru des chemins dont la différence soit un nombre impair de fois 620, divisé par 2 ou 340 millionièmes de millimètre. Mais les changements qui surviennent dans la densité de l'air ou dans la température de ce fluide, suffisent pour troubler tous les résultats, et l'on conçoit qu'il y ait même certains lieux du globe, certaines hauteurs de l'atmosphère, où le phénomène de la scintillation ne se manifeste jamais. Dans quelques régions, cela tient aussi à l'extrême pureté et à l'immobilité de l'atmosphère.

Pour que les rayons lumineux puissent interférer, il faut en outre qu'ils proviennent d'une même source, qu'ils émanent seulement d'un point rayonnant. Mais s'il est autrement, si la lumière émane de la surface d'un corps, qui sous-tend un angle appréciable, de plus de 2° par exemple, les phénomènes d'interférence seront complexes ; les zones lumineuses et les zones obscures se croiseront, se superposeront ; il y aura, en un mot, des compensations qui changeront les conditions voulues, et l'effet n'aura pas lieu.

Les étoiles remplissent la première de ces deux conditions ; certaines planètes la seconde, lorsqu'elles ont un grand diamètre, comme Jupiter et Saturne, qui aussi ne scintillent pas. Mais il en est d'autres qui se trouvent dans le même cas que les étoiles, comme Mars, Vénus, Mercure, lorsqu'il se dégage des rayons solaires ; et cependant ces corps ne brillent que d'une lumière empruntée au Soleil. Il n'est donc pas vrai de dire que la lumière réfléchie ne peut donner lieu au phénomène de la scintillation. Toute lumière directe ou réfléchie, à condition que les corps lumineux observés sous-tendent un très petit angle, peut produire la scintillation. On peut facilement vérifier ce fait au Soleil, reçu sur un miroir convexe, et réduit à n'être plus qu'un point lumineux semblable aux étoiles fixes, il scintille aussitôt. Quant à la scintillation produite par deux étoiles très rapprochées, elle est différente, parce que les rayons de ces deux étoiles traversent les uns et les autres des couches très dissemblables. Si l'on réunit tous les rayons émanés d'un ensemble

d'étoiles, il est presque évident qu'ils ne scintille-
ront pas et que l'on aura du blanc.

Toutes les personnes ne voient pas de la même
manière le phénomène de la scintillation : il leur
semble que des rayons irréguliers se détachent de
l'étoile ; mais c'est une illusion qui leur est particulière et qui tient simplement à la forme de l'œil,
forme suivant laquelle se modifient les effets de la
vision.

Il résulte des travaux de MM. Wolf et Montigny
que la scintillation est causée partie par la lumière
intrinsèque de l'étoile elle-même, partie par l'état de
l'atmosphère.

Aussi la transparence du Ciel est nécessaire à la
production du phénomène de la scintillation. Voilà
pourquoi, dans la basse Écosse et en Angleterre, où
la combustion de la houille répand dans l'air des
vapeurs brumeuses, les étoiles, même de première
grandeur, ne scintillent presque jamais.

Les étoiles blanches ou un peu azurées sont
celles qui scintillent le plus. On peut citer Sirius,
Wéga, Régulus, quelques étoiles de la Grande
Ourse, surtout celles de la queue, la première d'Andromède et d'Ophiucus.

Celles qui scintillent le moins sont les étoiles
rouges ou orangées, telles que l'œil du Taureau,
Aldébaran, Arcturus, Antarès, etc.

Les étoiles jaunes tiennent le milieu et ont une oscillation moyenne.

L'astronomie, au moyen du spectroscope, a découvert que la scintillation correspond à la constitution physique de l'étoile.

CHAPITRE VII

ÉTOILES VARIABLES, TEMPORAIRES, ÉTEINTES,
PÉRIODIQUES

Lorsque le télescope permit de sonder les champs de l'espace et d'étudier avec le plus grand soin les Soleils qui sont au-dessus de nos têtes, dans les profondeurs de l'infini, l'imagination la plus fertile ne se serait jamais doutée du magique spectacle qui allait s'offrir aux yeux de l'observateur étonné. Qui, en voyant ces points scintillants qui parsèment la voûte du Ciel comme des clous d'or, aurait jamais pensé qu'il y avait des étoiles changeantes, périodiquement variables, et dans la couleur et dans l'éclat? C'est cependant ce qui est arrivé, et jamais aucune révélation télescopique n'a plus surpris les observateurs. Quelle est l'imagination la plus téméraire qui eût pu rêver des étoiles qui, brillant aujourd'hui d'un éclat splendide, disparaissent demain, pour reparaître ensuite, et tour à tour voient leur clarté s'affaiblir et se raviver périodiquement? Quoique de nos jours la Science ait parfaitement constaté ce phénomène, c'est à peine si on ose y croire !

Contemplons donc un instant ces phénomènes célestes.

Constitution physique des étoiles. — Toutes les étoiles brillent, mais leur éclat n'est pas uniforme. Les unes augmentent de lumière, d'autres au contraire diminuent progressivement leur éclat avec le temps. Il en est même qui ont complètement disparu, comme aussi il en existe qui ont reparu après des siècles. D'autres passent par une série de changements périodiques, se succédant à intervalles de temps égaux. L'observation des siècles pourra seule en dire la raison.

C'est dans la constellation de la Baleine qu'on a reconnu pour la première fois cette périodicité. Bayer a désigné par la lettre grecque o, en 1605, cette étoile qui éprouve des disparitions et des réapparitions périodiques. Depuis, les astronomes lui ont donné le nom de Mira (la Merveilleuse), à cause des curieuses variations de lumière que cette étoile présente.

Plus tard, on découvrit un grand nombre d'étoi-

les périodiques, dont la plus remarquable est
Algol (de la tête de Méduse), dans la constellation
de Persée. En soixante-neuf heures, ou en deux
jours et vingt et une heures, elle passe de la
deuxième à la quatrième grandeur. Rien n'est plus
curieux que d'observer ce corps céleste qui ne met
que trois heures et demie pour passer de l'un de ses
éclats à l'autre.

De nos jours, l'étoile η de la constellation du Navire, a passé de l'état de première grandeur où elle
était en 1837, à l'état de huitième grandeur en 1880.
Elle était de quatrième grandeur en 1677 ; elle a
augmenté d'éclat jusqu'en 1837. C'est donc là un-
soleil qui varie rapidement, et nous devons croire
qu'il reviendra à son ancien état.

Quant à la cause de ces changements, nous
l'ignorons complètement, à moins d'admettre que
l'éclat augmente par cause d'une surexcitation dans
la photosphère lumineuse de ces lointains Soleils.
Quelques astronomes supposent que ces sortes
d'étoiles ont un hémisphère lumineux et un autre
plus ou moins parsemé de taches obscures. D'après
cela, en tournant sur elles-mêmes, elles nous présentent chacun de ces deux hémisphères tour à
tour. Nous verrons plus loin que Laplace penche
pour l'opinion que cette variation dans l'éclat des
étoiles est due à l'interposition d'un corps opaque

entre ces astres et nous, ce qui expliquerait leur apparition subite et leur disparition totale. Maupertuis pensait que ces étoiles, au lieu d'être sphériques, ont la forme d'une lentille, et que nous les voyons tantôt par la face large, et tantôt par la tranche mince qui rayonne à peine jusqu'à nous. Arago émet l'opinion que les étoiles variables sont entourées d'une sorte de brouillard, et ce qui le portait à le croire, c'est que ces étoiles, surtout les plus faibles, ont une clarté rougeâtre.

Comme on le voit, jusqu'ici on n'a pu imaginer que des hypothèses pour expliquer les phénomènes des étoiles périodiques, mais pas une n'a tranché la question. Ce qu'il y a de plus probable, c'est que ces variations dans l'intensité de la lumière des étoiles sont dues à des changements physiques périodiques à la surface de ces astres, puisque le Soleil, qui est une étoile périodique, nous en offre un exemple remarquable dans ses taches noires qui se produisent périodiquement tous les onze ans.

L'absence de la polarisation dans la lumière des étoiles changeantes nous prouve qu'elles sont, comme le Soleil, composées d'un noyau central non lumineux, entouré d'une atmosphère éclairante.

La plupart des étoiles variables, surtout les plus

faibles, ont une couleur rouge ; et Algol,. en particulier, paraît s'entourer d'une sorte de brouillard
rougeâtre au moment où il disparaît. Il en est de
même du Soleil autour duquel on aperçoit des
nuages de cette teinte pendant les éclipses.

En procédant par analogie de la constitution
physique du Soleil avec les étoiles changeantes,
on croit que ces dernières ont des planètes dont on
peut connaître approximativement la durée de leur
révolution. D'après cela, Mira aurait une planète
qui tournerait autour d'elle en 331 jours environ.
Algol une autre qui tourne en 2 jours vingt et
une heures, etc. Ces données sont d'autant plus
curieuses, que ces planètes sont et seront toujours
invisibles à nos regards, à cause de leur extrême
éloignement, qui diminue de plusieurs centaines
de mille fois leur éclat. Cependant, on est parvenu
à constater l'existence d'une planète autour du
splendide et magique Sirius.

CHAPITRE VIII

ÉTOILES DOUBLES, MULTIPLES, ETC.

Quand on regarde certaines étoiles avec un instrument grossissant, elles se dédoublent en deux
autres Soleils rapprochés et se mouvant, en général, l'un autour de l'autre, c'est-à-dire tournant autour de leur centre commun de gravité. De là le
nom d'étoiles doubles qu'on leur a donné.

Plusieurs milliers d'étoiles, qui semblent n'être
que des points brillants, sont en réalité, ainsi qu'on
en acquiert la certitude en les examinant attentivement, des systèmes de deux Soleils, ou même plus,
dont quelques-uns tournent autour d'un centre commun. Ces étoiles binaires et multiples sont extrêmement éloignées et exigent par conséquent les
télescopes les plus puissants pour pouvoir être vues
séparément.

Le premier catalogue d'étoiles doubles, dans lequel les places et les positions relatives de ces astres aient été déterminées, est dû à l'habileté et au génie industrieux de sir William Herschel, à qui l'astronomie est redevable de tant de découvertes brillantes et qui, le premier, conçut l'idée de la combinaison des étoiles doubles en systèmes binaires et multiples, idée complètement établie par ses propres observations et confirmées récemment par celles de son fils.

Ce fut en 1803 que Herschel annonça sa belle découverte au monde savant [1].

Les mouvements de révolution de plusieurs de ces étoiles, autour d'un centre commun, ont été établis et leurs périodes déterminées avec une exactitude remarquable. Depuis leur première découverte, quelques-unes ont déjà accompli une révolution presque entière, et l'une d'elles, Êta (η), de la Couronne, est actuellement très avancée dans sa seconde période.

Ces systèmes intéressants présentent aussi une espèce de chronomètre sidéral, à l'aide duquel la chronologie des Cieux sera signalée aux siècles futurs par des époques déduites de leurs propres mou-

---

1. Ce fut en cherchant la parallaxe des étoiles par des comparaisons entre des étoiles brillantes avec leurs plus voisines, qu'il trouva les systèmes des étoiles doubles.

vements et non sujettes aux erreurs provenant des perturbations planétaires, telles que celles qui ont lieu dans notre système.

En observant la position relative des étoiles d'un système binaire, la distance qui les sépare et l'angle de position, c'est-à-dire l'angle que le méridien ou un parallèle à l'équateur fait avec la ligne joignant les deux étoiles, se trouvent mesurés. Les diffé-rentes valeurs de l'angle de position indiquent si l'étoile satellite se meut de l'est à l'ouest, ou de l'ouest à l'est; si son mouvement est uniforme ou variable, et en quels points ce mouvement est le plus grand ou le plus petit. Les mesures de distance indiquent si les deux étoiles vont en se rapprochant ou en s'éloignant l'une de l'autre. Au moyen de ces éléments on a pu déterminer la forme et la nature de l'orbite. Si les observations étaient d'une exac-titude parfaite, quatre valeurs de l'angle de position et des distances correspondantes à des époques don-nées suffiraient pour déterminer la forme et la posi-tion de la courbe décrite par l'étoile satellite; mais l'on n'arrive presque jamais au degré de précision nécessaire pour cela. On s'assure de l'exactitude de chaque résultat en prenant la moyenne d'un grand nombre des meilleures observations, et en faisant disparaître l'erreur par leur comparaison mutuelle. Les distances qui séparent les étoiles sont si petites qu'elles ne peuvent être mesurées avec la même exactitude que les angles de position : ainsi, pour déterminer l'orbite d'une étoile, indépendamment de la distance, il est nécessaire de supposer, ce qui, du reste, est l'hypothèse la plus probable, que les étoiles sont sujettes à la loi de la gravitation et que, par conséquent, l'une des deux étoiles décrit une ellipse autour de l'autre, supposée en repos, quoique non nécessairement au foyer. L'on construit ainsi graphiquement une courbe à l'aide des angles de position et des temps correspondants d'observation. Les distances angulaires des étoiles s'obtiennent en tirant des tangentes à cette courbe à intervalles déterminés, d'où l'on connaît pour chaque angle de position les distances apparentes ou rayons vecteurs de l'étoile satellite ; ces distances apparentes étant, selon les lois du mouvement elliptique, égales aux racines carrées des vitesses angulaires apparentes. Les angles de position calculés d'après une ligne donnée, et les distances correspondantes des deux étoiles étant une fois connues, on peut tirer une autre courbe qui représentera sur le papier l'orbite réelle de l'étoile projetée sur la surface visible du Ciel, de sorte que les éléments elliptiques de l'orbite vraie et sa position dans l'espace se trouveront déterminés par un système combiné de mesures et de calculs. Mais cette orbite a été obtenue dans l'hypothèse que la gravitation étend son pouvoir jusqu'à ces régions éloignées, ce qu'on ne peut savoir *à priori* : il faut qu'elle soit comparée au plus grand nombre d'observations possibles pour pouvoir établir jusqu'à quel point l'ellipse calculée s'accorde avec la courbe réellement décrite par l'étoile.

Sir John Herschel a découvert par ce procédé que plusieurs de ces systèmes d'étoiles sont sujets aux mêmes lois de mouvement que notre système de planètes ; il a déterminé les éléments de leurs orbites elliptiques et calculé les périodes de leur révolution.

Voici quelques exemples :

L'une des étoiles de Gamma (γ), de la Vierge, accomplit sa révolution autour de l'autre en 629 ans ;

Le temps périodique de Sigma (σ), de la Couronne, est de 287 ans ;

Celui de Castor de 253 ans ;

Celui du Bouvier, Epsilon (ε), de 1,600 ans.

Après lui le professeur Encke a fixé à 80 ans l'étoile 70 d'Ophiucus ; et Savary, qui a le mérite d'avoir le premier déterminé par l'observation les éléments elliptiques de l'orbite d'une étoile binaire, a prouvé que la révolution de Xi (ξ) de l'Ourse s'accomplit en 58 ans.

Gamma (γ), de la Vierge, consiste en deux étoiles d'une grandeur à peu près égale. Elles étaient si éloignées l'une de l'autre, vers le commencement et le milieu du siècle dernier, que Bradley, et Meyer dans son catalogue, les indiquent comme deux étoiles distinctes. Elles se sont tellement rapprochées depuis, que, de nos jours, même avec de très bons télescopes, elles paraissent ne former qu'une seule étoile tant soit peu allongée. Une suite d'observations, continuées depuis le commencement du siècle actuel, a mis sir John Herschel à même de déterminer la forme et la position de l'orbite elliptique de l'étoile satellite avec une exactitude vraiment surprenante. Suivant son calcul, elle doit être arrivée à son périhélie le 18 août 1834. La proximité réelle des deux étoiles doit alors avoir été extrême, et la vitesse angulaire apparente assez grande pour pouvoir décrire un angle de 68° en une seule année. Les observations faites par sir John Herschel au cap de Bonne-Espérance, et celles du capitaine Smith, faites en Angleterre, s'accordent à prouver qu'une augmentation de vitesse avait lieu dans le mouvement de l'étoile satellite à mesure qu'elle approchait de son périhélie. D'après les lois du mouvement elliptique, la vitesse angulaire de cette étoile satellite doit à présent diminuer graduellement jusqu'à ce qu'elle arrive à son aphélie, ce qui aura lieu dans 314 ans environ. L'étoile satellite de Sigma (σ), de la Couronne, a dû atteindre son périhélie vers 1835, et celle de Castor l'atteindre en 1855.

L'orbite d'une étoile satellite se présente quelquefois de champ à la Terre, comme dans Pi (π) du Serpentaire. L'étoile satellite semble alors se mouvoir en ligne droite, et osciller de chaque côté de l'étoile principale. Cinq observations sont nécessaires dans ce cas et suffisent pour la détermination de son orbite, pourvu toutefois qu'elles soient parfaitement exactes. A l'époque où sir William Herschel observait le système en question, les deux étoiles se trouvaient séparées d'une manière très distincte, tandis qu'aujourd'hui l'une d'elles est si complètement projetée sur l'autre, que Struve ne peut, même avec son grand télescope, apercevoir entre elles la plus petite séparation. Les deux étoiles de Zêta (ζ) d'Orion qui, du temps de sir William Herschel paraissaient, au contraire, n'en former qu'une seule, sont actuellement séparées.

Si cette libration était due à la parallaxe, elle serait annuelle par suite de la révolution de la Terre, mais comme il faut plusieurs années pour qu'elle soit sensible, on ne peut l'attribuer qu'à un mouvement orbiculaire réel vu obliquement.

Parmi les étoiles triples, nous citerons Zêta (ζ) du Cancer, dont deux font l'office de satellites par rapport à la troisième.

L'on remarque qu'en général les ellipses dans lesquelles les étoiles satellites des systèmes binaires accomplissent leurs révolutions, sont beaucoup plus allongées que les orbites des planètes.

Sir John Herschel, sir James South, le professeur Struve de Dorpat, ont beaucoup augmenté le catalogue primitif d'étoiles doubles de sir William Herschel et l'ont fait monter à plus de 3,000, dont 30 ou 40 sont reconnues comme formant des systèmes binaires ou tournants. Dunlop, de son côté, a fait un catalogue de 253 étoiles doubles dans l'hémisphère austral. De nos jours, MM. Barnout et C. Flammarion ont publié un immense volume sur les étoiles doubles.

Le mouvement de Mercure qui, à cause de sa proximité du Soleil, est plus rapide que celui d'aucune autre planète, est de 38,747 lieues par heure ; mais si les deux étoiles de Bêta (β) de l'Éridan, ou de Xi (ξ) de l'Ourse, sont aussi éloignées l'une de l'autre que l'étoile fixe la plus voisine du Soleil est éloignée de cet astre, la vitesse des étoiles satellites doit surpasser tout ce que l'imagination peut concevoir.

La découverte du mouvement elliptique des étoiles doubles est du plus grand intérêt, puisqu'elle montre que la gravitation n'est point particulière à notre système planétaire, mais que dans

les régions les plus éloignées de l'Univers; les systèmes de Soleils obéissent aussi à ses lois.

Parmi les multitudes de petites étoiles, soit doubles, soit simples, qui brillent dans le Ciel, il est
possible que quelques-unes soient assez près de
nous pour présenter des mouvements parallactiques
distincts provenant de la révolution de la Terre
dans son orbite. De deux étoiles qui, en apparence,
se touchent, l'une peut être bien loin derrière l'autre dans l'espace. Vues de la Terre, dans un certain point de son orbite, elles peuvent sembler
près l'une de l'autre, tandis que, observées de nouveau quand la Terre est dans une autre position,
elles peuvent au contraire paraître excessivement
éloignées. C'est ainsi que deux objets terrestres paraissent n'en faire qu'un lorsqu'ils sont vus sur le
prolongement de la même ligne, tandis que leur
éloignement devient sensible lorsque l'observatenr
change de place. Dans ces cas, les étoiles n'auraient
qu'un mouvement apparent et non un mouvement
réel ; l'une d'elles semblerait osciller annuellement
en ligne droite de chaque côté de l'autré, mouvement que l'on ne pourrait confondre avec celui
d'un système binaire, dans lequel une des étoiles
décrit une ellipse autour de l'autre, ou dans lequel,
si le bord de l'orbite est tourné vers la Terre, les
oscillations mettent des années entières à s'accom-

plir. Une telle parallaxe ne paraît pas encore avoir été prouvée, de sorte que la distance réelle des étoiles reste toujours un sujet de conjectures. Quant à la parallaxe qu'on a trouvée pour certaines étoiles, elle indique seulement que les étoiles ne peuvent être plus près, mais non qu'elles ne sont pas plus éloignées de nous.

CHAPITRE IX

COLORATION DES ÉTOILES DOUBLES ET MULTIPLES
SYSTÈMES ENTRAINÉS DANS L'ESPACE

Le télescope nous montre au firmament des Soleils doubles et même des Soleils multiples diversement colorés. Si ces Soleils, comme nous avons tout lieu de le croire, éclairent et fécondent des terres ou des planètes, ce simple fait astronomique suffit pour nous permettre d'imaginer un paradis terrestre et céleste tout à la fois, pour les heureux habitants de ces pays-là, dont les splendeurs doivent dépasser tous les rêves.

Si ces Terres bénies sont constituées de manière à se parer de la plus riche végétation, si elles sont découpées comme la nôtre, par des montagnes, des mers, des fleuves, elles multiplient les sites enchanteurs. En effet, en vertu de la rotation de la planète, et des évolutions des Soleils multicolores, voici ce qui se passe pour les habitants de cet éden. Le matin ils voient un Soleil blanc se lever; quelques heures plus tard un beau Soleil bleu vient azurer les montagnes et les plaines ; puis, tout à coup, au moment où le Soleil blanc va disparaître sous l'horizon et où le Soleil bleu est à leur zénith, un magnifique Soleil rose apparaît à l'orient. Quels jeux de lumière ! quels spectacles magiques pour les fortunés habitants de ce monde !

Et ne dites pas que ce spectacle grandiose et fantastique n'existe que dans notre imagination.

Voici les preuves :

L'α du Centaure est éclairée par deux Soleils occupant tour à tour des positions très différentes. De là des saisons multiples et des jeux de lumière inconnus pour nous. Ces deux Soleils n'ont pas la même grandeur ; le petit tourne, en 78 ans, autour du grand.

Que dire des étoiles triples, quadruples, comme l'ε de la Lyre, dont la lumière est blanche, rouge, bleue, pourpre, etc.? Ces couleurs sont réelles et ne sont point une illusion d'optique.

Notre imagination a beau s'élancer dans l'idéal, elle n'arrive jamais à de telles merveilles !

Couleur des étoiles doubles. — Les étoiles doubles sont de nuances différentes, et, le plus ordinairement, elles présentent le phénomène du contraste des couleurs complémentaires. En général, la grande étoile est jaune, orange ou rouge et la petite bleue, verte ou pourpre. Quelquefois une étoile blanche est combinée avec une pourpre ou une bleue; mais il arrive plus rarement qu'elle le soit avec une rouge. Dans beaucoup de cas ces apparences sont dues à l'influence du contraste sur le jugement que nous portons des couleurs. Quand, par exemple, on observe une étoile double dont la plus grande est d'un rouge foncé, presque couleur de sang, et la plus petite d'un beau vert, celle-ci perd sa couleur quand la première est cachée par les fils métalliques disposés en croix dans le télescope ; mais, dans un grand nombre d'exemples, les couleurs sont trop prononcées pour être purement imaginaires. Sir John Herschel, dans un des articles insérés par lui dans les *Philosophical Transaction*, observe, comme un fait très remarquable, que, quoique les étoiles rouges soient assez communes, l'on n'a point eu d'exemple encore d'étoiles simples bleues, vertes ou pourpres. Il y a là, il nous semble, un profond sujet d'études pour les astronomes.

Systèmes binaires entraînés dans l'espace. — Outre les révolutions de certaines étoiles les unes autour des autres, il est quelques systèmes binaires qui sont entraînés dans l'espace par un mouvement commun aux deux étoiles dont ils se composent, vers quelque point inconnu du firmament. C'est ainsi que les deux étoiles de 61 du Cygne (dont l'une, comme on le sait, est notre seconde voisine), qui sont à peu près égales, et qui sont restées pendant 50 ans à la distance de 15″ environ l'une de l'autre, se sont déplacées de 4′ 23″ durant cette période, par suite d'un mouvement qui, pendant plusieurs siècles, doit paraître uniforme et rectiligne ; car, lors même que ce mouvement s'accomplirait suivant une courbe, un arc aussi petit de cette courbe devrait évidemment nous paraître une ligne droite.

Le mouvement apparent de la 61ᵉ du Cygne, qui est de 5″ annuellement, nous semble extrêmement petit ; cependant, à la distance qui nous sépare de cette étoile, un angle d'une seconde correspondant à 9 millions de millions de lieues environ, il s'ensuit que le mouvement annuel de la 61ᵉ du Cygne, de cet astre auquel, ainsi que l'observe Arago, nous donnons le nom d'étoile fixe, est de 43 millions de millions de lieues environ.

Les distances énormes des étoiles nous font paraître très petits des mouvements qui, en réalité, sont très grands. Sir William Herschel supposait que, parmi certaines irrégularités, les mouvements des étoiles ont une tendance générale vers un point du Ciel diamétralement opposé à ζ d'Hercule, et il attribuait cette tendance à un mouvement du système solaire en sens contraire. S'il en était réellement ainsi, les étoiles sembleraient, d'après les effets de la perspective, diverger dans la direction vers laquelle nous tendons, et converger dans l'espace que nous abandonnons ; il y aurait en outre dans ces mouvements apparents une régularité que le temps finirait par y déceler ; mais si le système solaire et toutes les étoiles qui sont visibles pour nous étaient emportés dans l'espace par un mouvement commun, comme les vaisseaux entraînés par un courant, il nous serait impossible, à nous, qui suivons le mouvement général, d'en déterminer la direction. Mais les observations de M. C. Flammarion ont démontré que la dislocation se faisait dans tous les sens, ou en d'autres termes que les étoiles étaient emportées dans toutes les directions. Nous en parlerons plus loin.

« Et maintenant, dirons-nous en terminant ce chapitre, qu'est-ce que la Terre et qu'est-ce que l'Homme ?

« Devant le regard ébloui, stupéfié de l'astronome terrestre, né d'hier pour mourir demain sur un globule perdu dans le fourmillement des mondes, les univers stellaires s'envolent comme des tourbillons de poussière à travers l'espace sans fin, pendant l'éternité, sans années, sans jours et sans heures.

« Spectacle grandiose et terrible assurément, car nous appartenons à cette création, nous faisons partie de ce formidable ensemble ; nous courons avec notre petit globe, à raison de 26,500 lieues à l'heure, pendant que la Lune circule avec vitesse autour de nous, que Vénus, Mars, Jupiter nous accompagnent, et que le Soleil nous emporte tous vers les étoiles d'Hercule, et pendant que la Voie lactée elle-même, dont notre Soleil n'est qu'une particule, se métamorphose et se transforme.

« Le fait même de notre existence nous condamne à l'irrévocable destinée d'être associés au perpétuel mouvement des choses : que nous habitions la Terre, une planète de Sirius ou la nébuleuse d'Orion, c'est tout un. Nous sommes dans le Ciel, dans l'infini, dans l'éternité, et nous n'en sortirons jamais. Ah ! certes, oui, l'Astronomie est bien la science qui nous touche tous personnellement de plus près. Elle est grave ; elle est parfois solennelle, terrifiante. Mais qu'elle est belle ! Quels panoramas ! Quelles splendeurs ! Elle jette à profusion devant nous les diamants, les étincelantes pierreries ; la variété rivalise avec l'opulence, et bonne et compatissante déesse, pour ne pas éblouir nos regards trop faibles, elle se fait invisible dans la tranquille sérénité des cieux. En fait, pour nos impressions, tout est silencieux, tout est calme.

8.

« Le mouvement de la Terre est plus doux que celui de la gondole glissant sur les lagunes de Venise ; nul ne l'a jamais senti, nul ne le sentira jamais. Les Soleils sont si loin qu'il n'y a pour nous que les étoiles. Nous sommes si petits que dans notre nid terrestre nous pouvons nous endormir et rêver sans crainte, comme l'oiseau-mouche caché dans une fleur. La perle de la rosée n'attire pas la foudre et n'amène pas les tempêtes. Une atmosphère d'azur enveloppe notre séjour d'un voile protecteur. Le souffle parfumé du zéphyr glisse en frissonnant à travers le feuillage. et lors même que les arbres sont dépouillés de leur parure, le passage du vent dans les branches semble encore être un souffle qui respire ; harpe éolienne du bosquet sacré ; la nature terrestre, humble et modeste, est, elle aussi, pénétrée d'une divine harmonie.

« A l'heure où la nuit mystérieuse se répand dans les cieux, et où des myriades d'étincelles charment les hauteurs éthérées, il nous semble que les étoiles, beautés du Ciel, s'endorment en souriant dans la tiède volupté des nuits orientales. »

CHAPITRE X

Plusieurs étoiles ont disparu des cieux ; ce sont des étoiles éteintes dont la lumière s'est affaiblie pour ne plus se réveiller ; ce sont des systèmes pour lesquels l'heure de la fin du monde a sonné.

La liste en est assez nombreuse.

Avant Herschel, huit étoiles inscrites dans les catalogues des Anciens avaient disparu.

Le 9 mai 1828, l'étoile 42 de la Vierge échappa aux recherches de sir John Herschel qui, depuis, ne l'a jamais retrouvée, quoiqu'il ait eu fréquemment occasion d'observer la partie du Ciel où pendant si longtemps elle avait été vue. Il constata aussi que deux étoiles de sixième et de dixième grandeur avaient disparu des constellations du Taureau et d'Hercule. Cassini, au xviiᵉ siècle, chercha inutilement une étoile qui devait se trouver près et au-dessus de la Petite Ourse.

Il est arrivé quelquefois que des étoiles, après avoir paru tout à coup et brillé d'un éclat très vif, ont disparu subitement. L'on cite plusieurs exemples de ces étoiles passagères. Ainsi, en l'an 125 avant notre ère, il y en eut un exemple qui, dit-on, détermina Hipparque à former le premier catalogue d'étoiles.

En 389, au temps des empereurs Honorius et Adrien, une autre étoile parut subitement près de la constellation de l'Aigle, et disparut après avoir brillé pendant trois semaines d'un éclat aussi vif que Vénus.

Au ixᵉ siècle, Albumazar observa une étoile immense, au 15ᵉ degré du Scorpion.

En 945, sous l'empereur Othon Iᵉʳ, on observa une étoile de première grandeur, entre Cassiopée et Céphée.

En 1264, une étoile se montra aussi près de Cassiopée.

Le 11 novembre 1572, l'année même du massacre de la Saint-Barthélemy, on découvrit dans Cassiopée une étoile nouvelle. Son éclat augmenta rapidement jusqu'à ce qu'elle eût surpassé celui même de Jupiter ; il diminua ensuite graduellement ;

et cette étoile, après avoir présenté toutes les varié-
tés de teintes qui indiquent les différentes périodes

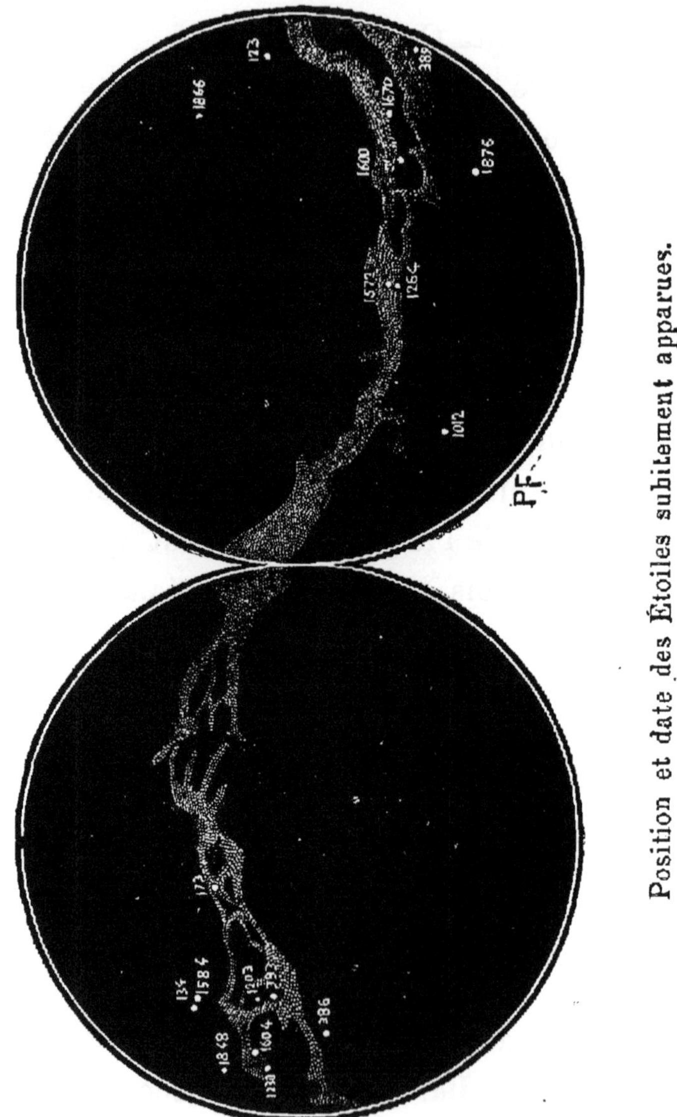

de la combustion, disparut sans changer de position, seize mois après sa découverte. L'on ne sau-

rait imaginer rien de plus terrible qu'une conflagration qui, d'une telle distance, pourrait être visible. On croit cependant que cette étoile peut être
périodique et identique à celles qui parurent en 945,
et 1264.

Tycho-Brahé qui l'observa avec le plus grand
soin, en rend compte en ces termes :

« Lorsque je quittai l'Allemagne pour retourner
dans les îles danoises, je m'arrêtai dans l'ancien
cloître, admirablement situé, d'Herritzwaldt, appartenant à mon oncle Stenon Ville, et j'y pris l'habitude de rester dans mon laboratoire de chimie jusqu'à la nuit tombante. Un soir que je considérais,
comme à l'ordinaire, la voûte céleste, dont l'aspect
m'est si familier, je vis avec un étonnement indi-
cible, près du zénith, dans Cassiopée, une étoile ra-
dieuse, d'une grandeur extraordinaire, et, frappé
de surprise, je ne savais si j'en devais croire mes
yeux. Pour me convaincre qu'il n'y avait pas d'illusion et pour recueillir le témoignage d'autres personnes, je fis sortir les ouvriers occupés dans mon
laboratoire, et je leur demandai, ainsi qu'à tous les
passants, s'ils voyaient comme moi l'étoile qui
venait d'apparaître tout à coup.

« J'appris plus tard qu'en Allemagne, des voitu-
riers et d'autres gens du peuple avaient prévenu les
astronomes d'une grande apparition dans le ciel ;

ce qui a fourni l'occasion de renouveler les railleries accóutumées contre les hommes de science.

« L'étoile nouvelle était dépourvue de queue ; aucune nébulosité ne l'entourait ; elle ressemblait de tous points aux autres étoiles ; seulement elle scintillait encore plus que les étoiles de première grandeur. Son éclat surpassait celui de Sirius, de la Lyre et de Jupiter. On ne pouvait le comparer qu'à celui de Vénus, quand elle est le plus près possible de la Terre. Des personnes pourvues d'une bonne vue pouvaient distinguer cette étoile pendant le jour, même en plein midi, quand le ciel était pur. La nuit, par un ciel couvert, lorsque toutes les autres étoiles étaient voilées, l'étoile nouvelle resta plusieurs fois visible, à travers des nuages assez épais.

« Les distances de cette étoile à d'autres étoiles de Cassiopée, que je mesurai l'année suivante avec le plus grand soin, m'ont convaincu de sa complète immobilité. A partir du mois de décembre 1572, son éclat commença à diminuer, elle était alors égale à Jupiter.

« Voici le résultat de mes comparaisons photométriques : en février et mars, égalité des étoiles du premier ordre ; en avril et mai, éclat des étoiles de deuxième grandeur ; en juillet et août, de troisième ; en octobre et novembre, de quatrième

grandeur. Vers le mois de novembre, l'étoile nouvelle ne surpassait pas la onzième étoile située dans
le bas du dossier du Trône de Cassiopée. Le passage
de la cinquième à la sixième grandeur eut lieu de
décembre 1573 à février 1574. Le mois suivant,
l'étoile nouvelle disparut sans laisser de trace à la
simple vue. Elle avait brillé pendant dix-sept
mois. »

Cette étoile fit d'autant plus de bruit, qu'elle apparut quelques mois après la Saint-Barthélemy :
aussi les astrologues eurent beau jeu. Ils annoncè-
rent qu'elle était la même qui avait conduit les
mages à Bethléem, et qu'elle précédait le retour de
l'Homme-Dieu sur la Terre et le jugement dernier
qui devait arriver en 1588. Pauvres astrologues !
mais aussi pauvre peuple qui se laisse toujours
surprendre par le merveilleux !

Le 10 octobre 1604, Magini et Rœslin, astronomes, aperçurent une étoile blanche, dont la grandeur surpassait Mars, Jupiter, Saturne et les étoiles
de première grandeur. Kepler en eut connaissance
par un amateur de Prague qui l'avait découverte
en même temps que les deux astronomes, mais le
temps étant resté couvert, il ne put la voir que le 17.
Tout le reste du mois il fut possible de l'observer,
et elle garda un éclat supérieur à l'étoile décrite
par Tycho-Brahé en 1572.

Le 9 novembre, la lumière crépusculaire, qui effaçait Jupiter, n'empêchait pas de voir l'étoile, dit Arago. Le 16 novembre, Képler l'aperçut pour la dernière fois. Mais à Turin, lorsqu'elle reparut à l'orient, à la fin de décembre ou au commencement de janvier, sa lumière s'était affaiblie ; elle surpassait certainement Antarès, mais n'égalait pas Arcturus. Le 20 mars, plus petite en apparence que Saturne, elle surpassait notablement les étoiles de troisième grandeur d'Ophiucus. Le 21 avril, elle parut égale à l'étoile luisante du genou d'Ophiucus, de troisième grandeur.

Elle continua de diminuer jusqu'en mars 1606, puis elle disparut complètement.

Mais qu'était cette étoile? Les astronomes ne purent jamais se mettre d'accord sur ce point.

Comme en 1572, les uns dirent que c'était la même qui était apparue aux Mages et les avait guidés jusqu'à la grotte de Bethléem ; elle annonçait donc le second avènement du Christ, par conséquent la fin du monde. A cette nouvelle inattendue, la terreur s'empara du peuple et des savants euxmêmes.

Les autres expliquèrent son apparition en disant que son grand éloignement de la Terre l'avait jusqu'ici rendue invisible, mais qu'elle s'était tout à coup rapprochée. Ils expliquaient sa disparition en ajoutant que, comme elle s'éloignait ensuite de la Terre, elle avait fini par disparaître en perdant son éclat. Mais cette explication est inadmissible. La lumière, en effet, parcourant 75,000 lieues à la seconde, en supposant à cette étoile la même vitesse, il lui aurait fallu six ans pour passer de la première grandeur à la seconde, douze ans pour arriver à la troisième, et enfin trente-six ans pour arriver à la septième grandeur. Comme l'étoile fut vue en novembre 1572 pour la première fois et qu'elle disparut en mars 1574, elle n'a pu franchir en seize mois des distances que la lumière mettrait trente-six ans à parcourir.

Tycho-Brahé émit un autre avis : il avança qu'elle avait été produite par l'agglomération d'une certaine quantité de lumière diffuse dont le Ciel est rempli.

Voici l'explication qu'en donne Laplace : « On observe des variations périodiques dans l'intensité de la lumière de plusieurs étoiles, que l'on nomme pour cela changeantes. Quelquefois on a vu des étoiles se montrer tout à coup et disparaître après avoir brillé du plus vif éclat. Telle fut la fameuse étoile observée en 1572 dans la constellation de Cassiopée.

« En peu de temps elle surpassa la clarté des plus belles étoiles et de Jupiter même. Sa lumière

s'affaiblit ensuite, et elle disparut seize mois après
sa découverte, sans avoir changé de place dans le
Ciel. Sa couleur éprouva des variations considérables : elle fut d'abord d'un blanc éclatant, ensuite
d'un jaune rougeâtre et enfin d'un blanc plombé.

« Quelle est la cause de ces phénomènes?

« Des taches très étendues, que les étoiles nous
présentent périodiquement en tournant sur elles-
mêmes, ou peut-être l'interposition de grands corps
opaques qui circulent autour d'elles, expliquent les
variations périodiques des étoiles changeantes.
Quant aux étoiles qui se sont montrées presque
subitement avec une très vive lumière, pour disparaître ensuite, on peut supposer avec vraisemblance
que de grands incendies occasionnés par des causes
extraordinaires ont eu lieu à leur surface, et ce
soupçon se confirme par le changement de leur
couleur, analogue à celui que nous offrent sur la
Terre les corps que nous voyons s'enflammer et
s'éteindre. »

Votre imagination vous fait-elle une idée de ce
que peut être un incendie qui projette ses lueurs
sinistres à plusieurs trillions de lieues, et qu'on
n'aperçoit d'ici que trois ans après qu'il est éteint?

Que nos lecteurs ne croient pas que ces distances
aient été fixées par le caprice de certains astronomes. Il n'y en a pas une qui n'ait été vérifiée

par de longs et minutieux calculs. Ce n'est pas tout : ce qu'un astronome a découvert est soigneusement étudié par les autres, et si une erreur, si minime qu'elle fût, avait été commise, elle serait aussitôt signalée. Nous pouvons donc avoir la plus grande confiance dans le merveilleux qu'ils nous apprennent et nous incliner avec respect devant cette puissance infinie du Dieu qu'ils nous révèlent de la manière la plus grandiose, en nous montrant cet Architecte des mondes qui embrasse d'un seul coup d'œil, dans un présent éternel, les espaces infinis, en même temps qu'il fait sortir du néant certains génies destinés à éclairer leurs frères !

Si la lumière de certaines étoiles va en s'affaiblissant, il y en a d'autres dont l'éclat augmente avec les siècles. Ainsi les Arabes donnent le nom d'Épreuve (*Saïdak*) à une petite étoile placée à côté de la seconde étoile de la queue de la Grande Ourse, parce qu'il fallait autrefois une vue perçante pour l'apercevoir. Aujourd'hui, une vue ordinaire la découvre facilement. Cette étoile est appelée le Cavalier de la Grande Ourse.

Le 10 octobre 1604, une étoile brillante se montra tout à coup dans la constellation du Serpentaire, et resta visible pendant un an.

« Dès le jour de son apparition, dit Arago, le 10 octobre 1604, elle était blanche ; elle surpassait en éclat les étoiles de première grandeur, et aussi Mars, Jupiter et Saturne, dont elle se trouvait voisine. Plusieurs la comparaient à Vénus. Ceux qui avaient vu l'étoile de 1572 trouvaient que la nouvelle la surpassait en éclat. Elle ne parut éprouver aucun affaiblissement dans la seconde moitié du mois d'octobre ; le 9 novembre, la lumière crépusculaire qui effaçait Jupiter n'empêchait pas de voir l'étoile. Le 16 novembre, Képler l'aperçut pour la dernière fois ; mais à Turin, lorsqu'elle reparut à l'orient, à la fin de décembre et au commencement de janvier, sa lumière s'était affaiblie. Elle diminua insensiblement. Le 8 octobre elle était encore visible, mais difficilement, à cause de la lumière crépusculaire. En mars 1606, elle était devenue complètement invisible.

Plus récemment, en 1670, une nouvelle étoile fut découverte par le P. Anthelme dans la tête du Cygne ; au bout d'un certain temps elle devint invisible, puis reparut, et, après avoir subi plusieurs variations de lumière, elle disparut sans qu'on l'ait jamais revue depuis. Il y avait alors deux ans qu'on l'avait aperçue pour la première fois.

La dernière apparition est de 1866. Au mois de mai, le 4, une nouvelle étoile se fit voir dans la constellation de la Couronne boréale. Ce fut M. Burker qui la découvrit le premier.

On compte 22 apparitions d'étoiles nouvelles,
depuis qu'on observe attentivement le Ciel, c'est-à-
dire depuis deux mille ans. C'est donc 22 naissances,
du moins pour nous.

Parmi les multitudes innombrables d'étoiles
parsemées dans les cieux, il en est probablement
beaucoup qui disparaissent et reparaissent alternativement ; les périodes de 13 d'entre elles ont été
déjà passablement déterminées. La plus remarquable de ces étoiles est Omicron de la constellation
de la Baleine. Elle paraît environ 12 fois en 11 ans ;
son éclat est variable ; elle offre quelquefois l'apparence d'une étoile de deuxième grandeur, mais elle
n'acquiert pas toujours la même intensité d'éclat, et
ne suit pas non plus constamment une marche uniforme dans l'augmentation ou la diminution de sa
clarté. Selon Hévélius, elle ne parut pas du tout
pendant quatre ans. Gamma, de l'Hydre, disparaît
et reparaît aussi tous les 494 jours ; et sir John
Herschel cite comme un exemple très singulier de
périodicité, l'étoile Algol ou Bêta de Persée (β), qui
conserve l'apparence d'une étoile de deuxième grandeur pendant deux jours et quatorze secondes : son
éclat commence alors subitement à diminuer, et en
trois heures et demie environ elle se trouve réduite
à l'apparence d'une étoile de quatrième grandeur ;
mais sa lumière augmente ensuite de nouveau, et

en trois heures et demie à peu près, elle a regagné
son état habituel. Toutes ces vicissitudes s'accomplissent en 2 jours, 20 heures et 48 minutes. Quelle
peut être la cause de ces variations? On l'ignore;
mais d'après les changements d'Algol, Goodrick a
conjecturé qu'elles peuvent être occasionnées par
la révolution de quelque corps opaque s'interpo-
sant entre nous et l'étoile, et obstruant ainsi une
partie de sa lumière. Sir John Herschel est frappé
du haut degré d'activité manifesté par ces changements dans des régions où, sans de telles preuves,
nous pourrions supposer que tout est privé de vie.
Il observe que notre propre Soleil emploie un temps
égal à neuf fois la période d'Algol pour accomplir
une révolution sur son axe, tandis que, d'un autre
côté, le temps périodique d'un corps opaque satellite, qui serait assez grand pour produire un pareil
obscurcissement passager de Soleil, ou d'une étoile
fixe, ne serait pas égal à quatorze heures.

Il est dit dans l'Évangile de saint Mathieu, au
chap. II, du verset 1 à 9, que des Mages vinrent à
Jérusalem et de là à Bethléem pour adorer J.-C. et
qu'ils y furent conduits par une étoile qui allait devant eux, et qui s'arrêta à l'endroit où était l'enfant.
Or, disent les adversaires de nos saints Livres, ce
seul énoncé prouve jusqu'à l'évidence la fausseté
de ce récit; car personne n'ignore que les étoiles, à

raison de leur immense élévation, ne peuvent indiquer une ville, pas même un pays, bien moins encore une maison. Si l'on dit qu'une étoile s'abaissa
et s'approcha vers la Terre pour marquer la maison
où était Jésus, on tombera dans une absurdité plus
ridicule que la première ; puisqu'en s'abaissant dans
l'espace, cette étoile aurait couvert par son volume
non seulement tout Bethléem et toute la Judée, mais
encore tout notre hémisphère et au delà.

La difficulté des incrédules tombe d'elle-même,
dès que l'on considère que le terme *aster* (ἀστήρ) employé dans le texte grec, et le mot latin *stella* de la
Vulgate sont susceptibles non seulement du sens
d'étoile proprement dite, mais encore d'un simple
météore lumineux qui, vu à une certaine distance,
a toutes les apparences d'une étoile. Cela posé,
toute la question se réduit à savoir si Dieu, dont la
puissance infinie a formé les cieux, créé tous les
astres, qu'il tient suspendus dans l'espace au moyen
de certaines lois qui sont l'œuvre de sa sagesse, si
Dieu, disons-nous, n'a point eu la possibilité de
créer aussi un météore lumineux ayant l'aspect d'une
étoile ordinaire, et de le faire concourir au dessein
qu'il avait d'amener les Mages de l'Orient aux pieds
du Verbe fait chair. Or, tous les astronomes qui méritent ce nom savent parfaitement qu'ils recevraient
un démenti de la Science elle-même, et qu'ils se

couvriraient de ridicule, s'ils se prononçaient pour la négative. Mais nous avons à prouver que les paroles du texte évangélique permettent la supposition d'un météore lumineux, formé miraculeusement assez près de la Terre, et dirigé dans son cours par la main divine qui l'avait produit ; la chose n'est pas difficile.

D'abord, le mot grec *aster* se trouve employé par Homère dans le sens d'un météore auquel il compare la descente de Minerve sur la terre. (Iliade, IV, 75-78.) Aristote s'en est également servi avec la même signification au premier livre des *Météores*.

Quant au latin *stella*, « il a, dit Buller, la double signification du mot grec, puis il ajoute : Voyez l'*Histoire naturelle* de Pline, liv. XVIII, ch. 35, et Virgile, liv. I des *Géorgiques*, vers 365 et suivants :

> *Sæpe etiam stellas, vento impendente, videbis*
> *Præcipites cœlo labi, noctisque per umbras*
> *Flammarum; longos à tergo albescere tractus* [1].

Et Cicéron a désigné sous le nom de *trajectio stellæ* cette vapeur ignée en forme d'étoile qui court et

---

[1]. Ces beaux vers, dit M. l'abbé Moigno, me frappent aujourd'hui plus que jamais ; ils expriment nettement ce que l'on a appelé la théorie de M. Coulvier Gravier, que la direction des traînées des étoiles filantes indique celle d'un vent supérieur qui bientôt soufflera à la surface de la terre. J'ajoute que le flot d'étoiles filantes n'est pas seulement l'indice, mais la cause du vent supérieur, ce que M. Joseph Silberman a dit le premier.

s'éteint. Et le vulgaire ne dit-il pas tous les jours : Voilà une étoile qui file !

« Nous pouvons même, sans sortir de notre langue, donner un exemple de cette double acception. On appelle parmi nous étoile un météore qui paraît souvent en été en forme d'une étoile qui tombe, et ce n'est pas seulement le peuple qui parle ainsi, nos philosophes, qui se piquent d'une si grande exactitude dans leurs expressions, ne s'expliquent point autrement. Il n'est pas jusqu'à des météores factices que nous ne nommions ainsi. Telles sont ces étoiles par lesquelles les fusées se terminent assez souvent.

« Les Arabes appellent aussi étoiles ces météores lumineux qui semblent tomber du Ciel [1]. »

« Les Chinois sont dans le même usage. — « Je lisais, dit Fontenelle, dans un abrégé des *Annales de la Chine*, écrit en latin, qu'on y voit des milliers d'étoiles à la fois qui tombent du Ciel dans la mer avec un grand fracas, ou qui se dissolvent et s'en vont en pluie ; cela n'a pas été vu pour une fois à la Chine ; j'ai trouvé une observation en deux temps assez éloignés, sans compter une étoile qui s'en va crever vers l'Orient, comme une fusée, toujours avec un grand bruit. Il est fâcheux que ces

1. Voyez le poème d'Abubola, page 231 du recueil de Golius, à la suite de la grammaire d'Erpénius.

spectacles-là soient réservés pour la Chine, et que
ces pays-ci n'en aient jamais eu leur part [1]. »

« On voit bien, et Fontenelle le fait assez connaître par les paroles qui terminent son récit, que
ces étoiles qui tombent dans la mer, que cette étoile
qui fait une traînée de lumière comme une fusée,
ne sont pas de véritables étoiles, qu'elles ne peuvent être que ce météore lumineux que nous appe-
lons étoile tombante. Leur grand nombre, le bruit
qu'elles font, la pluie qu'elles produisent, sont des
ornements dont les Chinois, qui exagèrent tout ce
qui les regarde, ont embelli ce phénomène pour le
rendre plus merveilleux. Remarquez que ce peuple,
formé depuis tant de siècles, placé à l'extrémité du
monde, donne, comme nous, le nom d'étoile au météore dont il est question, tant est ancienne, tant
est universelle la coutume de donner aux choses le
nom de celles dont elles ont l'apparence! C'est
donc bien injustement que les déistes blâment
Moïse et les autres auteurs de nos Livres saints,
d'avoir parlé du système du monde et des choses
naturelles non selon la réalité, mais selon les apparences, puisqu'ils n'ont fait en cela que suivre le
langage de tout l'univers, celui même que les phi-

---

1. Au temps de Fontenelle, les aérolithes n'avaient pas encore attiré l'attention des savants.

losophes emploient tous les jours dans le commerce de la vie [1]. »

Pour faire admettre les pluies d'étoiles filantes, il a fallu qu'Alexandre de Humboldt fût témoin du magnifique spectacle du 13 novembre 1833 ! Pour admettre l'existence du bolide si fidèlement décrit par les *Annales chinoises*, il a fallu que l'on en eût vu briller de toutes parts, s'avancer avec une vitesse plus ou moins grande, laissant derrière eux une longue traînée comparable à la queue d'une fusée et, souvent, disparaître après avoir fait explosion. Il ne reste donc rien de ces prétendues objections ou négations tirées de l'astronomie, sinon un témoignage éclatant en faveur de la science de la Bible qui nous a révélé des faits physiques longtemps ignorés, et considérés même comme impossibles par la science du jour. Qu'était réellement l'étoile des Mages, certainement miraculeuse? Nous n'essayerons pas de le dire ; mais on peut concevoir que ce fut un bolide ou astéroïde obéissant à la volonté de Dieu.

On voit par cette discussion que de même que la prolongation du jour sous Josué et la rétrogradation de l'ombre sur l'horloge, ou sur les degrés du palais d'Achaz, ont pu s'effectuer sans que les corps

—

1. Bullet, réponses critiques, T. II, p. 353, etc.

célestes en aient été dérangés dans leurs cours, et sans que la nature entière en ait été troublée ; de même aussi un phénomène du genre des météores lumineux, mais surnaturel, a pu apparaître aux Mages et les conduire à Bethléem, sans qu'aucun changement ait eu lieu dans l'économie générale de l'ordre céleste.

LIVRE II

NÉBULEUSES

CHAPITRE PREMIER

GÉNÉRALITÉS SUR LES NÉBULEUSES

Il n'y a personne qui n'ait remarqué dans certaines parties du ciel, pendant une nuit sereine, certaines taches blanchâtres plus ou moins lumineuses. Avant l'invention des lunettes astronomiques, les anciens les prenaient pour des tourbillons de vapeur lumineux.

Comme ils y apercevaient certains élancements, ils s'imaginaient que ces taches étaient une sorte d'ouverture à travers laquelle apparaissait l'éclat d'une région toute remplie de lumière.

Ces taches sont appelées en général NÉBULEUSES.

La plupart occupent une large zone dont la direction est presque perpendiculaire à la Voie lactée. Lorsqu'elles sont très grandes, elles n'offrent aucune régularité.

Certaines nébuleuses tranchent nettement sur le Ciel par quelques-uns de leurs côtés, tandis que les autres sont à peine distincts. Plusieurs d'entre elles ont de grands espaces sombres dans leur intérieur, tandis que tout autour s'étendent des traînées lumineuses qui paraissent s'évanouir à des distances différentes du centre. Enfin, comme le dit Arago, « toutes les figures fantastiques qu'affectent des nuages emportés, tourmentés par des vents violents et contraires, se trouvent dans le firmament des nébuleuses diffuses. »

Les gravures qui suivent le feront suffisamment voir.

Coloration des nébuleuses. — Mais ce n'est pas tout. Non seulement ces lointains systèmes stellaires peuplés de myriades de Soleils revêtent les formes les plus variées, non seulement ils offrent une diversité d'aspect supérieure à celle que l'imagination peut construire ; mais encore quelques-uns d'entre eux dévoilent à l'œil étonné qui les contemple des nuances variées et de véritables couleurs. L'une est colorée d'un beau bleu indigo ; une autre est rose à son centre et bordée de blanc ; une autre

encore émet de magnifiques rayons bleu de ciel.
Cette coloration est produite par la couleur même
des étoiles qui la composent. On en a vu d'autres
dont l'intensité lumineuse a sensiblement varié ;
l'éclat de l'une d'entre elles s'est même affaibli jusqu'au point de la rendre complètement invisible.

Nébuleuses d'aspects divers.

Il est difficile de rendre l'impression que l'aspect de ces lointains Univers fait naître dans l'âme
lorsqu'on les contemple à travers ces merveilleux
télescopes qui rapprochent les distances. Les
rayons de lumière qui nous arrivent de si loin nous
mettent temporairement en communication avec
ces créations étrangères, et le sentiment de la vie

terrestre, assoupi dans le silence des nuits profondes, semble dominé par l'ascendant que la contemplation céleste exerce si facilement sur l'âme captivée. Les choses de la terre perdent leur prestige.

On sent que, malgré l'éloignement insondable qui sépare notre séjour de ces lointaines demeures, il y a là des foyers lumineux et des centres de mouvement ; ce n'est pas le vide, ce n'est pas le désert, c'est « *quelque chose*, » et ce quelque chose suffit pour attacher notre attention et pour éveiller notre rêverie. Une impression indéfinissable nous est communiquée par les rayons stellaires qui descendent silencieusement des abîmes inexplorés ; on la subit sans l'analyser, et les traces en restent ineffaçables, comme celles que le voyageur ressent lorsqu'il aborde de nouvelles terres et voit de nouveaux Cieux se lever sur sa tête.

Herschel, qui, à l'aide de ses puissants télescopes, a tant étudié les nébuleuses, les partage en trois classes distinctes :

1° Les amas d'étoiles ou nébulosités.

2° Les nébuleuses résolubles en Soleils.

3° Les non résolubles.

Le célèbre astronome en a donné, en 1833, le catalogue, qui contient 2,306 nébuleuses de cette sorte. Il pense qu'elles sont toutes des agglomérations d'une matière nébuleuse que le Créateur a semée avec profusion dans les différentes parties de l'espace et parvenue à différents degrés de condensation.

Par la suite des siècles, cette matière, d'une ténuité extrême et d'abord diffuse, se concentre autour de certains points de sa masse et forme ces centres ou noyaux qui doivent un jour se transformer en Soleils. Comme nous l'avons démontré[1], cette transformation s'opère par l'effet d'une condensation si lente, qu'il lui faut des siècles et des siècles pour être sensible. Mais, direz-vous, si l'astronome ne voit point ces Soleils se former, comment peut-il savoir de quelle manière ils se forment? — Cette réflexion est juste; mais, à mon tour, je vous demanderai comment celui qui n'a pas vu planter un arbre, qui ne l'a pas vu grandir, peut-il dire à peu près son âge et ce qu'il sera vingt ans plus tard? De même que le naturaliste étudie, sur des individus de différents âges, le développement progressif d'un être organisé et les différents développements par lesquels il est passé, de même l'œil de l'astronome, armé de ses puissantes lunettes, peut découvrir, sur l'ensemble de

---

1. Voy. notre ouvrage : *L'Œuvre des six jours en face de la Science contemporaine*, in-12 avec figures.

nébuleuses visibles, les progrès de leur condensation. Cette hypothèse d'Herschel explique on ne
peut mieux les différences d'aspect que les nébuleuses nous présentent, selon l'époque du travail
mystérieux qui les fait passer d'une nébulosité tout
à fait diffuse, à l'état d'étoiles d'un éclat merveilleux. L'habile astronome contempla la lumière
diffuse, sur un point quelconque du Ciel ; sur un
autre, une pâle nébulosité ; sur un troisième, une
vraie nébuleuse ; puis enfin le noyau lumineux
auquel devait succéder une véritable étoile, et il
devina par quelles métamorphoses successives passent les corps célestes avant de devenir des Soleils.

Mais, il y a plus. Le télescope, aidé du spectroscope, ce magique instrument, constate cette existence de nébuleuses à tous les degrés de condensation ; il a permis non seulement d'observer toutes
les phases des astres, mais encore de surprendre la
nature sur le fait. L'analyse spectrale surtout a
donné aux profondes et ingénieuses hypothèses de
la formation des mondes une autorité à peine dis-
cutable aujourd'hui, comme le démontrent les dernières découvertes de l'astronomie.

Écoutez Arago sur la lumière des vraies nébuleuses :

Les nébuleuses stellaires ont été regardées pendant

longtemps comme de vraies nébuleuses. Il ne faut donc pas s'attendre à découvrir entre les lumières de ces deux natures de corps, des dissemblances parfaitement tranchées. Les nébuleuses composées d'une matière diffuse, continue, phosphorescente, ont cependant un aspect tout spécial, indéfinissable, dont les plus anciens observateurs à qui il fut donné d'examiner le Ciel avec de bonnes lunettes, se montrèrent particulièrement frappés.

« Voyez, par exemple, si Halley hésite à faire dépendre la lumière des nébuleuses d'Orion et d'Andromède, d'une cause toute particulière : « En « réalité, dit-il, ces taches ne sont rien autre chose « que la lumière venant d'un espace immense situé « dans les régions de l'éther, rempli d'un milieu « diffus et lumineux par lui-même [1]. »

« Derham n'est pas moins explicite : la lumière des nébuleuses ne saurait être pour lui celle d'une agrégation d'étoiles. Il va même jusqu'à se deman-

1. On trouve dans le mémoire d'où j'extrais ce passage une remarque d'autant plus singulière qu'elle a été faite par un homme qui professait l'incrédulité presque publiquement. « Ces nébuleuses, écrivait l'ami de Newton, répondent pleinement à la difficulté que diverses personnes avaient élevée contre la description de la création donnée par Moïse, en disant qu'il est impossible que la lumière ait été engendrée sans le Soleil. Les nébuleuses montrent manifestement le contraire ; plusieurs n'offrent en effet aucune trace d'étoile à leur centre. »

der si, comme beaucoup de savants le croyaient jadis, il n'y aurait pas au delà de la sphère des étoiles les plus éloignées, une région entièrement lumineuse, un Ciel empyrée, et si les nébuleuses ne seraient pas cette région éclatante vue à travers une ouverture, une brèche (chasm) de la sphère (probablement cristalline) du premier mobile.

« Voltaire fait mention de l'opinion de Derham dans un de ses ingénieux romans.

« Micromégas, dit-il, parcourt la Voie lactée en « peu de temps ; et je suis obligé d'avouer qu'il ne « vit jamais, à travers les étoiles dont elle est se- « mée, ce beau Ciel empyrée que l'illustre vicaire « Derham se vante d'avoir vu au bout de sa lu- « nette. Ce n'est pas que je prétende que M. Der- « ham ait mal vu, à Dieu ne plaise ! Mais Micro- « mégas était sur les lieux, c'est un bon observa- « teur et je ne veux contredire personne. »

« On ne pouvait faire une critique de meilleur ton de la bizarre conception de Derham. Je m'é- tonne seulement que Voltaire, qui savait tout, ne se soit point rappelé que l'auteur de la *Théologie astronomique* n'était pas l'inventeur de l'empyrée. Anaxagore prétendait que les régions supérieures (l'éther) étaient remplies de feu. Sénèque avait dit : Il se forme quelquefois dans le Ciel des ouver- tures par lesquelles on aperçoit la flamme qui en occupe le fond. En décrivant la nébuleuse d'Orion, Huygens lui-même s'exprimait ainsi : « On dirait « que la voûte céleste s'étant entr'ouverte dans « cette partie, laisse voir par delà des régions plus « lumineuses. »

« Enfin, si de telles autorités, à cause de leur ancienneté, ne semblaient pas établir avec assez d'évidence qu'il y a dans la lumière dont brillent les véritables nébuleuses quelque chose de caractéristique, je citerais ces paroles récentes de M. Herschel fils : « Dans toutes les nébuleuses (résolubles), « l'observateur remarque (quel que soit le grossis- « sement) des élancements stellaires, ou du moins « il croit sentir qu'on les apercevrait si la vision « devenait plus nette. La nébuleuse d'Orion pro- « duit une sensation toute différente, elle ne fait « naître aucune idée d'étoiles. »

« *Distribution de la matière phosphorescente dans les vraies nébuleuses. — Modifications que l'attraction y apporte avec le temps.* — La lumière de ces grandes taches laiteuses est généralement très faible et uniforme ; çà et là seulement, on remarque quelques espaces un peu plus brillants que le reste.

« A quoi faut-il attribuer cette augmentation d'intensité ? Dépend-elle d'une plus grande concentration ou d'une plus grande profondeur de la matière nébuleuse ? Le choix entre les deux explications n'est pas indifférent.

« Les places où, dans les grandes nébulosités, se remarque une lumière comparativement vive, ont d'ordinaire peu d'étendue. Si donc on veut attribuer le phénomène à une plus grande profondeur de la matière nébuleuse, il faudra concevoir qu'à chacun des points en question correspond une sorte de colonne de cette matière : colonne rectiligne, très resserrée, et exactement dirigée vers la terre. Cette spécialité de direction pourrait sembler possible dans tel ou tel point particulier. Il n'en saurait être ainsi ni pour l'ensemble des places rayonnantes circonscrites qu'offre tout le firmament, ni même pour les deux, les trois ou les quatre de ces places qui se remarquent dans une seule nébuleuse. Il faut donc admettre qu'il s'est produit une condensation, une augmentation de densité dans certains points des espaces nébuleux dont tout à l'heure nous calculions la vaste étendue superficielle.

« Cette condensation est-elle l'effet d'une force attractive, analogue à celle qui maîtrise, qui régit tous les mouvements de notre système solaire? Tel est le magnifique problème dont nous devons maintenant chercher la solution.

« Dans l'avenir, il suffira d'un double coup d'œil jeté sur les nébuleuses de l'époque et sur les portraits, admirables de délicatesse et de fidélité, que les astronomes en font aujourd'hui, pour décider si le temps altère sensiblement les dimensions et les formes de ces groupes mystérieux ; mais l'antiquité n'ayant laissé à cet égard aucun terme de comparaison, nous sommes réduits à attaquer le problème par des voies indirectes. Cependant, j'ai tout lieu d'espérer que la solution n'en paraîtra guère moins évidente.

« Les phénomènes que doit amener l'existence de divers centres d'attraction répandus sur toute l'étendue d'une seule et vaste nébuleuse, se développeront dans cet ordre :

« Çà et là, la disparition de la lueur phosphorescente ; la naissance de solutions de continuité, de déchirures dans le rideau lumineux primitif, résultat nécessaire du mouvement de la matière vers les centres attractifs ;

« L'agrandissement des déchirures, c'est-à-dire la transformation d'une nébuleuse unique en plusieurs nébuleuses distinctes, peu distantes les unes des autres et liées quelquefois par des filets de nébulosité très déliés ;

« L'arrondissement du contour extérieur des nébuleuses séparées ; une augmentation plus ou moins rapide de leur intensité de la circonférence au centre ;

« La formation à ce centre d'un noyau très apparent, soit par les dimensions, soit par l'éclat;

« Le passage de chaque noyau à l'état stellaire avec la persistance d'une légère nébulosité environnante ;

« Enfin, la précipitation de cette dernière nébulosité, et, pour résultat définitif, autant d'étoiles qu'il y avait dans la nébuleuse originaire de centres d'attraction distincts.

« En combien de temps une seule et même nébuleuse pourrait-elle subir toute cette série de transformations? On l'ignore absolument. Ici, il faudrait peut-être des millions d'années; là, avec d'autres conditions d'étendue, de densité et de constitution physique de la matière phosphorescente, des périodes beaucoup plus courtes seraient suffisantes, comme l'apparition subite de l'étoile nouvelle de 1572 semblerait l'indiquer.

« L'inégale rapidité des transformations conduit à une conséquence importante. En partant de cette base, il est évident que les nébuleuses, fussent-elles toutes du même âge, doivent, dans leur ensemble, offrir les diverses formes dont j'ai donné l'énumération. Vers telle région, les siècles auront à peine amené une accumulation visible de la matière phosphorescente autour de quelques centres d'attraction; vers telle autre région, grâce à un mouvement de concentration plus précipité, nous trouverons déjà des groupes de nébuleuses à noyau ; des étoiles nébuleuses s'offriront enfin çà et là, comme le dernier échelon conduisant aux étoiles proprement dites.

« Tous ces états de la matière nébuleuse indiqués par la théorie, l'observation les avait révélés d'avance. L'accord est aussi satisfaisant qu'on puisse le désirer. Seulement, au lieu de suivre les transformations pas à pas dans une nébuleuse unique, on en a constaté la marche et les progrès par des observations d'ensemble. N'est-ce pas ainsi qu'opère le naturaliste, quand il est forcé de décrire, pour tous les âges, le port, la taille, les formes, les apparences extérieures des arbres composant les forêts qu'il traverse rapidement? Les modifications qu'un très jeune arbre éprouvera, il les aperçoit d'un coup d'œil, nettement, sans aucune équivoque, sur les pieds de la même essence arrivés déjà à des degrés de croissance et de développement plus complets.

« *Détails historiques sur la transformation des nébuleuses en étoiles. Examen des difficultés que ces idées de transformation ont soulevées.* — Il nous a suffi de grouper convenablement les diverses formes qu'affectent les nébuleuses diffuses, pour arriver à la plus importante conclusion cosmogonique. A l'aide

de la combinaison naturelle et sobre de l'observation et du raisonnement, nous avons établi avec
une grande probabilité, qu'une condensation gra-
duelle de la matière phosphorescente, conduit
comme dernier terme à des apparences sidérales ;
que nous assistons enfin à la formation de véritables étoiles.

« Cette idée hardie n'est pas aussi nouvelle qu'on
se l'imagine. Je puis, par exemple, la faire remonter jusqu'à Tycho-Brahé.

« Cet astronome regardait, en effet, l'étoile nouvelle de 1572, comme le résultat de la récente
agglomération d'une portion de la matière diffuse,
répandue dans tout l'univers, qu'il appelait matière
céleste.

« La matière céleste existait, suivant lui, dans la
Voie lactée en plus grande abondance que partout
ailleurs. Fallait-il donc s'étonner, disait-il, que
l'étoile eût fait son apparition au milieu de cette
bande lumineuse ? Tycho voyait même un espace
obscur, grand comme la moitié du disque de la
Lune, dans le lieu même où l'étoile s'était montrée.
Il ne se souvenait pas de l'avoir remarqué auparavant.

« Képler, à son tour, composa l'étoile nouvelle
de 1604, avec la matière agglomérée de l'éther.
Cette matière, parvenue à une condensation moins

complète, lui semblait la cause physique de l'atmosphère dont le Soleil est enveloppé, et qui se manifeste sous les apparences d'une couronne faiblement lumineuse, pendant toute la durée des éclipses totales de Soleil. L'étoile nouvelle de 1572 se forma dans la Voie lactée ; l'étoile nouvelle de 1604 n'en était pas loin. Képler voyait dans cette coïncidence une raison plausible pour assigner aux deux astres une même origine ; seulement il ajoutait : Si la matière lactée engendre incessamment des étoiles, comment ne s'est-elle pas épuisée ; comment la zone qui la contient ne paraît-elle pas avoir diminué depuis Ptolémée ?. Cette difficulté n'a vraiment rien de sérieux : quels moyens avons-nous de savoir ce qu'était la Voie lactée il y a quinze cents ans ?

« *De la condensation que la matière diffuse doit éprouver pour se transformer en étoiles.* — Les adversaires des grandes idées que je viens de rappeler, semblaient être entrés dans un champ d'objections plus graves, lorsqu'en se fondant sur l'excessive rareté de la matière diffuse, ils assuraient que la totalité de cette matière observée dans toutes les régions de l'espace, ne composerait pas une étoile comparable à notre Soleil, en grandeur et en densité. Un calcul d'Herschel a réduit la difficulté à sa véritable valeur.

10.

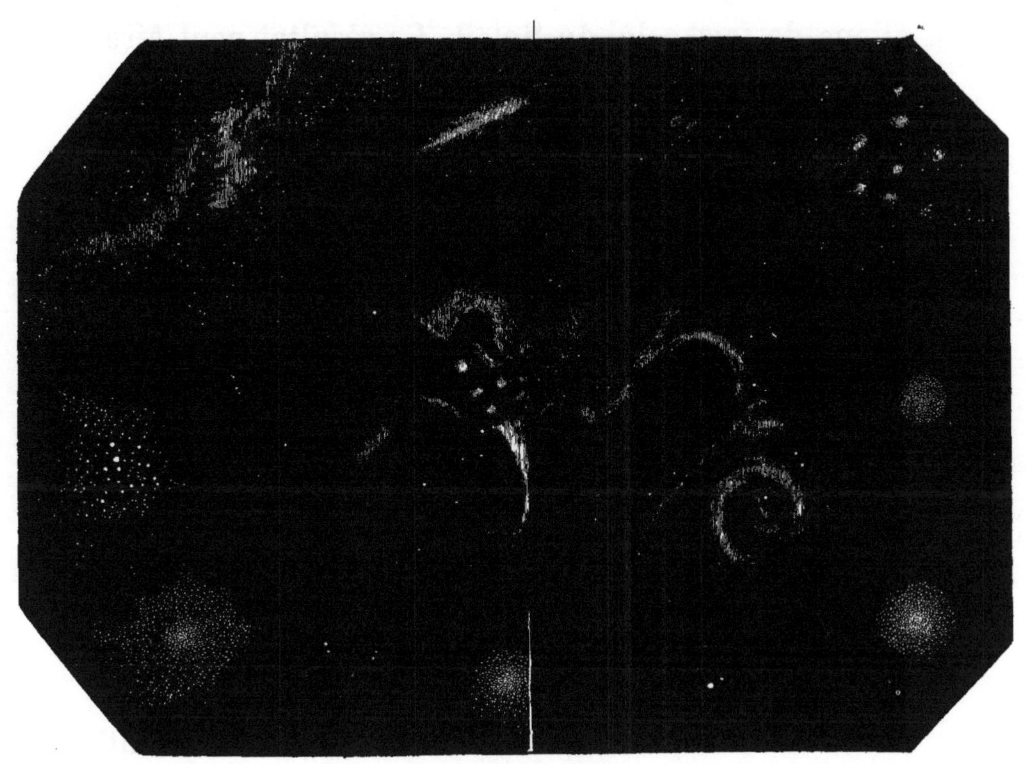

Diverses nébuleuses amas d'étoiles.

« Prenons une agglomération cubique de matière nébuleuse, dont le côté, vu de la Terre, soutende seulement un angle de 10 minutes. Supposons que cette agglomération soit située dans la région des étoiles de 8me à 9me grandeur. Le calcul montrera que son volume s'élèvera à plus de 2 trillions de fois celui du Soleil. Ce résultat peut être mis sous cette autre forme : la matière diffuse contenue dans le cube de 10' de côté, après avoir été condensée plus de 2 trillions de fois, occuperait encore autant de volume que notre Soleil. Or, a-t-on réfléchi à une condensation exprimée par le nombre prodigieux de 2 trillions ? Les objections, contre la naissance actuelle d'étoiles, empruntées à la rareté de la matière diffuse, peuvent donc être laissées entièrement de côté. »

On connaît aujourd'hui 1034 amas d'étoiles et 1042 nébuleuses irréductibles.

Entrons maintenant dans le détail.

« *Aperçu historique sur la découverte des nébuleuses.* — La première nébuleuse dont il soit fait mention dans les annales de l'astronomie, est la nébuleuse d'Andromède. Elle fut observée par Simon Marius, en 1612. Cet astronome comparait la lumière de la nébuleuse d'Andromède à celle d'une chandelle vue à travers une feuille de corne. La comparaison ne manque pas d'exactitude. Près d'un demi-siècle s'était écoulé depuis Marius, lorsque, dans l'année 1656, Huygens aperçut la grande nébuleuse de la constellation d'Orion. En 1716, Halley, faisant le dénombrement des nébuleuses connues, n'en trouvait encore que six : les deux que nous venons de citer ; une nébuleuse dont il attribuait la découverte à Abraham Ihle, mais qui, avant 1665, avait été déjà remarquée par Hévélius : elle est entre la tête et l'arc du Sagittaire ; la nébuleuse située dans le Centaure, qu'Halley trouva dans l'année 1677, pendant qu'il travaillait au catalogue des étoiles du ciel austral ; la nébuleuse, voisine du pied droit ou boréal d'Antinoüs, que Kirch aperçut en 1681 ; enfin une nébuleuse, due encore à Halley, située dans la constellation d'Hercule, sur la ligne droite qui joint ζ et η de Bayer.

« Pendant son séjour au cap de Bonne-Espérance, Lacaille fixa la position de 14 nébuleuses au sein desquelles ses faibles instruments ne montraient rien de défini, et celle de 14 autres nébuleuses que ces mêmes lunettes décomposaient, au contraire, en étoiles. Peu d'années après, le cadre de ces objets se trouva notamment étendu. Le catalogue de Messier, communiqué à l'Académie en 1771 et inséré, avec quelques additions, dans la *Connaissance des Temps* de 1783, renfermait déjà 68 nébuleuses qui, augmentées des 28 de Lacaille, fcrmaient un total de 96. Cette branche de la science prit, enfin, l'essor le plus rapide, aussitôt qu'Herschel eut mis à son service de puissants instruments, une rare pénétration et la plus indomptable persévérance. En 1786, le savant astronome publia, en effet, dans le tome LXXVI des *Transactions philosophiques*, un catalogue de mille nébuleuses, ou amas d'étoiles. Trois ans après, au très grand étonnement des observateurs, il parut un second catalogue tout aussi étendu que le premier. A celui-ci succéda, en 1802, un troisième catalogue de cinq cents nouvelles nébuleuses. *Deux mille cinq cents nébuleuses :* tel fut donc le contingent d'Herschel dans une branche de l'astronomie à peine ébauchée avant lui. L'étendue est, toutefois, le moindre mérite de ce grand travail, comme on va le voir.

« La forme circulaire est celle que les nébuleuses résolubles paraissent affecter le plus ordinairement. Herschel s'est livré à l'examen des nébuleuses circulaires d'une manière toute spéciale. Il a déduit de ses observations d'importants résultats, dont je vais essayer de donner une idée exacte.

« La forme circulaire n'est qu'apparente ; la forme réelle doit être globulaire, sphérique.

« En général les étoiles dont ces nébuleuses se composent paraissent être à fort peu près de la même grandeur. Elles sont distribuées autour du centre de figure avec une parfaite régularité ; aussi, à des distances pareilles de ce centre, l'éclat est-il absolument égal dans toutes les directions. » (Arago. — *Annuaire de 1842.*)

CHAPITRE II

NÉBULOSITÉS OU AMAS D'ÉTOILES — CATALOGUE
DES PLUS BELLES

Il existe dans certaines parties du Ciel des amas
immenses d'étoiles qui paraissent se toucher, uniquement à cause de leur grand éloignement. Quand
on les voit à l'œil nu, ces amas s'offrent à nous
comme des nébulosités, affectant pour la plupart
une forme circulaire ou globuleuse ; mais il ne faut
pas croire que ce soit la seule. Il y en a de si étroites
qu'elles semblent ne tracer sur le Ciel que des lignes
droites ou courbées en divers sens. D'autres offrent
à la vue des spirales lumineuses, des palmes, des
aigrettes, des couronnes, des anneaux ronds ou
elliptiques, des serpents, des globes accolés, des
fuseaux allongés, etc. D'autres ressemblent à la
chevelure et à la queue d'une comète, offrant un

noyau brillant capricieusement entouré d'une chaîne d'étoiles, simple d'un côté, triple de l'autre.

Telle est·la belle nébuleuse perforée du Lion. (Page 201.)

Dans un diamètre de 10 minutes (10′), ce qui représente dans le Ciel une surface égale au dixième de celle qui couvre la Lune, on a calculé qu'il n'y a pas moins de 20,000 étoiles.

Une lunette d'une puissance ordinaire réduit complètement en amas stellaires certaines nébuleuses en globe ; il en est d'autres que les plus forts instruments ne résolvent que partiellement et qui apparaissent alors comme un sable lumineux. Mais il y a des nébuleuses qui ne peuvent être réduites en étoiles, même avec les plus grands télescopes, et l'œil nu ne peut pas même se douter de l'existence de ces nébulosités. Il est vrai aussi de dire que plus on perfectionne les instruments, plus aussi le nombre des nébuleuses globuleuses à condensation centrale qu'on parvient à décomposer, va en croissant, de même que celui des nébulosités perceptibles.

Comme nous l'avons dit, on compte 1,034 amas d'étoiles.

Pour donner à nos lecteurs une idée de l'importance de ces amas d'étoiles et pour apprécier un peu l'immensité de l'espace qu'ils occupent, et pour donner un aperçu du temps qu'il a fallu pour les former, nous mettons ici les splendides nébuleuses en spirales que le puissant télescope de lord Rosse nous a dévoilées, là où nos lunettes n'avaient montré jusqu'ici que des nébuleuses irréductibles. Là où la clarté diffuse s'était transformée en un pointillé brillant, des instruments plus forts ont non seulement résolu ces nébuleuses, mais découvert d'autres dont il n'a pu encore dévoiler la nature.

Les amas d'étoiles les plus remarquables sont :

1. — Les Pléiades, amas d'étoiles de notre Ciel boréal, situés dans la constellation du Taureau. Elles offrent aux vues courtes l'apparence d'une nébulosité ; mais les vues ordinaires y distinguent six à sept étoiles, et il y a de bonnes vues qui en distinguent jusqu'à quatorze.

Ce groupe offre au télescope 40 à 60 belles étoiles très serrées dans un très petit espace. Avec une lunette, même ordinaire, le spectacle est magique.

Il y a là six cents Soleils immensément écartés les uns des autres. La première fois que nous l'avons vu, nous croyions voir des diamants lumineux, comme dans un conte des *Mille et une Nuits*.

Les Pléiades réglaient autrefois l'année astronomique et climatologique.

2. — La Chevelure de Bérénice. — Cet amas renferme aussi un grand nombre d'étoiles plus

brillantes et plus écartées. Elle est située entre le Bouvier, le Lion et la Vierge.

3. — La Crèche, située dans la constellation du Cancer. Elle offre à la vue une tache blanche lumineuse toute composée d'étoiles visibles dans une lunette ordinaire.

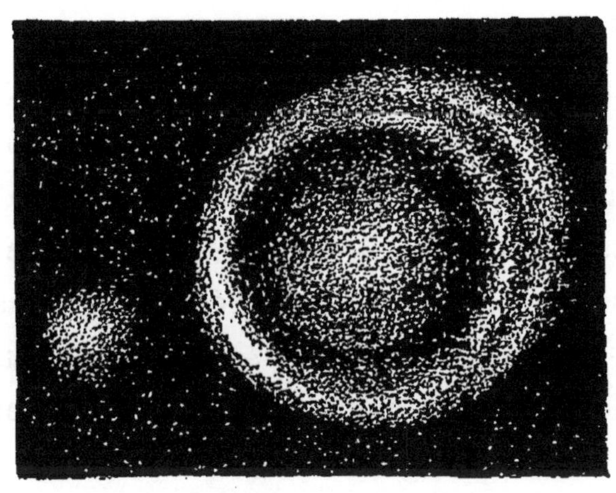

Nébuleuse du Chien de chasse septentrional, vue au télescope de lord Rosse.

4. — La Voie lactée. — Nous la développerons à part.

5. — Les Hyades, près d'Aldébaran ou l'Œil du Taureau. On les voit à l'œil nu.

6. — L'amas des Gémeaux.

7. — L'amas de Persée.

8. — L'amas des Chiens de chasse.

Cette étonnante nébuleuse, située tout près

d'η de la Grande Ourse, à 3° au sud-ouest, est con-
tournée en spirale.

La première fois que lord Rosse l'aperçut dans
son gigantesque télescope, il resta anéanti à la vue
du spectacle grandiose que cette nébuleuse lui offrit,
et du nombre infini, devant les myriades de Soleils
produisant des franges lumineuses d'intensités diverses. Devant cette poussière de Soleils, l'esprit
reste confondu et on se demande si ces mondes
existent encore aujourd'hui que nous les voyons,
quand la lumière a dû en partir, il y a peut-être
plus de cent mille ans ! Avant lord Rosse, cette riche
nébuleuse en spirale ne se présentait, dans nos
meilleurs télescopes, que sous la forme d'un anneau dédoublé sur la moitié de son contour, enrou-
lant une nébuleuse globulaire très brillante à son
centre. On remarquait, en dehors de l'anneau, une
seconde nébuleuse plus petite, de forme ronde.
Aussi jamais changement de spectacle ne fut plus
frappant au télescope de lord Rosse. (Page 183.)

Il est plus que probable qu'un centre d'attraction
inconnu les réunit là.

9. — L'amas d'Hercule.

10. — L'amas du Centaure, le plus grand et le
plus riche du Ciel.

11. — L'amas du Toucan, visible aussi à l'œil nu
dans la petite nuée de Magellan, dans le Ciel austral.

Ces deux derniers amas, formés de plusieurs milliers de Soleils, sont vraiment splendides. On estime que la lumière met dix mille ans à nous arriver de là.

12. — Les Nuées de Magellan, qui avoisinent le pôle austral, autour duquel elles tournent. Dans une bonne lunette, les Nuées magellaniques se ré-

Nébuleuse du Chien de chasse septentrional.

solvent en une foule d'amas de petites étoiles et de nébuleuses globulaires, qui, elles-mêmes, ne sont probablement que des amas secondaires et condensés. La belle nébuleuse de la Dorade se trouve dans la grande Nuée de Magellan. Humboldt dit qu'elles sont un objet unique dans le monde des phénomènes célestes ; puis il ajoute :

« Les deux Nuages de Magellan, qui vraisemblablement reçurent d'abord de pilotes portugais, puis des Hollandais et des Danois, le nom de Nuages du Cap, captivent l'attention du voyageur par leur éclat, par l'isolement qui les fait ressortir davantage, et par l'orbite qu'ils décrivent de concert autour du pôle austral, bien qu'à des distances inégales.

« Le plus grand surtout paraît être, d'après des recherches sérieuses, une étonnante agglomération d'amas sphériques d'étoiles, plus ou moins grands et de nébuleuses irréductibles, dont l'éclat général illumine le champ de la vision et forme comme le fond du tableau. L'aspect de ces Nuages, la brillante constellation du Navire Argo, la Voie lactée, qui s'étend entre le Scorpion, le Centaure et la Croix, et, j'ose le dire, l'aspect si pittoresque de tout le Ciel austral, ont produit sur mon âme une impression indéfinissable. »

Il y a si peu d'étoiles au pôle austral, qu'Herschel, si laborieux à interroger les Cieux, disait à son secrétaire, toutes les fois que, pendant un certain temps, aucune étoile n'avait paru dans son vaste télescope : — « Préparez-vous à écrire, les nébuleuses vont paraître. » Avec les siècles, les Nuées magellaniques pourront produire de ce côté de belles constellations.

13. — La nébuleuse d'Argo a l'aspect d'un nuage fantastique qui prend toutes les formes dans l'ima-

gination de l'observateur. Il y a à son centre un espace ovale faiblement éclairé.

14. — La nébuleuse de l'Écrevisse. — Quand lord Rosse dirigea la première fois son grand télescope sur une nébuleuse du Taureau, il ne put s'empêcher de lui donner de suite ce nom singu-

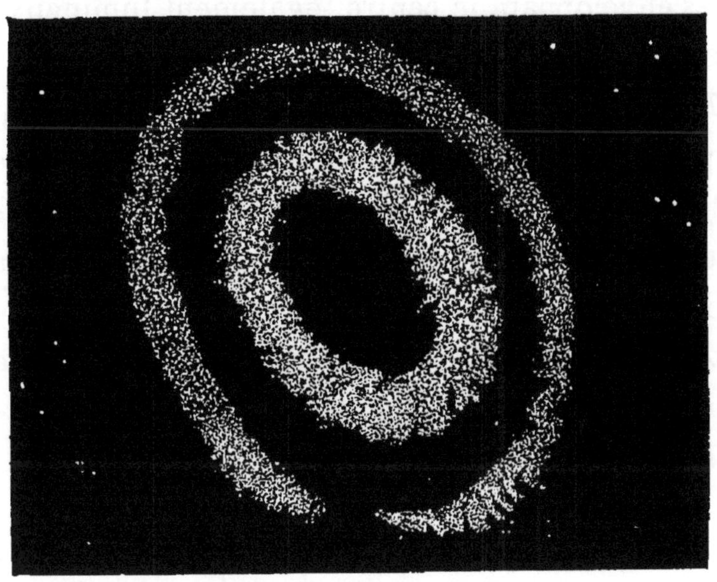

Nébuleuse à double anneau.

lier. L'ellipse s'était transformée en cette bizarre figure, dont les antennes, les pattes, la queue étaient figurées, sur le Ciel noir, par de longues traînées d'étoiles.

15. — La nébuleuse de la Vierge, située dans l'aile centrale de cette constellation, ressemble aux fusées tournantes des feux d'artifice. Tout autour

du centre lumineux s'élèvent de blanches traînées
de lumière, qui se dirigent et se courbent toutes
dans le même sens. Leur netteté est rendue plus
grande par les vides obscurs qui les séparent. -

16. — La nébuleuse du Lion. — Cette nébuleuse
offre à la vue une suite de zones concentriques
ovales enveloppant le centre, également lumineux :
ce centre resplendit d'une multitude d'étoiles.

17. — La nébuleuse de Pégase. — Celle-ci est
en spirale et possède à son centre une magnifique
étoile. Cette nébuleuse est circulaire et composée
de cercles successivement lumineux et obscurs. La
circonférence est coupée, d'un côté, par une tan-
gente, ligne de lumière large et plus longue que la
nébuleuse elle-même, à laquelle celle-ci semble at-
tachée comme certains nids soyeux d'insectes attachés aux branches.

18. — L'amas de la Croix du Sud, amas de cent
dix étoiles presque toutes de la septième grandeur,
mais remarquables par l'éclat des plus lumineux
qui plonge l'observateur dans la stupéfaction, en
lui offrant toutes les couleurs d'un écrin de pierreries étincelantes, aux couleurs rouge rubis, vert
émeraude et bleu saphir.

Les plus puissants télescopes ne distinguent
qu'une poussière d'étoiles.

« Leur éloignement, dit Newcomb, n'est pas seu-

La nébuleuse de Messier.

lement au delà de tous nos moyens de mesure,
mais au delà de tous nos pouvoirs d'estimation,
quelque petits qu'ils nous paraissent, rien ne nous
empêche de voir dans chacun de ces points un
Soleil, centre d'un groupe de planètes analogues à
celles de notre système et dont chacune peut être
remplie d'habitants comme la nôtre. Nous pouvons
les regarder comme de petites colonies isolées aux
confins de la création, et il nous semble qu'en raison de leur proximité réciproque, les habitants de
ces mondes peuvent se voir, se connaître, et peut-
être même s'entretenir de leurs affaires. Cependant
si nous étions transportés sur l'un de ces amas
lointains, et si nous mettions pied à terre sur une
planète gravitant autour de l'un de leurs Soleils, au
lieu de trouver les Soleils environnants dans notre
voisinage, nous n'aurions autour de nous qu'un
firmament d'étoiles analogue au nôtre, probablement plus brillant, car on y verrait un grand nombre
d'étoiles plus éclatantes que Sirius ; mais il est probable que les habitants des mondes voisins nous
resteraient tout aussi étrangers que ceux de Mars
le sont actuellement pour nous. Par conséquent,
pour les humanités de chaque planète de l'amas
d'étoiles, la question de la Pluralité des mondes ne
serait sans doute pas plus avancée pratiquement
qu'elle ne l'est pour nous-mêmes. »

19. — La nébuleuse de Messier, mystérieuse création de laquelle un grand nombre de Soleils semblent jaillir; à première vue, on croirait tous ces Soleils plus près de nous que la nébuleuse elle-même et projetées sur elle en perspective; mais leur groupement mystérieux montre une con-

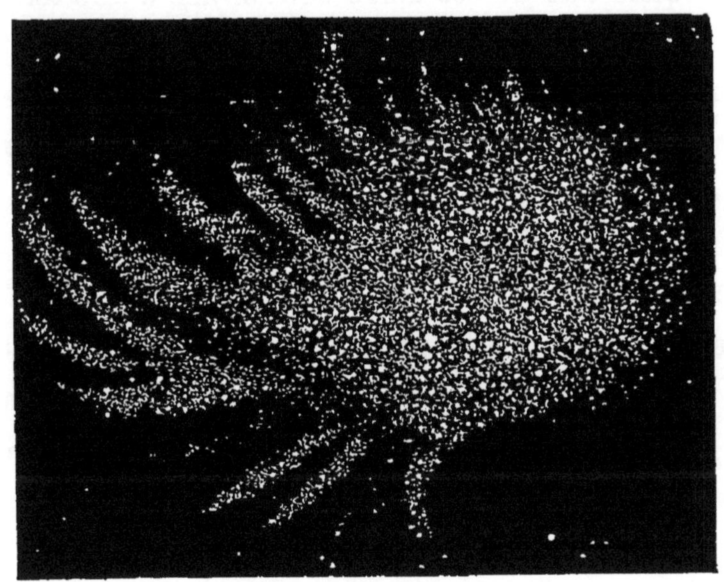

Nébuleuse d'Andromède.

nexion singulière avec les formes revêtues par la nébuleuse elle-même. Le magnifique dessin que nons en donnons ici (page 189) frappera encore mieux que toute description.

Arago cite un fait très curieux sur la coloration des nébuleuses. Un astronome anglais, se trouvant à la Nouvelle-Hollande, remarqua une nébuleuse dans laquelle trois étoiles rouges et une jaune brillaient au milieu d'une multitude d'étoiles blanches. Il dirigea un puissant télescope vers cette nébuleuse, et, à sa grande surprise, il n'y vit plus qu'un amas d'étoiles bleuâtres.

Quelques-uns de ces amas sont situés à une telle distance de nous qu'au télescope on n'aperçoit qu'une immense poussière d'étoiles.

20. — La nébuleuse d'Orion, dont nous parlons ci-après.

21. — La nébuleuse d'Andromède.

Ce sont là les principales nébuleuses.

Mais en voilà assez pour montrer tout l'intérêt que présentent les amas stellaires. Le dessin de lord Rosse que nous donnons ici (page 191) en dira plus que de longues descriptions.

CHAPITRE III

NÉBULEUSES RÉSOLUBLES

Rappelons-nous l'opinion de W. Herschel qui regarde les amas d'étoiles comme des portions de la
matière cosmique primitive qui a formé les étoiles ;
puis, dirigeons nos regards vers la constellation
d'Orion, par une nuit offrant un Ciel d'une limpidité parfaite. Même avec une faible lunette, vous
remarquerez une nébuleuse bien curieuse, peut-
être la plus curieuse du Ciel. Elle est située tout
autour de la belle étoile sextuple θ d'Orion. Non
seulement le télescope la résout en Soleils, mais il
nous montre encore une matière gazeuse lumineuse
et un peu verte. D'un autre côté, le spectroscope
d'Huygens nous fait voir un spectre à trois raies
brillantes qui semble indiquer l'azote comme gaz.
Le P. Secchi a annoncé qu'en étudiant au spectros-

cope la lumière de la nébuleuse d'Orion, il y a
découvert la présence de l'azote à une haute température : ce savant signala que c'est la troisième fois
qu'il a constaté dans le Ciel la présence de ce corps,
dont on ignore encore absolument l'état et l'utilité
là-bas.

Cette nébuleuse est la plus belle du Ciel, et elle
est tellement immense qu'elle occupe un espace bien
plus vaste que notre système tout entier.

« Comment contempler cette magnifique et mystérieuse nébuleuse d'Orion, sans ressentir une
émotion profonde, sans admirer cette œuvre géante
de la nature ? Il faudrait, pour cela, regarder sans
voir, ou, pour mieux dire, il faudrait avoir des yeux
qui ne voient plus, un cerveau qui ne pense plus,
un cœur qui ne batte plus. Lorsque, au milieu de
l'obscurité silencieuse de minuit, nous voyons apparaître ce vague et brillant mystère céleste dans
le champ du télescope, nous ne pouvons guère nous
défendre d'un certain sentiment d'étonnement, de
surprise et d'admiration.

« Les rayons de lumière qui nous arrivent de si
loin nous mettent temporairement en communication avec ces créations étrangères et le sentiment
de la vie terrestre, assoupi dans le silence des
nuits profondes, semble dominé par l'ascendant que
la contemplation céleste exerce si facilement sur

l'âme captivée. Les choses de la Terre perdent leur prestige... On sent que, malgré l'éloignement insondable qui sépare notre séjour de ces lointaines régions, il y a là des foyers lumineux et des centres de mouvement; ce n'est pas le vide, ce n'est pas le désert; c'est « quelque chose », et ce quelque chose suffit pour attacher notre attention et pour éveiller notre rêverie. Une impression indéfinissable nous est communiquée par les rayons stellaires qui descendent silencieusement des abîmes inexplorés; on la subit sans l'analyser et les traces en restent ineffaçables, comme celles que le voyageur ressent lorsqu'il aborde de nouvelles terres et voit de nouveaux Cieux se lever sur sa tête. Lointains Univers, humanités inconnues! qu'est-ce que notre fourmilière terrestre en présence de vos merveilles? »

Nous avons dit plus haut que nous dirions un mot de la nébuleuse d'Orion.

Le 30 janvier dernier (1883), M. Common, astronome de Londres bien connu, à l'aide de son grand télescope de 0,91 (3 pieds anglais) de diamètre, a photographié, en 37 minutes et directement la belle nébuleuse d'Orion, que nous regrettons de ne pouvoir reproduire ici.

Quand on songe que c'est là une véritable nébuleuse *gazeuse*, donnant un spectre linéaire comme celui des nébuleuses planétaires, qu'il y a là une

masse de gaz incandescent dans laquelle dominent
l'azote et l'hydrogène, et que pourtant il y a aussi
là une surprenante agglomération d'étoiles, c'est-à-
dire de Soleils (Bond en a catalogué 956) ; quand
on songe que le noyau même de la nébuleuse est
formé par une magnifique étoile *sextuple*, quand on
songe surtout que la nébuleuse proprement dite
occupe dans le Ciel une surface égale au disque apparent de la Lune, mais que la nébulosité a pu être
suivie dans l'immensité noire sur une étendue de
4° de l'est à l'ouest, et de 5° du sud au nord, on
se demande quelle est la véritable grandeur d'une
telle création. En effet, en supposant que cette nébuleuse et ces étoiles ne soient pas plus éloignées
de nous que les étoiles les plus proches — cette
hypothèse est la plus modeste qu'il soit possible
d'émettre — et qu'elles planent seulement à la distance de la 61ᵉ du Cygne ; là, une demi-seconde
d'arc représente 37 millions de lieues, une seconde
équivaut à 74 millions, et une minute d'arc vaut
4,440 millions de lieues. Mais cette prodigieuse nébuleuse s'étend sur 5° de longueur. Or, un degré
équivaut déjà à 60 fois le chiffre précédent, c'est-à-
dire à 266,400 millions de lieues. Il y aurait donc
là, au minimum, une étendue de 1,332,000 millions, ou plus d'un *trillion* de lieues de gaz ou de
matière cosmique plus ou moins dense !... Un train

express courant avec la vitesse constante de 60 kilomètres à l'heure, n'emploierait pas moins de dix millions d'années pour traverser *ce brouillard !*

Lecteur, vous devez être, puisque vous me lisez, amateur du merveilleux ; eh bien ! avec une simple jumelle, vous pourrez jouir en partie de ce magnifique spectacle, en la dirigeant au-dessous du baudrier d'Orion.

Déjà J. Herschel et plusieurs astronomes avaient pensé que le nuage d'Orion et quelques autres nébulosités, à l'aspect laiteux, pouvaient être causés par une sorte de matière gazeuse phosphorescente. Voici pourquoi elles ne se résolvent pas en étoiles. « Dans toutes les nébuleuses résolubles, dit Herschel, l'observateur remarque, quel que soit le grossissement, des élancements stellaires, ou, du moins, il croit sentir qu'on les apercevrait, si la vision devenait plus nette. La nébuleuse d'Orion produit une sensation toute différente, elle ne fait naître aucune idée d'étoiles »..

Ce qui semble confirmer l'opinion de l'illustre astronome, c'est que le P. Secchi, en étudiant le spectre de la lumière de la nébuleuse d'Orion, au lieu de le trouver continu et interrompu seulement par quelques lignes noires, comme apparaît celui des étoiles, a obtenu des lignes lumineuses étroites et ressemblant à celles des spectres des gaz.

Cependant Bond et lord Rosse prétendent avoir vu des étoiles dans la nébuleuse d'Orion, comme nous l'avons dit plus haut.

Il semble donc que la question n'est pas tranchée.

> Un mortel a pu voir, armé d'un œil géant,
> Osciller des lueurs aux confins d'un couchant.
> C'est vous dont notre Herschel, ô pâles nébuleuses,
> Découvrit les clartés qu'on dirait fabuleuses !
> Il aperçut en vous des *germes d'Univers*,
> Qui, selon leurs aspects et leurs âges divers,
> Ou contenaient encore leurs semences fécondes,
> Ou déjà répandaient leur poussière de mondes !
>
> (Ampère.)

CHAPITRE IV

On appelle nébuleuses proprement dites celles qui, probablement, ne peuvent pas se résoudre en étoiles. Herschel les divise en trois sections :

1º Les nébuleuses planétaires,

2º Les nébuleuses stellaires,

3º Les étoiles nébuleuses.

1º *Nébuleuses planétaires.* — Ces nébuleuses offrent, ainsi que les planètes, un disque rond ou ovale uniformément lumineux, comme celle d'Andromède, dont le disque circulaire s'élève à douze minutes (12′).

L'égalité de leur lumière au centre et sur les bords du disque empêcha Herschel de les classer parmi les nébuleuses globulaires, et il n'osa pas non plus en faire des étoiles, parce qu'il aurait fallu que chacune de ces étoiles eût un diamètre treize mille fois plus grand que celui de notre Soleil.

Arago, en rendant compte des hésitations d'Herschel, ne voulant pas se prononcer sur leur nature, dit qu'on pourrait admettre que les nébuleuses planétaires sont des étoiles nébuleuses assez éloignées de la Terre pour que l'étoile centrale ne prédomine plus par son éclat sur la lueur diffuse dont elle est entourée.

De nos jours, le P. Secchi, directeur de l'observatoire du Collège romain, enlevé trop tôt à la Science, croyait que la matière gazeuse qui entre dans la composition des nébuleuses planétaires peut se condenser jusqu'à prendre l'apparence d'une étoile, sans cependant former un corps solide incandescent.

La surface de ces corps est bleue ou blanc bleuâtre, d'une couleur égale ou légèrement nuancée. Leur lumière rivalise parfois avec celle des planètes. Les petites étoiles dont elles sont généralement accompagnées rappellent à la pensée les satellites des planètes.

Les nébuleuses planétaires semblent être des astres déjà très avancés dans la voie de leur formation. Dans ces corps, la coloration qui se fait remarquer par son intensité suffit pour expliquer les bandes étroites et brillantes de leur spectre, sans qu'on soit obligé pour cela d'admettre qu'ils soient gazeux.

2° *Les nébuleuses stellaires.* — Ce sont celles dont l'éclat croît uniformément à partir des bords et acquiert au centre son maximum d'intensité. Quelquefois la matière est si fortement condensée,

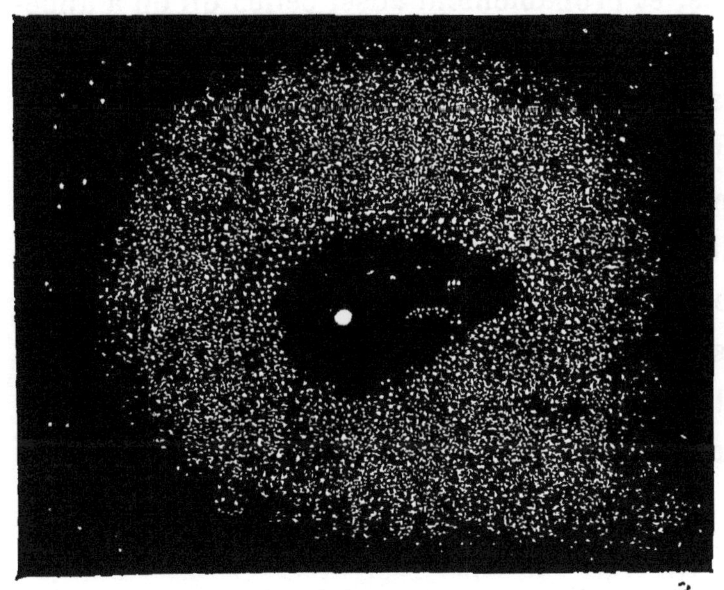

Nébuleuse perforée du Lion.

que cela donne à ces objets l'apparence d'une étoile terne dont la lumière ne peut même se comparer qu'à la flamme d'une chandelle vue à travers une plaque de corne.

. 3° *Les étoiles nébuleuses.* — Elles offrent l'apparence d'une étoile brillante entourée d'un disque pâle et non uniforme. La matière centrale est si

fortement et si subitement condensée, que la nébuleuse est prise alors pour une étoile brillante entourée d'une atmosphère très rare.

Résumons ce que nous venons de dire sur les
nébuleuses. A part les nébulosités qui entourent
quelques étoiles, ou systèmes stellaires nettement
visibles, et probablement aussi celles qu'on a appelées planétaires, la totalité des nébuleuses dont on
a catalogué plus de 5,000, paraissent être composées de réunion de Soleils ou d'étoiles analogues au
groupe dont notre Soleil est une des composantes.
A l'œil nu, ce sont de faibles taches répandues sur
plusieurs points du Ciel; sous les verres des instruments, ce sont des amas d'étoiles. Or, une même
lunette qui résout une nébuleuse, c'est-à-dire qui
montre et sépare les Soleils dont elle se compose,
laisse apercevoir d'autres nébuleuses à l'état de
simples taches, c'est-à-dire irréductibles. Mais quand
on vient à appliquer à celles-ci des instruments plus
puissants, ces nébuleuses sont résolues à leur tour,
tandis que d'autres se montrent rebelles; mais des
lunettes d'une puissance plus grande encore résou-
dront un certain nombre dans ces dernières. D'où il
suit que, selon qu'on emploie des instruments de plus
en plus énergiques, on vient à bout de résoudre plus
de nébuleuses; toutefois, jusqu'ici, il en est resté
qui ont résisté au pouvoir résolvant des instruments

les plus parfaits et les plus forts, D'après ces faits,
nous pouvons conclure que les nébuleuses non résolues ne sont telles que par l'impuissance de nos
meilleures lunettes et doivent être considérées aussi
comme des amas d'étoiles. Mais il résulte aussi de

Nébuleuse dite en forme d'ananas.

tout ce qui précède que les nébuleuses forment des
systèmes de plus en plus éloignés ; que ce sont des
étages et des zones qui se succèdent dans l'espace à
des intervalles en rapport avec le pouvoir ampli-
fiant des diverses lunettes, et que celles que nos
instruments peuvent résoudre sont aux premiers
échelons d'une étendue inaccessible aux moyens

dont l'homme dispose. Aidé du télescope, notre regard atteint et traverse d'énormes espaces; mais rien n'empêche d'admettre qu'au delà de la limite qui l'arrête il n'y ait encore une infinité d'espaces comparables à celui-là. A défaut de l'œil, la pensée agrandie par l'immensité des intervalles que l'œil lui-même lui a fait parcourir, n'hésite pas à attester l'existence de ces profondeurs sans fin.

En pensant à la distance déjà si prodigieuse qui nous sépare de l'étoile la plus rapprochée de nous, et en envisageant à quelle distance infinie d'elle est la première nébuleuse, on se sent écrasé; mais quand l'imagination s'égare dans les profondeurs de l'infini où gisent seulement les premières zones des nébuleuses, on se sent anéanti et ravi en même temps en pensant que c'est un œil humain, un atome, qui a pu scruter ainsi les secrets de l'Univers et recevoir l'empreinte de ces immensités! Quelle intelligence et quelle puissance a travaillé ce merveilleux appareil de la vision! Comme le Créateur a grandi et illuminé ainsi ces vastes corps qui étincellent sans nombre dans l'infini des Cieux, pour que leur image pût arriver jusqu'à cet être imperceptible, et par lui ébranler l'âme et par lui donner l'essor à la pensée!

LIVRE III

LA VOIE LACTÉE

Il n'est personne qui, en jetant les regards au Ciel, n'ait remarqué au milieu de cette multitude d'astres irrégulièrement disséminés dans l'espace une immense zone lumineuse, blanchâtre, irrégulière qui s'étend partout d'un bord de l'horizon à l'autre. Cette espèce de ceinture, qui a reçu le nom de Voie lactée, n'est autre chose qu'une nébuleuse résoluble, c'est-à-dire que si la vue simple n'y voit qu'une lumière diffuse, le télescope a découvert que ce sont des amas de Soleils.

Cette blanche ceinture avait vivement frappé les Anciens qui n'avaient aucune idée du Ciel astronomique, et les explications qu'ils en avaient données méritent à peine qu'on s'en occupe. Manilius, poète latin, qui vivait vers la fin du règne d'Auguste, dans son poème sur l'Astronomie, décrit longuement les constellations qu'elle traverse.

Les mythologues lui eurent bientôt trouvé une origine. Les uns prétendaient que la Voie lactée n'était autre chose que le chemin des dieux se rendant au palais de Jupiter, le maître du tonnerre; d'autres, que c'est la route suivie par Phaéton, le fils du Soleil, qui lui confia imprudemment son char, route qu'il marqua d'une longue traînée de cendres, restes de l'Univers qu'il avait embrasé; d'autres, que c'était la région que traversent les âmes des héros allant au séjour de l'immortalité. Enfin, d'autres disent qu'à la prière de Minerve, Junon ayant fait taire un instant sa haine pour Hercule, alla même jusqu'à lui donner de son lait; puis, que l'enfant l'ayant mordue, elle en laissa tomber assez pour former dans le Ciel cette traînée blanchâtre qui reçut, à cause de cela, le nom de *Voie lactée*.

Si nous passons aux explications plus sérieuses des Anciens, nous voyons qu'elles ne valent guère mieux.

Aristote définit la Voie lactée en termes vagues : « C'est, dit-il, un météore lumineux contenu dans la moyenne région du Ciel. »

Œnopidès et Métrodore la croient une trace inef-
façable de la route que le Soleil abandonna jadis en
se rapprochant de sa marche zodiacale actuelle.

Théophraste, au rapport de Macrobe, pensait que
ce sillon lumineux était la ligne de réunion des deux
parties de la sphère céleste, que leur auteur aurait
soudées après les avoir créées séparément.

Enfin, il est parmi les anciens, un homme, Dé-
mocrite, qui a le plus approché de la vérité, car il
avança que la Voie lactée était simplement le résultat d'amas d'étoiles trop pressées, vu leur prodigieuse distance, pour qu'on puisse les discerner une
à une. L'opinion des modernes est précisément celle
du philosophe d'Abdère ; car le télescope a rendu
sensible ce qu'il n'avait fait que soupçonner.

L'inégale répartition des étoiles dans le Ciel ou
l'espace, est un phénomène qui a lieu de surprendre. On en voit des milliers dans quelques parties,
et l'observateur en voit à peine quelques-unes dans
d'autres. Mais ce phénomène est encore bien plus
saillant dans les différentes régions traversées par
la Voie lactée. Ici, il y a des places presque vides, et
là elles se pressent accumulées au point de rendre
leur dénombrement presque impossible.

La Voie lactée a encore un autre caractère : elle
est un grand cercle de la sphère qui fait le tour entier du firmament ; et si on prend un amas quel-

conque d'étoiles, cet amas ne sera pas un grand cercle. Comme ce phénomène est très remarquable, nous allons l'expliquer avec soin.

On ne s'est occupé de la forme que présente la Voie lactée que depuis une centaine d'années, et voici l'explication à laquelle on s'est arrêté. On l'a attribuée à Herschel, mais il faut rendre à chacun ce qui lui revient. Wright est le premier qui l'ait commencée ; Kant et Lambert s'en occupèrent ensuite ; puis enfin Herschel, qui reprit l'examen de la question et l'expliqua d'une manière complète.

Voici le résumé de son travail :

Supposons un amas de millions d'étoiles, compris entre deux plans parallèles très rapprochés, et prolongés à d'immenses distances, formant comme une couche, une strate, une meule de moulin. Imaginons que cette couche soit parsemée de points lumineux, d'étoiles, uniformément répandus, et supposons que nous soyons placés dans l'intérieur de la meule : qu'arriverait-il ? Si l'on regarde dans la direction de la circonférence, l'œil rencontrera partout une multitude d'étoiles, ou du moins il passera tellement dans leur voisinage, qu'elles paraîtront se toucher. Dans le sens d'une perpendiculaire à la meule, le nombre des étoiles visibles sera au contraire comparativement plus petit, et précisément dans le rapport de la demi-épaisseur aux autres dimensions de la meule. Enfin, dans des directions obliques, il y aura à cet égard un changement brusque, leur nombre deviendra plus considérable que dans le second cas, mais moins que dans le premier. L'expérience, l'observation conduisent-elles vraiment à ce résultat?

Oui !

Herschel a exécuté seul et en peu d'années, pour vérifier cette théorie, un travail considérable. La méthode qu'il a suivie a acquis, par ses résultats, une grande célébrité. Elle était d'ailleurs très simple, et consistait, suivant l'expression pittoresque de l'illustre auteur, à jauger les cieux (*gaging the Heavens*).

Pour déterminer en étoiles les richesses comparatives moyennes de deux régions quelconques du firmament, le grand astronome se servit d'un télescope dont le champ embrassait un cercle de quinze minutes (15′) de diamètre, c'est-à-dire une surface égale au quart du Soleil. Vers le milieu de la première de ces régions, il comptait successivement le nombre d'étoiles renfermées dans dix champs contigus, ou du moins très rapprochés. Il additionnait ces nombres et divisait la somme par dix. Le quotient était la richesse moyenne de la région explorée. La même opération, le même calcul numérique lui donnait un résultat analogue pour la seconde région. Quand ce dernier résultat était double, triple ou décuple du premier, il en déduisait légitimement la conséquence, qu'à égalité d'étendue, l'une des régions contenait deux fois, trois fois, dix fois plus d'étoiles que l'autre.

Qu'est-il arrivé ?

En jaugeant suivant une perpendiculaire à la meule, le nombre moyen d'étoiles qu'embrassait le champ du télescope était quelquefois d'une seulement, et il en fallut souvent quatre successifs pour embrasser trois étoiles. En se rapprochant de la Voie lactée, c'est-à-dire en jaugeant dans des directions obliques, ces mêmes aires circulaires de 15′ de diamètre contenaient 300, 400, 500 et même 588 étoiles ! Dans la Voie lactée, l'œil appliqué à l'oculaire en voyait dans le court intervalle d'un quart d'heure 116,000 ! ! !

Les grandes dimensions de la strate, de la meule, se trouvent ainsi accusées, ou, si l'on veut, dessinées sur le firmament par une condensation apparente d'étoiles, par un maximum de lumière manifeste, par un aspect lacté ; enfin ce maximum de lumière paraîtra être un grand cercle de la sphère céleste, puisque la Terre peut être considérée comme le centre de cette sphère, puisque la strate est un de ses plans diamétraux, et que tout plan diamétral d'une sphère, tout plan passant par son

centre, la partage nécessairement en deux parties
égales.

En un point de son développement, on la voit se
bifurquer et former un arc secondaire, qui, après
être resté séparé de l'arc principal, dans l'étendue
d'environ 120°, se confond de nouveau avec lui. Sa
largeur semble très inégale : dans quelques plans
elle n'excède pas 5°; dans d'autres, cette largeur
est de 10° et même de 16°. Ses deux branches entre
le Serpentaire et Antinoüs s'étalent sur plus de 22°
de la sphère.

En se servant d'un télescope qui atteigne jusqu'aux dernières limites de la couche stellaire, le
nombre des étoiles contenues dans le champ visuel
du télescope indiquera l'éloignement des différentes
limites de la couche.

Herschel ayant jaugé notre nébuleuse, ayant
apprécié sa richesse dans toutes les directions, a
pu, d'après cela, en déduire les dimensions rectili-
gnes correspondantes. D'après le tableau qu'il a
donné de ces dimensions, on voit que, sans être
sorti du cadre des observations directes, la nébuleuse se trouve cent fois plus étendue dans une
dimension que dans l'autre. Il s'est servi de ces
nombres pour donner une coupe et même une figure
sur trois dimensions, de la vaste nébuleuse dans
laquelle le système solaire est englobé, de la nébu-

leuse où notre Soleil figure comme une insignifiante étoile, et la Terre comme un imperceptible grain de poussière. (Voir tome I, *le Soleil*.)

Ce qui démontre que ce que nous venons de dire n'a rien d'exagéré, c'est que la lumière qui parcourt 75,000 lieues à la seconde, — eh bien ! — pour venir d'un des bords de notre nébuleuse à l'extrémité opposée, emploierait 3,000 années.

« Supposons, dit Arago, que les étoiles de la nébuleuse dont la profondeur est indiquée par le contour presque circulaire de la Voie lactée, soient, en masse, distantes les unes des autres comme la plus voisine d'entre elles l'est du Soleil ou de la Terre. Dans cette supposition très naturelle, les plus éloignées de ces étoiles seront 500 fois au moins plus distantes de nous que les plus voisines. La lumière de ces dernières employant environ trois ans à nous parvenir, la lumière des plus éloignées ne nous arrivera qu'en 1,500 ans. Le double de ce nombre, ou, 3,000 ans, sera le temps employé par un rayon lumineux pour aller d'une des limites de la nébuleuse à la limite opposée. »

Dans ces derniers temps, M. Houzeau, directeur de l'observatoire de Bruxelles, vient de « jauger » la Voie lactée, comme on le disait des travaux d'Herschel sur l'ensemble de la voûte céleste. Dans le premier volume des *Nouvelles Annales de l'Observatoire de*

Bruxelles, offert en son nom par M. Faye, dans une des dernières.séances de l'Académie des sciences, l'une des choses les plus frappantes est la représentation à grande échelle de la Voie lactée à l'aide de courbes d'égale intensité lumineuse. M. Faye avoue n'avoir pas eu jusqu'alors une idée bien nette du degré de décomposition auquel est parvenu cet immense anneau blanchâtre qui fait le tour du Ciel. M. Houzeau y a dessiné trente-trois plaques ou amas lumineux bien détachés, dont il a déterminé avec soin la position. En appliquant le calcul à leur distribution géométrique sur la sphère céleste, il est arrivé aux conclusions suivantes :

En premier lieu, la Voie lactée est en rapport étroit avec la distribution des étoiles, même les plus brillantes ; et, comme cette courbe forme un grand cercle presque parfait de la sphère céleste, c'est une sorte d'équateur vers lequel les étoiles les plus brillantes paraissent se concentrer particulièrement, tout aussi bien que les étoiles télescopiques, chose déjà démontrée par Struve.

Il y a donc un plan d'ensemble dans l'Univers. Or, bien que la constitution du système solaire n'ait aucun rapport avec ce plan d'ensemble, ni pour ses mouvements intérieurs, ni pour sa translation générale, cependant il faut noter cette particularité frappante que, suivant M. Houzeau, notre monde solaire est situé exactement, ou du moins à vingt minutes près, dans ce plan, et probablement près de son centre. C'est là un fait nouveau.

On a longtemps confondu la Voie lactée avec les nébuleuses, et plusieurs croient encore qu'elle n'est qu'une agglomération de nébuleuses. De fait, beaucoup de régions galactiques sont positivement des nébuleuses ; mais la nature gazeuse de celles-ci ét la structure stellaire de la Voie ne comportent plus de comparaison, au moins générale et rigoureuse. Dans beaucoup de régions brillantes de la Voie lactée examinées au microscope, le P. Secchi a rencontré des traces de lignes brillantes qui lui paraissent révéler la présence de vastes masses gazeuses agglomérées. Cependant, les nébuleuses semblent encore constituer un système qui serait indépendant de la Voie lactée. Dans l'hémisphère nord, la région la plus riche en nébuleuses correspondrait plutôt au pôle d'un globe dont la Voie lactée représenterait l'équateur. Dans l'hémisphère sud, la répartition est plus confuse ; cependant, la zone de la plus grande richesse est encore au voisinage du Poisson austral, représentant le pôle sud du système. Les nébuleuses elliptiques sont disposées de préférence autour des pôles de la Voie lactée ; les nébuleuses irrégulières, au contraire, sont placées près du bord de la Voie ; les nébuleuses elliptiques en paraissent plutôt indépendantes.

Ce n'est pas d'aujourd'hui qu'on remarque les rapports des étoiles avec la Voie lactée ; mais tous les astronomes ne sont pas ralliés à l'idée d'une coordination des constellations par rapport à un plan unique, comme le veut M. Houzeau. Le travail le plus récent est celui du P. Secchi. En relevant les étoiles les plus brillantes de chaque hémisphère, il a vu qu'elles se groupent, de la première à la quatrième grandeur, sur le parcours d'une zone dont l'étoile Fomalhaut du Poisson austral et l'une des étoiles de la Grande Ourse représenteraient les pôles. Cette zone traverse le Taureau près d'Aldébaran ; Orion, le Grand Chien, près de Sirius ; la Croix du Sud, le Scorpion, près d'Antarès ; la Lyre, près de Wéga, Cassiopée, Persée ; le Cocher, près de la Chèvre, etc. Les étoiles de la quatrième à la cinquième grandeur en sont aussi très rapprochées en grand nombre ; et cette zone, sans coïncider avec la Voie lactée, n'en est pas très éloignée ; même, elle suit, pendant une grande partie de sa route, la branche supérieure de cette voie. En définitive, la zone des étoiles brillantes forme un système partiel bien défini qui coupe la zone de la Voie lactée dans un angle très aigu ; les deux formations se confondent donc en grande partie comme le constate M. Houzeau.

Le petit nombre d'étoiles brillantes qui s'éloignent de cette zone sont celles du Lion, du Petit Chien et des Gémeaux ; celles-là forment une autre zone bien distincte, qui, prolongée dans l'hémisphère sud, où elle englobe la Grue et le Paon, coupe presque à angle droit le cercle précédent.

Le plus grand nombre des petites étoiles se trouve dans la Voie lactée. Struve avait conclu de ses recherches que les étoiles sont d'autant plus nombreuses que l'on se rapproche davantage de la Voie, où leur densité est *maxima*, et que la densité est *minima* au pôle de la Voie. On trouve aussi beaucoup plus d'étoiles du côté de la Voie qui correspond à la constellation de l'Aigle que du côté qui correspond au Taureau. Entre les pôles et l'équateur du système, la différence est grande, puisqu'il y a trente fois plus d'étoiles à l'équateur dans l'hémisphère nord et douze fois plus dans l'hémisphère sud ; et que, même au niveau de ces lacunes, de ces vides apparents de la Voie lactée qu'on a nommés *sacs à charbon*, la Voie est encore plus riche en étoiles que ne le sont ses pôles. Ces résultats sont suffisamment établis par les travaux d'Herschel, Bessel, Argelander, Vico, Bond, etc.

Herschel, il est vrai, considérait l'accumulation des étoiles, au voisinage de la Voie lactée, comme une apparence résultant de ce que la masse stellaire était vue, dans cette direction, sous une plus grande épaisseur; mais lui-même avait abandonné cette interprétation dans ses dernières années, et Struve avait conclu de ces calculs que, en réalité comme en apparence, les étoiles sont plus pressées dans le voisinage de la Voie lactée.

Le tort des anciens astronomes avait été de subordonner l'agencement du monde à notre système solaire. En réalité, suivant la plupart des astronomes, qui ont étudié la question avant M. Houzeau, ce système ne serait pas placé au centre de l'amas lacté, mais sensiblement rapproché de l'un de ses bords et en dehors de son plan; et l'anneau lacté lui-même, loin d'être homogène, paraît formé de plusieurs groupes stellaires, où l'on trouverait peut-être, non seulement des systèmes planétaires à l'instar du nôtre, mais des systèmes solaires subordonnés les uns aux autres, comme le sont certaines étoiles associées; et subordonnés, en outre, à un astre pivotal, agissant sur eux comme les noyaux de nébuleuses sur la matière qui les constitue. On trouve, en effet, dans la Voie lactée les groupements les plus divers: les uns globulaires, les autres diffus, sans parler des lacunes inexpliquées dont quelques-unes ont un aspect étrange, comme celle de la Croix du Sud. On les explique, il est vrai, par la présence dans ces régions de masses obscures absorbant la lumière ; mais il reste encore à expliquer la présence de pareilles masses en ces points plutôt qu'ailleurs.

On disait autrefois que la Voie lactée est un anneau ou encore un disque fendu en deux. M. Proctor la compare à une espèce de serpent qui se replie sur lui-même, sans cependant fermer le cercle, laissant à la place vide une lacune formant « sac à charbon ». Mais la structure réelle de la masse stellaire déjoue toutes nos conjectures ; sa forme réelle est encore inconnue et, suivant certaines lignes, nous semblons pénétrer au delà de ses limites ; en d'autres points, elle présente des profondeurs insondables.

Mais, notre nébuleuse est-elle la plus grande ? Cela serait singulier et n'est pas probable. Il est plus raisonnable de croire que si les autres nébuleuses répandues à travers les Cieux sont si petites comparativement à l'immense étendue de la Voie lactée, cela tient à ce qu'elles sont situées à des distances immenses de nous, et puis à ce que nous sommes placés dans l'intérieur de celle à laquelle nous appartenons. Il y a des nébuleuses qui sous-tendent un angle de 10' ; ce qui prouve que la lumière ne les traverserait pas en moins d'un millier d'années. Elles pourraient être éteintes ou anéanties que nous les verrions encore, tant est grande la distance qui nous en sépare.

Quelque effrayante que soit pour l'imagination l'immensité de ces espaces, gardons-nous de croire que nous soyons arrivés aux dernières limites de l'Univers, comme s'il n'y avait rien au delà de ce que nos sens et nos instruments peuvent nous faire apercevoir; car, qui oserait dire qu'avec des instruments plus parfaits encore nous ne découvrirons pas de nouveaux astres, de nouveaux mondes? La puissante main du Créateur les sema dans l'espace avec profusion; il les fit innombrables comme les grains de sable du désert et des rivages de l'Océan, comme les gouttes d'eau qui forment les vastes mers.

Ainsi, les étoiles qui brillent si magnifiquement dans notre Ciel, le Soleil et les planètes, ses filles, qui tournent autour de lui; celles qui sans doute accomplissent leur révolution autour des autres Soleils, que nous nommons étoiles, font partie de la Voie lactée, qui n'est elle-même qu'un de ces blancs amas d'étoiles si nombreux dans les profondeurs des Cieux. Tous ces astres n'occupent dans l'Univers qu'un très petit espace; mais si petit qu'il soit, nulle intelligence ici-bas ne le connaîtra jamais à fond.

Ce que l'étude nous permet d'en voir, ce qu'elle

nous donne d'en voir ne nous suffit-il pas pour nous
inspirer la plus haute idée de la puissance de Dieu,
de cette Intelligence qui **a** semé dans les espaces
infinis ces astres innombrables, qui a tracé à chacun la route qu'il doit suivre ; et qui conserve entre
eux une si merveilleuse harmonie !

LIVRE IV

ÉTOILES FILANTES ET BOLIDES

CHAPITRE PREMIER

ÉTOILES FILANTES

Notre système solaire ne se compose pas seulement du Soleil, des planètes, des satellites et des comètes; on a constaté en outre qu'il existe une quantité immense de corpuscules qui jouent un grand rôle dans l'économie de ce système. Ces petits corps remplissent l'espace et obéissent, comme les planètes, aux lois de la gravitation. Lorsque la Terre les rencontre dans sa révolution autour du Soleil, ils apparaissent sous forme de traînées lumineuses qui éclairent l'atmosphère. On les appelle Bolides ou Étoiles filantes, selon leur éclat. Dans certaines contrées de la France, les gens de la campagne qui ont plus d'occasions de les voir que ceux des villes, se signent en les apercevant et sont persuadés que c'est une âme qui quitte la Terre. On raconte que les catholiques d'Irlande croient communément que les étoiles filantes du mois d'août sont les larmes brûlantes du martyr saint Laurent, dont on célèbre précisément la fête le 10 de ce mois, époque à laquelle apparaissent beaucoup d'étoiles filantes.

En Grèce, on assure que le 6 août, jour de la transfiguration du Sauveur, le Ciel s'entr'ouvre et laisse voir un grand nombre de flambeaux.

Quelquefois ces météores éclatent avant d'avoir traversé notre atmosphère, jettent des étincelles de tous les côtés et tombent sur le sol en fragments plus ou moins gros, comme nous allons le dire tout à l'heure.

Le 10 février 1875, qui était le mercredi des Cendres, vers six heures moins un quart du soir, nous avons été témoin du plus splendide phénomène qu'il soit donné à l'homme de contempler. Nous étions à ce moment sur les bords de la Marne, dans une propriété qui nous appartient, à 10 kilomètres environ de Paris. Tout à coup une lumière d'une grande intensité nous fit lever la tête et nous apercevons au sud de Paris (nous étions à l'est) un corps enflammé que nous prenons

tout d'abord pour une bombe provenant d'une expérience de pyrotechnie; mais nous fûmes bientôt
désabusé. Des profondeurs de l'atmosphère jusqu'au sol, s'étendait une traînée lumineuse, rose
et bleue alternativement, ondulant comme les anneaux du serpent et interrompue comme si ces
anneaux avaient été brisés. Le Croissant brillait au
Ciel; un peu plus à l'horizon, Saturne allait se
coucher, Jupiter avait dépassé le méridien ; et, au
milieu de ces astres, cette magnifique traînée de
lumière que nous pouvions suivre jusqu'au fond du
Ciel. Jamais il ne nous sera donné de voir, comme
nous l'avons vue, la profondeur de l'atmosphère. Le
jour baissait, et au bout de dix-huit minutes ce
magnifique spectacle s'évanouit. Les deux personnes qui nous accompagnaient restèrent comme
nous en extase quelques minutes après la disparition du phénomène. Nous aurions voulu être
peintre pour reproduire sur une toile ce que nous
avions vu. Le lendemain, nous en envoyâmes la
description au célèbre astronome Cam. Flammarion, notre ami, qui, lui, la livra aux journaux. A
Paris, on discuta longuement sur le phénomène
que beaucoup de personnes confondirent avec la
lumière des becs de gaz à l'horizon; les uns le niè-
rent, les autres l'affirmèrent, mais nous sommes
convaincu que nul ne l'avait vu comme nous. Ce

bolide se dirigeait du sud au nord et ne fit probablement que traverser notre atmosphère.

Nous n'avons jamais eu l'heureuse chance de ramasser un fragment d'un bolide quelconque; les quelques échantillons que nous possédons nous ont été donnés.

Plusieurs philosophes de l'antiquité, tels que Pythagore, Pausanias, Pline, Plutarque, etc., ont parlé des aérolithes ou pierres tombées du Ciel.

Les annalistes de Rome racontent qu'une pluie de pierres était tombée du Ciel sur le mont Albe, comme tombe la grêle chassée par le vent; et les faits les plus authentiques témoignent de pierres énormes recueillies au moment de leur chute et conservées dans des églises ou dans des musées. Le célèbre astronome Gassendi nous a laissé un récit circonstancié dans lequel il raconte que le 29 novembre 1636, on vit en Provence, près de Bédoue, une pierre emflammée, tombée sur une montagne où on l'avait recueillie, qui, refroidie, pesait 26 kilogr. et était noire et très dure.

Mais jusqu'au siècle dernier, on regarda comme des fables tout ce qu'on avait dit, et le savant Le Clerc lui-même traita d'imposture et de conte bleu les pluies de pierres, et de folie les efforts que plusieurs auteurs ont faits pour les expliquer naturellement. Les savants alors ne connaissaient pas ou ne voulaient pas connaître les aérolithes ou corps enflammés tombés du ciel ; les bolides, les étoiles filantes, etc., etc. C'est en vain que les *Annales de la Chine*, que Pline dans son *Histoire naturelle* (L. XVIII, ch. xxxviii), Virgile, dans ses *Géorgiques* (vers 365 et suivants), [1] le peuple dans sa tradition des feux de saint Laurent, nous parlaient de pluies d'étoiles filantes, semblant tomber du Ciel, la Science académique, représentée alors par Fontenelle, son oracle, les repoussait avec une ironie qu'elle croyait fine et qui la rendait fière [2]. Pour faire admettre les pluies d'étoiles filantes de la Chine, il a fallu qu'Alexandre de Humboldt fût témoin du magnifique spectacle du 13 novembre 1833 ! Pour admettre la pluie de pierres, il a fallu la chute observée à Laigle. Le fait, à dire vrai, est tellement étrange, qu'il a souvent causé l'épouvante et toujours l'étonnement des peuples au milieu desquels il s'est passé.

Mais il nous faut parler séparément de ces deux phénomènes, si curieux, les étoiles filantes, et les météores ignés ou bolides que donnent les aérolithes, puisque ces phénomènes ne paraissent pas, aujourd'hui, avoir la même origine.

1. Nous avons cité ces vers à l'article de l'étoile des mages.
2. Abbé Moigno, les *Splendeurs de la Foi*, t. III, p. 1075.

C'est pendant les nuits sereines qu'on observe les étoiles filantes. Un point lumineux paraît dans une région du Ciel, sous la forme d'une étoile plus ou moins brillante, glisse sur la voûte céleste avec plus ou moins de célérité et disparaît subitement. Cette sorte d'étoile laisse quelquefois sur son passage une traînée lumineuse ; quelquefois, aussi, elle lance des étincelles. Mais ce phénomène est ordinairement de courte durée, comme chacun a pu s'en assurer.

Les Anciens regardaient ces météores comme de véritables étoiles qui tombaient.

Les étoiles filantes et les globes enflammés ne se montrent que de temps à autre.

Il est difficile de calculer leur hauteur ; cependant il est arrivé quelquefois que plusieurs observateurs ont pu mesurer simultanément l'angle de hauteur d'un bolide, ou de différents points, et en conclure son élévation absolue dans l'atmosphère. Benzenberg et Brandes ont fait, à cet égard, les premières observations.

Placés à deux points assez éloignés, ils marquaient, sur un planisphère céleste, chaque étoile filante, pour avoir sa position et son parcours apparent. Connaissant le moment de l'observation, ils pouvaient en déduire l'angle de hauteur et calculer ainsi la hauteur du météore.

L'élévation des étoiles filantes, au-dessus de la terre, est fort différente, en ce qu'elle oscille entre 16 et 230 kilomètres. La plupart se meuvent dans une région comprise entre 45 et 155 kilomètres. La hauteur moyenne, déduite de toutes ces hauteurs de Brandes, est de 116 kilomètres.

La plupart des étoiles filantes vont en descendant ; cependant quelques-unes se dirigent horizontalement ou même en montant ; on en a même observé qui décrivaient un demi-cercle, d'abord en s'élevant, puis en descendant. Chladni en cite plusieurs exemples. Il en résulte que ces corps sont soumis à l'action de la pesanteur, mais qu'ils reçoivent ensuite une impulsion assez énergique pour prendre une direction qui peut être quelquefois contraire à celle de la pesanteur. Leur vitesse est de 30 à 60 kilomètres dans une seconde.

Les indications de la hauteur des globes enflammés sont fort discordantes. Il en résulte que leur hauteur moyenne est, à peu près, celle des étoiles filantes, comme nous le verrons plus loin.

C'est souvent dans la même région du Ciel que les étoiles filantes se succèdent rapidement. On en aperçoit quelquefois huit dans une heure. Pendant la nuit du 6 au 7 décembre 1798, Brandes en compta 480. Nous avons déjà parlé de leur périodicité dans les nuits du 10 au 11 août et du 10 au 15 novembre.

Le 13 novembre 1833, à 7 heures du soir, à New-Hoven, dans le Connecticut, Palmer aperçut une vapeur rougeâtre, qui, d'abord, se montra près de l'horizon méridional, puis s'éleva peu à peu jusqu'au zénith. Elle était très transparente, mais voilait néanmoins les étoiles très petites. Les météores ignés parurent à partir de 9 heures, mais c'est à 4 heures du matin qu'ils se montrèrent en plus grand nombre. Une suite non interrompue de globes enflammés, semblables à des fusées, semblait partir d'un point éloigné du zénith, d'un petit nombre de degrés ; ils se dirigeaient dans tous les sens, mais, cependant, toujours de telle manière que leurs directions prolongées vinssent toutes converger vers le point indiqué. Autour de ce point, qui, suivant Encke, coïncide presque avec celui vers lequel la Terre se dirigeait dans sa révolution annuelle autour du Soleil, se trouvait un espace circulaire de plusieurs degrés, dans lequel on ne vit pas de météores. Ordinairement, ils laissaient une traînée lumineuse sur leur passage, et, en disparaissant, ils éclataient et se réduisaient en fumée. Malgré l'attention la plus soutenue, on n'a jamais entendu le bruit d'une explosion. Outre ces masses isolées, l'atmosphère

était illuminée de lignes phosphorescentes formées
de la succession d'un grand nombre de points lumineux et semblables aux traits qu'on produit dans
l'obscurité en écrivant avec un bâton de phosphore.

Dans les années suivantes, les nuits de novembre ont encore été remarquables par un grand
nombre d'étoiles filantes qui semblaient toujours
partir, comme point radiant, de la constellation du
Lion, vers laquelle la Terre se dirige à cette époque de l'année. Mêmes observations sur les nuits
du 10 au 11 août pendant lesquelles on voit aussi
beaucoup d'étoiles filantes ; mais celles-là semblaient partir des constellations de Persée et de
Cassiopée. La pluie d'étoiles filantes du mois
d'août a lieu chaque année, mais celle de novembre
n'a lieu que tous les trente-trois ans. Nous n'en
verrons pas avant 1899.

Elle diminue graduellement à chaque fois, jusqu'à ce qu'elle reprenne de nouveau son maximum.

D'après les récits que nous ont laissés les anciens chroniqueurs, et par l'étude qu'on en a fait
depuis 1833, on a reconnu, avec l'Américain
M. Newton, que certaines pluies de feu, qui ont
été autrefois la terreur des populations, n'étaient
que les étoiles filantes de la grande période qui arrive en novembre tous les trente-trois ans.

Les étoiles filantes doivent être des petits corps

solides et non gazeux, car, sans cela, elles ne pénétreraient pas si profondément dans notre atmosphère et s'évanouiraient avant de s'enflammer. D'ailleurs, on les voit quelquefois se diviser en plusieurs parties avec une forme parfaitement définie, ce qui annonce que les substances qui s'enflamment sont compactes et peuvent voler en éclats.

Si nous comptons le nombre des globes enflammés pour chaque mois, nous arriverons aux résultats suivants :

Janvier.	69	Juillet	47
Février.	50	Août	69
Mars.	50	Septembre	51
Avril.	45	Octobre	61
Mai.	46	Novembre	89
Juin.	29	Décembre	71

On voit par cette statistique, que les plus petits nombres se montrent en juin et les plus grands en novembre. Il est certain qu'en été la longueur des jours fait qu'un grand nombre de ces météores passent inaperçus ; toutefois, il faut remarquer que la fréquence est plus grande en automne qu'au printemps. En août, il y a beaucoup d'étoiles filantes et aussi beaucoup de globes enflammés.

Le maximum, dans les apparitions diurnes, a lieu entre trois heures et six heures du matin ; toutefois, il n'y a peut-être pas une seule minute sans étoiles filantes, et M. Simon Newcomb, célèbre géomètre américain, a calculé qu'il n'en tombe pas moins de 146,000,000,000 (*cent quarante-six milliards*) chaque année sur la Terre.

Ce météore est produit par un corps pondérable qui circule dans l'espace et que la Terre rencontre dans son mouvement autour du Soleil. Comme ces corps sont doués d'une grande vitesse et qu'ils s'échauffent au contact de notre atmosphère, ils deviennent lumineux ou visibles pour nous tant qu'ils restent dans ce milieu. Ils laissent tomber parfois une traînée de poussière qu'on peut apercevoir à l'aide de lunettes ou même à la vue simple.

Les étoiles filantes semblent occuper une position déterminée, car chaque année la Terre les rencontre particulièrement en plus grande quantité dans les nuits du 9 au 10 août et du 12 au 13 novembre.

La Science donne plusieurs raisons de leur origine cosmique :

1° Leur périodicité.

2° Leur nature essentiellement différente des laves fournies par nos volcans.

3° Leur composition, dans laquelle on trouve du fer à l'état natif, minéral qu'on n'a pas encore trouvé sur notre Terre.

5° Leur vitesse énorme et qui peut égaler le mouvement de la Terre dans son orbite. C'est à la grande vitesse dont ils sont doués, qu'il faut attribuer le mouvement en forme d'arc de grand cercle qu'ils paraissent avoir dans la sphère céleste.

Ordinairement, les étoiles filantes disparaissent progressivement; quelquefois, elles éclatent comme les gros bolides.

Les étoiles filantes qui se voient chaque nuit, même lorsqu'elles sont en assez grand nombre pour qu'on puisse les comparer à des essaims d'abeilles ou à des averses de pluie, ne semblent avoir jamais occasionné d'accidents, quoiqu'on leur attribue la même origine qu'aux bolides et aux aérolithes, c'est-à-dire qu'on les regarde comme des fragments de toutes petites planètes qui forment une immense nébuleuse autour du Soleil. On dirait qu'elles ont quelque parenté avec la lumière zodiacale.

En effet, la lumière zodiacale, ou nébulosité qui entoure le Soleil comme nous le dirons en son lieu, semble due à des milliards de corpuscules indépendants, qui obéissent séparément aux lois de la gravitation, et non à un gaz, comme on l'a cru longtemps.

Plusieurs observateurs ont noté des météores animés de vitesse telle, qu'ils devaient venir de régions situées encore plus loin que la lumière zodiacale; mais ces milliards de corpuscules qui paraissent remplir l'espace entier, doivent être très con-

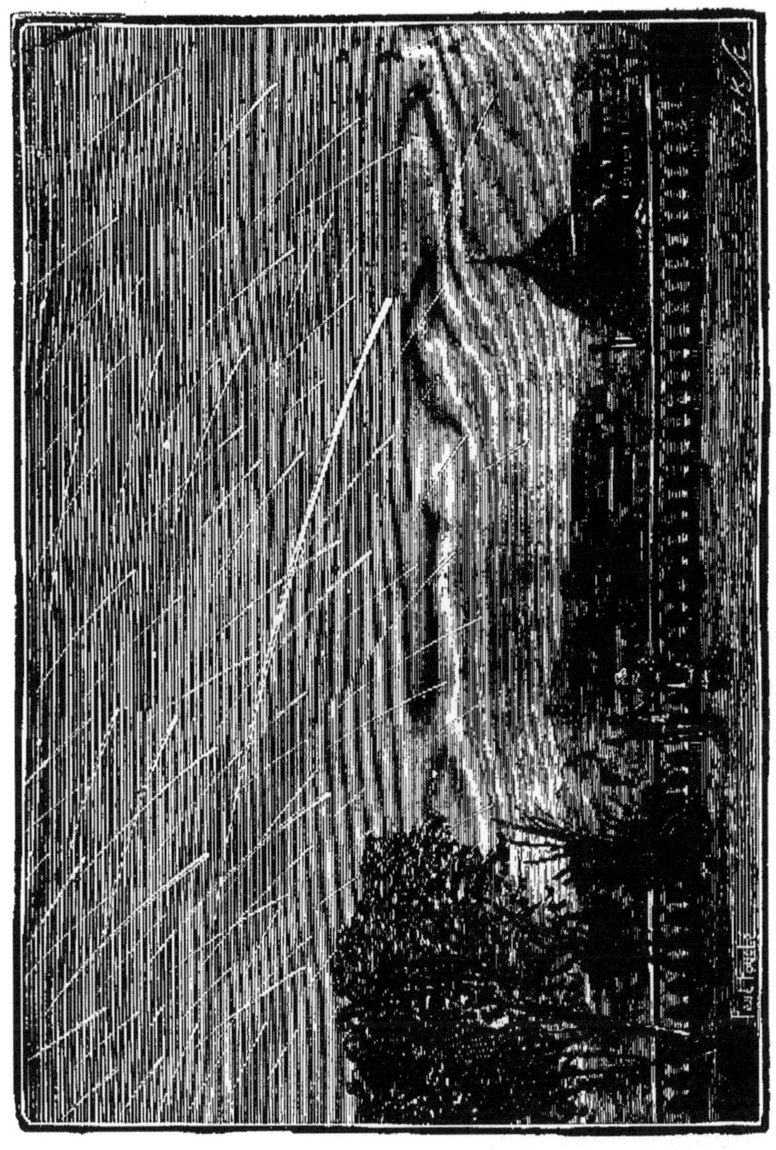

La grande pluie d'étoiles filantes du 27 novembre 1872.

densés autour du Soleil, comme semble l'indiquer
cette étrange et singulière lumière.

Comme nous l'avons dit, les étoiles filantes sont plus nombreuses dans les nuits du 10 au 11 août, mais seulement dans notre hémisphère.

En effet, au Chili et en Australie, on a observé la diminution du phénomène d'août dans l'hémisphère sud, comparativement à celui du nord ; cette diminution est très sensible sous la latitude de la Havane.

Mais dans l'hémisphère austral et près de l'équateur, on voit du 15 au 31 juillet une très grande quantité d'astéroïdes.

Un jour, en mer, près l'équateur, l'astronome Liais a vu à la fois deux étoiles filantes et un bolide.

Dans les deux hémisphères, les nuits du 12 au 13 novembre sont assez riches en étoiles filantes. Coulvier-Gravier a trouvé que les phénomènes du 10 août et du 12 novembre sont sujets à des recrudescences périodiques, et c'est aux époques de maximum que peuvent se produire les pluies d'étoiles filantes signalées par quelques observateurs. Il faut remarquer que si l'apparition d'août est plus constante, elle n'est jamais aussi brillante qu'en novembre. De plus, elle est sujette à de curieuses fluctuations d'intensité.

Les étoiles filantes sont parfois en telle quantité qu'on dirait une pluie d'étoiles, et le spectacle qu'elles offrent à la vue est d'une telle magnificence

qu'il est impossible de le décrire. Nous préférons
en donner ici la représentation,

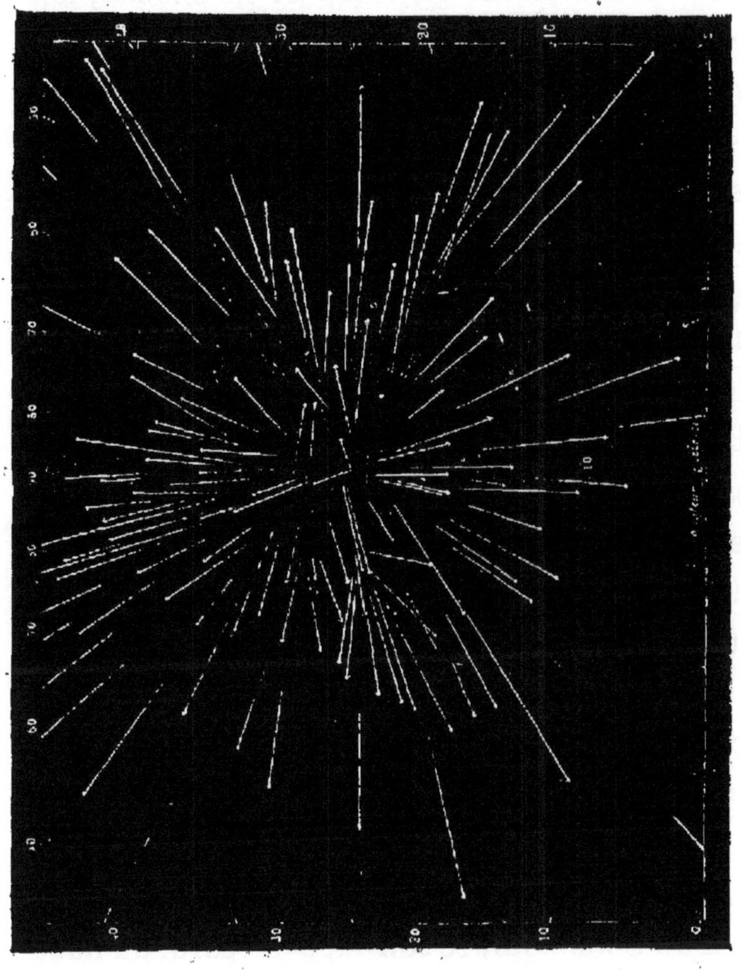

Point d'émanation des étoiles filantes du 27 novembre 1872.

Les averses les plus célèbres sont celles de 1799,
de 1833, de 1872 et de 1877.

« Dans la soirée du 27 novembre 1877, il nous
est tombé du Ciel une véritable pluie d'étoiles fi-

lantes; l'expression n'est pas exagérée. Elles tombaient à gros flocons, les lignes de feu glissaient
presque verticalement en foule et en ondées; ici,
des globes éblouissants de lumière, là des explosions silencieuses rappelant à la vue celle des gre-
nades de feux d'artifice..., et cette pluie dura depuis sept heures du soir jusqu'à une heure du matin,
le maximum arriva vers neuf heures; à l'Observatoire du Collège romain, on en compta 13,892; à
Montcalieri, 33,400; en Angleterre, un seul observatoire en compta 10,579, etc. On a évalué le
nombre total à cent soixante mille. Elles arrivaient
toutes du même point du Ciel, situé vers la belle
étoile (γ) Gamma, d'Andromède.

« Ce soir-là, je me trouvais à Rome, dans le
quartier de la villa Médicis, et favorisé d'un balcon
donnant au sud. Cette admirable pluie d'étoiles
est tombée devant mes yeux, pour ainsi dire, et j'ai
l'éternel regret de ne pas les avoir ouverts pour la
contempler. Convalescent d'une fièvre des marais
Pontins, j'avais dû rentrer immédiatement après le
coucher du Soleil, qui, ce soir-là, avait paru, du haut
du Colisée, s'endormir dans un lit de pourpre et
d'or. Vous comprenez sans peine, ami lecteur, quel
désappointement j'ai éprouvé le lendemain matin,
lorsque, me rendant à l'Observatoire, le P. Secchi
me fit part de cet événement! Comment l'avait-il

observé lui-même ? Par le plus heureux des hasards : un sien ami, voyant pleuvoir les étoiles, monta lui demander l'explication d'un pareil phénomène. Il était alors sept heures trente minutes. Le spectacle était commencé, mais il était loin d'être terminé, et l'illustre astronome put contempler la pluie merveilleuse de près de quatorze mille météores.

« Cet événement fit un bruit considérable à Rome, et le pape lui-même n'y resta pas indifférent, car, quelques jours après, ayant eu l'honneur d'être reçu au Vatican, les premières paroles que Pie IX m'adressa furent celles-ci : « Avez-vous vu « la pluie de Danaé ? » (C. Flammarion, *Astr. pop.*, p. 622.)

D'où venait cette pluie d'étoiles ? Évidemment de la rencontre avec la Terre de myriades de corpuscules provenant d'une fraction des parties décomposées de la comète de Biela qui avait passé là quelques semaines auparavant. Déjà, la segmentation de cette comète, arrivée en 1846, avait dispersé de ces corpuscules le long de son orbite, en arrière de la tête de la comète. (Voir le vol. *la Terre et les Comètes.*)

En 1798, au mois d'août, à Harfort, en Amérique, pendant des chaleurs excessives qui causèrent des maladies pestilentielles, des étoiles filantes parurent en si grand nombre qu'il était impossible de les compter.

Mais ce fut bien autre chose l'année suivante, en 1799, le 12 novembre, entre deux et quatre heures du matin, le Ciel fut sillonné par des milliards d'étoiles filantes depuis l'équateur jusqu'au pôle nord. De Humboldt, qui fut témoin de ce phénomène, le compara à un brillant feu d'artifice tiré d'une hauteur immense. Des bolides d'une apparence plus grosse que la Lune et des étoiles par myriades glissaient sans discontinuer du nord au sud sur un Ciel très pur sillonné de longues bandes phosphorescentes.

Berard, commandant un navire en station à Carthagène, raconte que le 13 novembre 1831, à quatre heures du matin, il vit pendant plus de trois heures, et au moins deux par minutes, une énorme quantité d'étoiles filantes et de météores de grandes dimensions.

Les 11, 12 et 13 novembre 1832 on vit dans les deux hémisphères des étoiles filantes en si grande quantité, qu'à Dusseldorff, on en compta 267 de quatre à sept heures du matin; et à l'île Maurice il fut impossible de les compter tant elles se succédaient rapidement.

A Limoges, dans la nuit du 11 au 12, des ouvriers abandonnèrent leur travail et s'enfuirent terrifiés par l'intensité du phénomène.

Leverrier raconta à l'Académie des sciences qu'en

Normandie, où il se trouvait, à l'orient du Ciel, les étoiles filantes se succédèrent en si grand nombre qu'il ne put les compter.

En 1833, dans la nuit du 12 au 13 novembre, on vit en Amérique des météores lumineux semblables à des fusées, qui partaient d'un même point et traversaient en grand nombre toutes les directions du Ciel. Ils firent presque tous explosion avant de disparaître, en laissant derrière eux une longue traînée phosphorescente et sinueuse. Depuis le Mexique jusqu'à Halifax, le long de la côte orientale, les étoiles filantes furent si nombreuses, qu'un observateur de Boston (Olmsted) les compara aux flocons de neige qui tombent du Ciel en se pressant dans l'air. Quand le phénomène ne fut plus dans toute sa beauté et que le nombre eut diminué de beaucoup, il en compta 650 en un quart d'heure, rien que dans une zone qui n'égalait pas la dixième partie de l'horizon. Pendant les sept heures que dura cette pluie d'étoiles, il estime qu'il en parut plus de 240,000, car il calcula qu'il en était tombé 34,640 par heure à Boston.

On a calculé que la vitesse de la Terre, dans son mouvement de translation, étant en moyenne de 29,460 mètres par seconde, la vitesse d'une étoile filante est de 42,570 mètres. Avec une vitesse pareille, toute étoile filante ne pesant que quelques grammes, par le choc de sa rencontre avec l'atmosphère, doit se volatiliser par la seule transformation de son mouvement en chaleur. Ensuite elle tombe lentement et sous forme de dépôt sur notre globe. M. Silberman, au Collège de France, à Paris, qui observe avec le plus grand soin les étoiles filantes, a souvent remarqué la poussière lumineuse des traînées persistantes. Le 5 octobre 1879, on aperçut, à l'apparition d'une magnifique étoile filante, un nuage en forme de spirale qui resta visible 30 minutes après son passage. Enfin on a trouvé des résidus de météores non seulement sur les ponts des navires qui faisaient une longue traversée, mais encore dans les neiges du Mont-Blanc et sur les grands édifices.

« En admettant pour leur dimension moyenne 1 millimètre cube environ, le nombre actuel des étoiles filantes représenterait un volume de 146 mètres cubes et un poids de 876,000 kilogrammes. En cent siècles, cet accroissement de volume serait de 1,460,000 mètres cubes et l'accroissement du poids s'élèverait à 8,760 millions de kilogrammes.

« La superficie de notre planète mesurant 510 millions de kilomètres carrés, si nous supposons cette poussière cosmique uniformément répandue, nous voyons qu'en 34,900 ans environ, le globe augmente d'une couche de 1 centimètre d'épaisseur, son diamètre étant accru de 2 centimètres. Sans doute cet accroissement est de l'ordre des infiniment petits; mais c'est précisément cet ordre-là qui agit le plus efficacement dans la nature entière.

« Le poids du globe terrestre est évalué à 5,875 sextillions de kilos, l'accroissement de masse en 100,000 ans n'est que de 15 quintillionièmes de la masse totale de la Terre. C'est peu sans doute, mais il y a bien des centaines de mille ans que notre planète existe.

« Ainsi la Terre vogue au milieu d'un espace rempli de matériaux cosmiques, et augmente graduellement de poids et de volume. On a calculé qu'en moyenne, en passant au milieu de ces matériaux à travers un cylindre du diamètre égal au sien, la Terre rencontre 13,000 bolides ou étoiles filantes visibles à l'œil nu et 40,000 étoiles filantes télescopiques. Parmi ces courants elliptiques d'étoiles filantes, celui que la Terre rencontre le 14 novembre s'étend sur une longueur de plus de 1,600 millions de kilomètres, circule en 33 ans autour du Soleil et renferme un nombre d'objets représenté par le chiffre $1,000,000 \times 100 \times 1,000$ ou cent mille millions de corpuscules ! [1]

---

1. Cam. Flammarion, *Astron. popul.*, p. 663-4.

D'où viennent les étoiles filantes? Écoutons encore Cam. Flammarion :

« Jusqu'en ces dernières années, les astronomes regardaient les étoiles filantes comme ayant une origine planétaire ; on supposait qu'elles formaient des anneaux circulant autour du Soleil dans des orbites elliptiques presque circulaires avec une vitesse analogue à celle de la Terre. Le professeur Chiaparelli, de Milan, frappé de leur vitesse, qui suppose une orbite parabolique, soupçonna qu'elles pouvaient avoir, comme les comètes, une origine étrangère à notre système et en détermina la théorie suivante :

« Supposons une masse nébuleuse ou formée de corpuscules quelconques, située à la limite de la sphère d'action de notre Soleil, et qui, douée d'un faible mouvement relatif, commence à ressentir l'attraction solaire ; son volume étant très considérable, ses points sont situés à des distances très différentes. De là, il résulte que, lorsqu'elle commencera à tomber vers le Soleil, les points inégalement distants acquerront avec le temps des vitesses inégales. Malgré ces différences, le calcul prouve que les distances périhélies des différents corpuscules seront très peu modifiées, et les orbites seront tellement semblables, que les molécules se suivront l'une l'autre, formant une espèce de chaîne ou de

courant qui emploiera un temps extrêmement long
à passer autour du Soleil. Une masse dont le diamètre aurait été égal à celui du Soleil emploierait
plusieurs siècles à exécuter ce mouvement. Ce courant représentera physiquement et visiblement l'orbite des corpuscules météoriques, de même qu'un
jet d'eau représente la trajectoire parabolique de
chaque molécule comme projectile isolé.

« Si, dans son mouvement de translation, la
Terre vient à rencontrer cette espèce de procession
de corpuscules, elle passera au travers, et un certain nombre d'entre eux la rencontreront, leur
vitesse propre se combinant avec celle du globe
terrestre. Si la chaîne est très longue, la Terre la
traversera ainsi chaque année au même point, rencontrant à chaque passage des corpuscules différents de ceux qui s'y trouvaient l'année précédente.
Il est alors facile de calculer la position du courant.

« M. Schiaparelli a fait ces calculs pour les deux
courants d'août et de novembre, et, par une heureuse circonstance, il a trouvé que deux comètes
très connues ont des orbites coïncidant avec ces
deux chaînes de météores. La première est la grande
comète III de 1862, qui passa au périhélie le 23 août
de la même année, et dont la révolution est de cent
vingt et un ans. Son orbite coïncide avec celle des
météores du 10 août. La seconde est celle qui

parut en 1866, dont la période est de trente-trois ans et qui fait partie des météores de novembre.

« Ce résultat inattendu apporta une grande lumière sur la nature des étoiles filantes et leur correspondance avec les orbites cométaires. On en conclut aussitôt que les comètes, comme les étoiles filantes, doivent être des amas de météores dérivés de masses nébuleuses étrangères à notre système planétaire ; et on pouvait opposer à cette identité que l'analyse spectrale des comètes montre qu'elles sont formées, au moins en partie, de matière gazeuse, tandis que les étoiles filantes doivent être solides ; mais le spectroscope même a résolu cette difficulté. En effet, outre que ces matières pierreuses peuvent être enveloppées par une atmosphère gazeuse et nébuleuse à laquelle on peut attribuer le spectre cométaire, l'analyse spectrale prouve que leur masse contient une grande quantité de gaz cométaires dans leurs pores, gaz qui se développent par la simple application d'une chaleur même très modérée. Enfin, on a constaté que plusieurs météorites contenaient du charbon, comme celui du Cap et celui d'Orgueil. Or, cette substance a pu se vaporiser lors du passage de la comète au périhélie et donner le spectre observé. La multiplicité des noyaux dans certaines comètes est encore favorable à cette hypothèse.

« Outre les deux comètes indiquées ci-dessus, on en a trouvé plusieurs autres dont les orbites coïncident avec des courants de météores ; ainsi l'essaim des étoiles filantes du 20 avril, dont le centre d'émanation se trouve dans la constellation d'Hercule, se rattache à la comète I de 1861. On se souvient aussi que le jour où la Terre devait traverser l'orbite de la comète de Biela, le 27 novembre 1872, eut lieu la fameuse pluie d'étoiles dont nous avons parlé, de sorte qu'il est avéré que, si nous n'avons pas rencontré la tête de la comète en retard, nous avons au moins traversé le courant qui lui fait suite.

« Mais il ne faut pas se flatter de trouver une comète pour chaque apparition d'étoiles filantes. Les perturbations des grosses planètes sont très considérables sur des corps aussi légers, et, depuis tant de siècles que les courants météoriques sont entrés dans notre système solaire, elles ont dû en modifier l'état primitif.

« La force répulsive exercée par le Soleil sur la chevelure d'une comète et qui en chasse les particules pour commencer la queue, surpasse celle de l'attraction solaire, et à une distance relativement faible du noyau de la comète l'attraction de ce noyau ne doit plus être capable de conserver cette substance. Que devient-elle ? Elle doit se perdre dans l'espace. A chacun de ses passages au périhélie,

une comète doit donc perdre une partie de sa substance, et le fait est que toutes les comètes à courtes périodes sont faibles et pour ainsi dire télescopiques. D'après les fantastiques descriptions des
anciens chroniqueurs, il est certain que, dans ses
apparitions anciennes, la comète de Halley devait
être incomparablement plus grande, plus brillante
et plus étonnante que dans ses deux derniers retours
de 1759 et 1835. Ainsi, il est presque certain que
les comètes diminuent de grandeur à chacun de
leur voyage près du Soleil.

« Tel est le cours de ces astres légers dans l'espace, cours aujourd'hui parfaitement déterminé,
comme on le voit. Leçon profonde autant qu'inattendue! l'étoile filante elle-même ne glisse pas au
hasard emportée par un souffle arbitraire : elle décrit une orbite mathématique aussi bien que la
Terre elle-même ou le colossal Jupiter. Tout est
réglé, ordonné par la loi suprême [1] »..

1. *Astron. popul.*, Étoiles filantes, p. 660.

CHAPITRE II

BOLIDES ET AÉROLITHES

Nous avons dit plus haut que lorsque les étoiles filantes sont considérables, on leur donne le nom de bolides, météores ignés ou globes enflammés.

On voit d'abord un point lumineux comme pour les étoiles filantes, ou un petit nuage clair qui ne tarde pas à s'enflammer, ou bien une ou plusieurs stries parallèles qui forment bientôt un gros globe flamboyant. Ce globe se meut avec une vitesse égale à celle des astres, quelquefois par bonds, qui prouvent une impulsion originelle, ou sont un effet de l'attraction terrestre ; il grossit et devient un globe enflammé lançant des flammes, de la fumée et des étincelles. Ce globe lumineux traîne ordinairement après lui une queue lumineuse qui s'allonge en pointe et se termine par un nuage de fumée.

Cette queue paraît être formée par la substance éti-
rée de la boule elle-même, ou bien elle est accompagnée de petits satellites qui deviennent eux-
mêmes de petits globes lumineux ; enfin cette boule
éclate avec beaucoup de fracas. Les éclats se brisent
souvent encore une fois, et alors les parties consti-
tuantes qui n'ont pas été volatilisées tombent sous
forme de masses de fer ou de pierre. Ces pierres
météoriques ou aérolithes sont d'une composition
différente, comme nous le verrons plus loin, de
celle des pierres qu'on trouve à la surface de la
Terre, et occupent un espace beaucoup plus petit
que le grand bolide.

On a vu des bolides éclater et se partager en
plusieurs autres qui continuent leur route après
l'explosion. Ce phénomène a été aperçu, en septembre 1862, à Minas-Geraes, par une belle soirée
éclairée déjà par la Lune. Le bolide s'abaissait
lentement vers la Terre, puis tout à coup éclata,
puis se divisa en deux autres plus petits, en laissant une sorte de nuage vaporeux au lieu même
de l'explosion, et une traînée qui resta visible quelque temps. Le plus gros des éclats continua sa
route presque dans la même direction et disparut
en éclatant avant le plus petit dont la trajectoire
faisait un angle très grand avec celle du premier.

On ne peut leur attribuer une origine atmosphérique, car outre leur vitesse énorme, on ne conçoit pas comment, même en faisant agir l'électricité, cette poussière qui les constitue, pourrait s'agglomérer assez vite pour former leur masse.

Ce que l'observation a démontré, c'est que ce sont des corps pondérables, circulant dans l'espace avec rapidité et obéissant aux lois de la gravitation quand la Terre les rencontre dans son mouvement annuel.

Les bolides ressemblent à des globes enflammés et l'aérolithe n'est pour ainsi dire que le noyau du bolide, très petit si on le compare au bolide lui-même. Des bolides d'un diamètre très grand n'ont donné que des aérolithes pesant moins de 50 kilogr. La hauteur des bolides varie de 2 à 30 lieues. Les plus élevés paraissent marcher plus lentement, quoique, en réalité, leur vitesse soit plus grande.

Les divers catalogues de météores s'accordent avec Coulvier Gravier, qui a tant observé les étoiles filantes, pour démontrer que, pendant les six premiers mois de l'année, ces corps sont moins nombreux que pendant les six autres, ou, suivant la remarque de Coulvier-Gravier et de Ed. Biot, qu'on observe la plus grande fréquence quand la Terre s'approche de son périhélie.

L'éclat des globes enflammés surpasse l'éclat de la Lune ; quelques-uns sont si brillants, même de jour, qu'ils produisent une ombre. Leur lumière est d'un blanc éblouissant ou bien rougeâtre, on y remarque aussi d'autres couleurs plus ou moins distinctes.

La chute d'un météorite offre plusieurs phases. Tout d'abord l'atmosphère est éclairée par un globe de feu appelé bolide. On peut l'apercevoir à plus de 20 lieues de hauteur et à plus de 600 kilomètres de distance. Ensuite sa couleur varie, puis il se brise dans sa chute en fragments quelquefois très nombreux, qui forment ce qu'on appelle les pluies de pierres.

La trajectoire que les bolides parcourent est parfois considérable. On en a vu qui avaient une vitesse de 144,000 kilom. (36,000 lieues) à l'heure, et une accélération de 32 à 40 kilom. par seconde (8 à 10 lieues).

Un bolide qui entre dans notre atmosphère s'échauffe par le frottement, et s'il n'est pas volatilisé à cause de sa pesanteur (il y en a depuis quelques hectogrammes jusqu'à des milliers de kilos), toute sa surface extérieure entre en fusion et se couvre d'une couche de vernis.

La chute d'un bolide produit une explosion tellement formidable, qu'elle peut être portée à plus de 30 lieues à la ronde. On entend parfois deux ou trois détonations dont le bruit est singulier : on dirait une voiture roulant sur le pavé. Souvent la commotion est telle que les fenêtres, les portes, les maisons même en sont ébranlées, comme dans un tremblement de terre. Ce qu'il y a de plus singulier, c'est que les fragments, en se précipitant sur le sol, imitent le sifflement d'un obus traversant l'air. Le calcul démontre qu'un bolide d'un décimètre de rayon, et d'une densité de 3,5, pénétrant dans notre atmosphère avec une vitesse de 50,000 mètres par seconde, développe brusquement une chaleur égale à 4,397,000 calories. Dans ces conditions, et en supposant qu'il tombe de 15,000 mètres de hauteur, il perd 49,000 mètres de vitesse et n'arrive sur la Terre qu'avec 5 m. seulement de vitesse : voilà pourquoi lorsqu'un bolide atteint la Terre, il ne s'y enfonce pas aussi profondément qu'on pourrait se l'imaginer.

En 1618, un incendie dévora la grande salle du Palais de justice de Paris, et on l'attribua à la chute d'un météore igné qui tomba vers minuit sur ce monument.

En 1835, dans l'arrondissement de Belley, les remises et les écuries d'un château furent réduites en cendres dans l'espace de quelques minutes. On avait vu un bolide éclater, par une belle nuit de novembre, près de ces bâtiments. Ce bolide se dirigeait du S.-O. au N.-O., absolument comme celui que nous vîmes traverser Paris en 1879.

Plusieurs incendies, ayant la même origine, furent signalés en France dans le seul espace de dix ans. La masse seule des météorites est suffisante pour occasionner les plus grands malheurs. Des maisons ont été écrasées, des hommes et des animaux ont été tués en rase campagne.

L'analyse a prouvé que tous les météorites proviennent d'un même gisement originel, car l'intérieur des fragments a une température extrêmement basse, qui n'est autre que celle des régions célestes qu'ils parcourent.

Il a dû tomber de tout temps sur la Terre une quantité énorme de météorites, car on sait aujourd'hui que les premiers instruments de fer des hommes de cet âge ont été fabriqués avec du fer des astres ou fer météorique. Qui ignore que le mot *sidera* signifie également astre et fer ?

Beaucoup de bolides ne font que traverser le système solaire presque en ligne droite ; ils arrivent de l'infini et retournent dans l'infini ; d'autres ne font que traverser également notre atmosphère, mais aussi beaucoup tombent sur la Terre.

Voici les dates conservées par l'histoire, des principaux météores observés :

De l'an 583 à 590, selon le célèbre historien Grégoire de Tours, on vit au Ciel plusieurs globes de feu qui répandaient de vives clartés au milieu de la nuit.

Pendant le siège de Paris par le duc de Bourgogne, en 1465, un météore qui semblait partir de son camp, jeta la terreur parmi les assiégés, en venant tomber dans les fossés de la porte Saint-Antoine.

C'est en 1492, le 7 novembre, que tomba en Alsace, près d'Ensisheim, le premier bolide que l'on ait conservé. Cette masse météorique éclata comme un coup de tonnerre et s'enfonça d'un mètre en terre. Elle pesait 276 livres. On dit que ce bolide est encore dans l'église où on l'a suspendu à l'époque de sa chute ; d'autres prétendent qu'il est aujourd'hui au musée de Vienne. Il paraît qu'il tomba devant Maximilien, alors à la tête de son armée.

En 1718, le 9 mars, au rapport de l'astronome Halley, on vit pendant la nuit un météore si brillant, que les étoiles et même la Lune qui était alors dans son premier quartier, furent complètement éclipsées. Ce météore disparut après une forte détonation. On estima sa hauteur à 119 lieues.

En 1751, le 26 mai, près de Kradschina, dans le comitat près d'Agra ou Agram, en Esclavonie, apparut un globe de feu qui, après s'être partagé en deux parties, produisit d'abord une fumée noire, puis diversement colorée. Les deux morceaux tombèrent à 1,500 mètres l'un de l'autre et donnèrent une commotion qui ressemblait à un tremblement de Terre. L'un pesait 35 kilos 500 grammes, et l'autre 8 kilos. Le plus gros fit un trou de 6 mètres dans le sol, et produisit une fente de deux pieds de large.

En 1771, Pulles trouva en Sibérie une masse de fer pesant 700 kilos. Ce bolide est au musée minéralogique de Paris, mais il ne pèse plus que 519 kilos, à cause des fragments enlevés. Il était regardé par les Tartares comme un objet sacré tombé du Ciel.

Il y a actuellement à Paris un aérolithe de 1 mètre de hauteur, pesant 780 kilos. Il servait d'idole dans le temple de Charcas (Mexique). L'infâme Bazaine, qui a trahi la France en 1871, commandant en chef de l'expédition, le fit enlever et transporter en France.

On trouva en 1788, à Tucaman, dans la république argentine, un bloc de fer pesant 635 kilos. Il est actuellement à Londres.

En 1794, il tomba douze pierres de grosseurs différentes sur le territoire de Sienne. Quoique le Vésuve soit à 100 lieues de là, on crut qu'elles venaient de ce volcan.

En 1795, dans le comté d'York, en Angleterre, un cultivateur et plusieurs autres personnes virent tomber une pierre enflammée qui pesait 28 kilos.

Enfin, vers 1800, une grande quantité de pierres tombèrent à Bénarès, dans l'Inde.

Le 26 avril 1803, on aperçut de Caen, de Pont-Audemer, des environs d'Alençon, de Falaise et de Verneuil, un globe enflammé d'un éclat très brillant et qui se mouvait dans l'atmosphère avec beaucoup de rapidité. Quelques instants après, on entendit à Laigle et autour de cette ville, dans un arrondissement de plus de 30 lieues de rayon, une explosion violente qui dura 5 ou 6 minutes... Ce bruit partait d'un petit nuage qui parut immobile pendant tout le temps que dura le phénomène, et ajoute le rapporteur, M. Biot[1], il tomba sur une étendue de deux lieues et demie de long sur une lieue de large, une multitude de pierres qu'il évalue à deux ou trois mille.

La plus grosse pesait 85 kilos. Quand on ramassa ces pierres, elles ne paraissaient pas avoir été enflammées, au lieu que la plupart du temps des

1. Il avait été envoyé par Chaptal, ministre de l'intérieur, qui avait prié l'Institut de vouloir bien faire vérifier le fait. Les savants, qui jusqu'à cette époque avaient nié le phénomène, furent obligés de se rendre à l'évidence.

aérolithes sont encore brûlants très longtemps après leur chute.

En 1810, il tomba à Santa-Rosa, dans la Nouvelle Grenade, un météorite qui est un des plus lourds qu'on ait jamais vus. Il entra profondément en terre, car il pesait 750 kilos. Sa forme était un cône très irrégulier.

Que dites-vous d'une goutte de pluie de ce genre ?

Cet énorme aérolithe sortait d'un globe de feu qui jetait une grande lumière et qui, dans sa course rapide, semblait raser la terre.

Au mois de novembre de la même année, un bolide laissant une traînée lumineuse éclata en France, en projetant une pluie de pierres. En décembre, il en parut un autre dans le Groënland.

On conserve au musée de minéralogie, à Paris, un aérolithe, tombé dans le département du Var, et qui pèse 200 kilos. Il a 1 mètre de hauteur.

En 1812, sur les deux hémisphères, on compta 7 bolides, dont l'un égalait le diamètre de la Lune : il éclata à Toulouse et laissa également échapper une pluie de pierres.

En 1814, sept furent observés.

En 1817, huit.

En Écosse, le 5 mai 1819, en plein soleil, apparut un globe de feu avec une queue. Il dura 5 mi-

nutes et fit explosion avec grand fracas. Il laissa
derrière lui une fumée blanche qui ressemblait à
un petit nuage.

Le 5 juin suivant, même phénomène en plein
jour, près de Berwick. Ce qu'il y eut de singulier,
c'est que ce bolide prit aussitôt la forme d'une épée
flamboyante dont la pointe menaçait la Terre.

Dans la nuit du 12 au 13 décembre 1830, plus
de 40 bolides furent aperçus en Saxe. Ils sillon-
naient l'air en lançant des éclairs en tous sens,
avec une sorte de sifflement. Chose singulière, ils
se croisèrent à plusieurs reprises et revêtirent les
couleurs du spectre solaire en tombant.

En 1835, le 17 juillet, on vit à Milan, et dans le
Wurtemberg, un bolide blanchâtre marchant au
nord, et répandant une vive lumière. Il avait également une queue brillante. On entendit son explosion de très loin. Il se brisa en morceaux assez
gros.

Le 12 février 1836, le matin, vers six heures et
demie, on aperçut à Cherbourg un globe de feu
aussi gros que la Lune en son plein. Comme il ne
faisait pas encore jour, sa clarté rougeâtre était
assez forte pour permettre de lire dans les rues. Au
milieu du météore, on voyait une cavité et autour
une espèce d'auréole de fumée pâle et mêlée d'étincelles. Il passa lentement à 300 mètres environ

seulement de hauteur, en tournant sur lui-même ; puis il partit avec la vitesse de l'éclair, en laissant derrière lui une traînée blanchâtre. Il s'abattit à 12 lieues de Cherbourg, dans un marais, près d'Orval, arrondissement de Coutances. On compara le bruit qu'il fit en éclatant à la décharge de plusieurs pièces d'artillerie.

Nous sommes convaincu qu'il ne se passe guère d'année, que dis-je, de mois, sans apparitions de météores ignés. Du reste, il a fallu la chute de pierres à Laigle, pour attirer l'attention des savants qui jusque-là n'avaient pas remarqué le phénomène.

Le 24 décembre 1858, un aérolithe pierreux, du poids de 114 kilos tomba à Murcie (Espagne). Il est actuellement au musée de Madrid, après avoir également figuré à l'exposition de 1867.

En 1863, M. Liais aperçut en juillet, à Atalaxa, près de Rio-de-Janeiro, un brillant bolide à traînée blanche avec une queue rougeâtre, qui décrivit une courbe en S. Il dura 3 secondes. Il disparut en éclatant et laissa une traînée lumineuse qui persista pendant plus de 20 secondes. C'est par la clarté répandue sur le sol, que son attention a été appelée, et il s'est passé à peu près 2 secondes entre le temps où il commença à voir cette lueur et celui où il aperçut ce magnifique bolide.

On découvrit, en 1861, à Melbourne, en Australie, deux fragments d'aérolithes pesant 3,000 kilos. L'un est resté à Melbourne, l'autre est au **musée de Londres**. Ce sont deux jolis cadeaux des profondeurs de l'air.

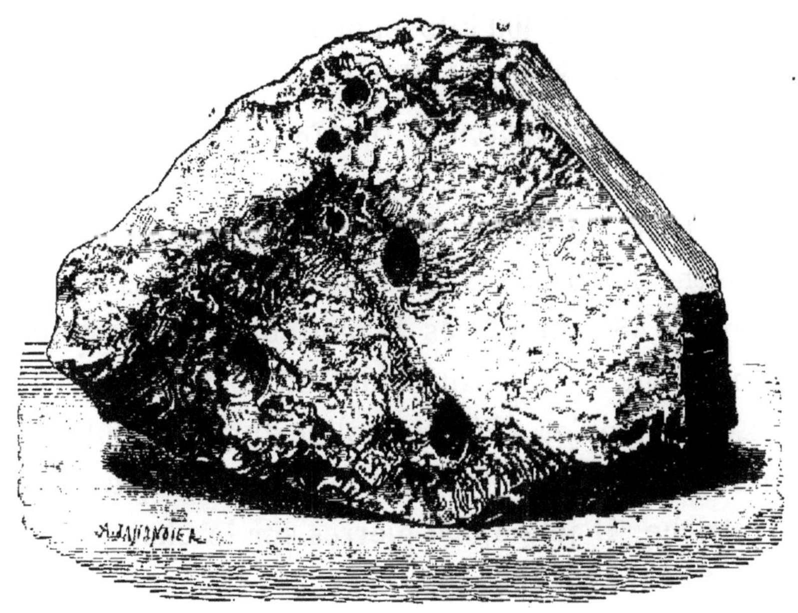

Aérolithe tombé à Orgueil en 1864.

Il existe à Bahia, au Brésil, une pierre météorique pesant 6,350 kilos. Wollaston la découvrit en 1816 et l'analysa.

Un autre pesant plus de 10,000 kilos et mesurant 16 mètres de hauteur, existe vers la source du fleuve Jaune, en Chine. Les Mongols l'ont nommé le Rocher du nord et racontent qu'il est tombé à la suite d'un grand feu du Ciel.

Un autre, pesant 15,000 kilos, se trouve dans la plaine de Tucaman (Amérique du sud). Avis aux amateurs qui voudraient aller le chercher.

Enfin, en 1875, on trouva au Brésil, sur une montagne de la province de Sainte-Catherine, 14 blocs de fer pesant 25,000 kilos et orientés en ligne droite.

Le 14 mai 1864, le bolide tombé à Orgueil (Tarn-et-Garonne) fut aperçu de Gisors (Eure) à 225 lieues de distance.

En 1866, on trouva dans une plaine du Chili un aérolithe ferrugineux qui pesait 104 kilos et qui mesurait 48 centimètres de hauteur ; tout le monde a pu le voir à l'Exposition de 1867.

Le 30 janvier 1868, le bolide tombé à Pultusk, en Pologne, avait traversé une grande partie de l'Autriche. Il jeta 3,000 pierres sur le champ où il était tombé.

Le 9 juin de la même année (1868) il tomba à Knyahynia (Hongrie), avec un bruit épouvantable, des milliers de pierres dont la plus grosse pesait 293 kilos. Elle est actuellement au musée de Vienne, à côté du bolide de 1492.

Paris possède un bloc de 625 kilos qui resta long-temps à la porte de l'église de Caille (Alpes-Maritimes). Il servait de banc aux fidèles.

Le 23 juillet 1872, il tomba à Lance, près de Blois, un bolide de 17 kilos après une explosion qui fut entendue à 80 kilomètres. Il s'enfonça à 1 m. 60 dans un champ, à 15 mètres d'un berger qui pensa en mourir de frayeur.

En 1873, le 31 avril, il en tomba un autre près de Rome, qui se brisa en fragments avec un tel bruit que le peuple crut que la voûte du ciel s'écroulait. Il marchait avec une vitesse de 59,500 mètres par seconde.

En 1879, le 31 janvier, en plein été et vers quatre heures du soir, comme nous attendions le passage de l'omnibus, boulevard Sébastopol, nous aperçûmes dans la direction du S.-E. au N.-O. un bolide qui, marchant assez lentement, laissait derrière lui une longue traînée peu lumineuse. Ce doit être le même qui tomba à Dun-le-Poëlier (Indre) auprès d'un paysan qui se crut foudroyé.

Le 25 décembre de la même année, il tomba à Mourzouk un bolide de 1 mètre de diamètre qui manqua d'écraser un groupe d'Arabes qui se sauvèrent dans toutes les directions.

Le docteur von Holleben, ministre résident allemand à Buenos-Ayres, a reçu de M. Burmeister un météorite tombé pendant l'hiver 1880 dans la province d'Entre-Rios (la Plata), entre Nagaya, ville située au sud-est de Santa-Fé et au nord de la rivière la Plata, et la Conception sur l'Uruguay. Ce météorite, destiné à l'Académie de Berlin, est tombé vers le soir, accompagné d'une traînée aussi lumineuse que la lumière du jour. Apporté à la Conception, cette pierre parvint à M. Seekamp, chimiste, qui l'envoya à M. Burmeister, après avoir prélevé un échantillon. Il en fut gardé un quart pour le musée de Buenos-Ayres, et le reste, une bonne moitié de l'uranolithe primitif, fut attribué à l'Académie de Berlin. En prenant des échantillons de cette pierre naturellement tendre, de nombreuses fissures se sont produites ; de plus, l'agitation pendant le transport a déterminé une séparation en deux moitiés presque égales. Le plus gros morceau pèse 1,239 grammes, le plus petit 97 grammes et les miettes 32 grammes.

C'est un de ces uranolithes extrêmement rares qui contiennent du carbone ; il se compose d'une masse tendre, peu brillante, couleur gris foncé, ne renfermant pas de fer météorique, mais richement parsemée de noyaux ronds d'un gris clair, accompagnés çà et là de quelques noyaux d'un jaune verdâtre doués d'un éclat métallique mat ; dans cette masse se trouvent dispersés de petits noyaux unis et arrondis, formés d'une substance dense d'un gris plus clair et de consistance également terreuse.

L'origine météorique de ce corps est mise hors de doute par la croûte bien conservée qui entoure surtout les petits morceaux. Si l'on réunit les deux morceaux tels qu'ils l'étaient, il est facile de reconnaître le côté qui a été soumis à la pression atmosphérique pendant le mouvement et de le distinguer du côté rugueux qui était à l'arrière, duquel, évidemment, s'est détaché un morceau pendant le trajet. En considérant le morceau qui se trouve à la Conception, on peut attribuer à cet uranolithe, lors de sa chute, la forme d'un sphéroïde ayant pour plus grand diamètre 180 millimètres et pour plus petit diamètre 150 millimètres.

Le 3 février (1882) des pierres sont tombées du Ciel en Transylvanie. Vers trois heures quarante-cinq minutes de l'après-midi, l'apparition d'une lumière soudaine fit lever tous les yeux au Ciel, lequel était absolument sans nuages. C'était dans la direction du nord-est, et lorsque la lumière disparut, elle laissa à sa place un nuage blanc qui s'allongea sous la forme d'un mince sillon, dirigé de l'ouest à l'est. Quelques instants après, une détonation retentissante se répandit dans l'air. Cela se passait à Klausenburg.

Le lendemain, on apprit que des pierres étaient tombées du Ciel auprès du village de Mocs, à environ 40 kilomètres à l'est de Klausenburg ; on en ramassa un très grand nombre, dont une soixantaine ont été rassemblées par le professeur Koch ; l'une d'elles ne pèse pas moins de 35 kilogrammes, et la violence de sa chute l'avait fait pénétrer dans le sol jusqu'à la profondeur de 68 centimètres. Ces mystérieux fragments des mondes ultra-terrestres avaient été projetés dans leur chute sur une surface de 24 kilomètres de longueur, dirigée du nord-ouest au sud-est.

Le 14 mars 1881, à trois heures trente-cinq minutes de l'après-midi, un uranolithe du poids de 1,515 grammes est tombé en Angleterre sur la ligne du chemin de fer du North-Eastern railway, de Midlesborough à Guisborough, près de la gare de Pennyman. Cette chute a été accompagnée d'une détonation comparable à un formidable coup de tonnerre qui ne fut pas seulement entendu au lieu où le météorite frappa le sol, mais au loin jusqu'à Northallerton et Welbury, dans le Yorkshire.

Des ouvriers du chemin de fer qui travaillaient là furent d'abord tout stupéfaits d'entendre au-dessus de leurs têtes une sorte de ronflement bizarre qui dura pendant quatre secondes environ et fut immédiatement suivi d'un coup sourd, comme si un objet lourd avait frappé le sol auprès d'eux. Cherchant à terre dans la direction indiquée par le bruit ils trouvèrent, après trois minutes de recherches, une pierre au fond d'un trou presque vertical et dont la profondeur atteignait 0 m. 30 à travers une couche d'argile pierreuse, recouverte d'un pouce de machefer et qui commençait à gazonner. Ce trou était au pied d'un petit talus du chemin de fer, à 4 mètres du rail le plus rapproché du signal protecteur de la station, et à 44 mètres du point où se trouvaient les ouvriers quand ils entendirent le bruit. La pierre tombée du Ciel fut remise à l'ingénieur du district qui l'a conservée comme propriété de la Compagnie.

Elle a été soumise à l'examen de A.-S. Herschel, le 25. Sa forme est celle d'une pyramyde surbaissée de 0 m. 08 d'épaisseur et d'un peu moins de 0 m. 45 de longueur sur 0 m. 13 de largeur. Grâce à des éraillures, l'intérieur est visible : il est gris, avec quelques grains de pyrite disséminés dans la masse ; mais il ne contient pas de fer, car l'aiguille aimantée n'est pas influencée par cette masse. Sa densité, grossièrement déterminée, est un peu inférieure à 3,00.

Le mardi, 22 mars 1881, un magnifique bolide a été aperçu, à sept heures du soir, dans la direction du mont Saint-Aignan, dans la Seine-Inférieure. L'apparition a été remarquée d'un grand nombre de personnes. Dans la nuit du 21 au 22 décembre de la même année, un bolide, d'un volume assez considérable et d'un éclat remarquable, a été observé à Bouelle (Seine-Inférieure).

Dans la nuit du 13 mars 1882, on a observé, à

une heure du matin, à Haren, petit village situé à 4 kilom. au S.-S.-E. de Groningue, province septentrionale des Pays-Bas, un bolide magnifique qui laissait derrière lui une traînée lumineuse violette. Il apparut au zénith et se dirigea vers l'ouest. Sa durée fut de 4 à 5 secondes, et 85 secondes après l'apparition du phénomène, on entendit une détonation sourde, comme celle d'un coup de canon tiré à distance. Il avait un éclat égal à celui de Sirius ou de Vénus, et sa teinte était jaune rougeâtre.

Il fut également aperçu dans plusieurs autres endroits de la Hollande septentrionale.

On écrit d'Épinal qu'un bolide a été vu le 13 mai 1883, vers huit heures du soir.

Ce phénomène avait la forme d'un obus et dessinait sur le fond du Ciel une lumière blanche très éclatante ; sa direction était de S.-E. à N.-O. avec une courbe très peu prononcée inclinée vers l'horizon.

Le 16 février 1883, à deux heures quarante-trois minutes de l'après-midi, une forte détonation se fit entendre sur beaucoup de points de la province de Brescia et même des provinces voisines de Crémone, de Vérone, de Mantoue, de Plaisance et de Parme. La détonation fut épouvantable dans la commune d'Alfianello, arrondissement de Verolanuova, province de Brescia.

C'était un météorite qui éclatait à quelques centaines de mètres au-dessus d'Alfianello. Un paysan
le vit tomber dans la direction de nord-est à sud-
ouest ou, plus exactement, de nord-nord-est à sud-
sud-ouest, à la distance de 150 mètres environ.
Quand la masse tomba à terre, il se produisit, dit-
on, sur le sol, par suite de la transmission du choc,
un mouvement sussultoire, comme celui d'un tremblement de terre, qui fut ressenti dans les endroits
environnants ; on vit osciller les fils télégraphiques
et les carreaux des fenêtres. Un témoin tomba évanoui sur le sol par le double effet de la secousse et
de l'épouvante.

Avant que le météorite heurtât le sol, on aperçut
comme une commotion dans les nuages légers dont
le ciel était couvert, et l'on entendit, aussitôt après,
un bruit prolongé, comparable à celui d'un train de
chemin de fer marchant rapidement sur les rails.

On ne vit aucune lumière ; mais le bolide a dû
être accompagné, comme d'habitude, d'une légère
vapeur, produite par la volatilisation de la substance
fondue à la surface ; car quelques-uns de ceux qui
le virent tomber le comparèrent à une cheminée se
précipitant du haut du ciel et surmontée de son panache de fumée. Le météorite tomba à 300 mètres
environ au sud-ouest d'Alfianello, dans un champ
de la propriété dite Forsera, appartenant aux frères

Bonetta. Elle pénétra dans le sol obliquement, à peu près dans la même direction qu'on l'avait vue s'avancer dans l'air, de l'orient à l'occident, et s'y enfonça à environ 1 m. 50. Au-dessus du météorite s'ouvrait un trou d'environ 1 mètre de profondeur.

Le laboureur dont nous avons parlé, avec deux autres paysans qui survinrent, furent les premiers à toucher la pierre qui venait de tomber, et la trouvèrent encore un peu chaude.

Il convient de remarquer que les faits qui accompagnèrent la chute du météorite d'Alfianello ont une grande analogie avec ceux qui se produisirent lors de la chute du météorite tombé en 1856 à Trenzano, dans cette même province de Brescia.

Le météorite tomba entier, mais il fut presque aussitôt réduit en menus morceaux par le fermier de la propriété, et ces morceaux furent dispersés parmi la foule qui s'était pressée sur le lieu de l'événement.

La forme était ovoïde, mais un peu aplatie au centre; la partie inférieure était plus large et convexe, présentant la forme d'un chaudron; la partie supérieure était tronquée. La surface était recouverte de la croûte noirâtre habituelle et parsemée de petites cavités, appelées *piézoglyptes*, tantôt séparées, tantôt groupées ensemble, si bien que ceux qui étaient accourus crurent voir dans certaines parties l'empreinte d'une main, en d'autres celle d'un pied de chèvre.

Quant aux dimensions et au poids du météorite, les appréciations sont diverses. D'après le témoignage de plusieurs, sa hauteur dépassait 0 m. 50. Selon quelques-uns, son poids aurait été de 50 kilogrammes; selon d'autres, de 100 kilogrammes, ou de 200 kilogrammes, ou même de 250 kilogrammes. Il paraît toutefois très probable que son poids véritable n'était pas beaucoup au-dessous de 200 kilogrammes. Ce qu'il y a de plus certain, c'est que le professeur Bombicci en emporta plus de 25 kilogrammes à Bologne, pour en doter la riche collection de météorites qu'il a réunie au musée de minéralogie de l'université de cette ville; qu'il en reste à peu près 40 kilogrammes auprès d'autres personnes; que l'échantillon le plus considérable pèse 13 k. 5, et se trouve chez MM. Ferrari; que la municipalité d'Alfianello envoya un échantillon de 3 kilogrammes à l'Athenæum de Brescia; enfin que deux morceaux, de plus de 12 kilogrammes chacun, furent jetés dans l'eau d'un torrent et s'y perdirent, sans parler d'une quantité considérable d'autres petits fragments. distribués çà et là, dont je possède quatre, ayant un poids total de 39 grammes, le plus gros pesant 30 grammes.

Par sa structure, le météorite d'Alfianello appartient, selon le professeur Bombicci, au groupe des *sporadosidères-oligosidères* et se rapproche du type *Aumalite*, se montrant pour ainsi dire identique au météorite de New-Concord (Ohio).

La substance est finement granulaire, d'un gris cendré; du reste, dans les surfaces polies, elle apparaît finement grenue et bréchiforme, avec des éléments offrant diverses gradations de couleur. De nombreux grains métalliques y sont disséminés; on y trouve de petits nids dans lesquels on voit le fer et peut-être une de ses combinaisons à éclat métalloïde et d'un blanc jaunâtre ou bronzé. Des auréoles de rouille se forment rapidement autour des parcelles de fer.

A part les portions où le fer est très concentré, les grains métalliques de la matière pierreuse sont dans la proportion de poids de 68 pour 1000. L'écorce noirâtre est âpre, rude, en quelque sorte grumeleuse dans quelques parties de la surface, et plutôt lisse et unie dans d'autres; elle est peu luisante en général. Les piézoglyptes sont très profondes sur tous les échantillons, et, d'ordinaire, il y correspond un vernis blanchâtre, laissant paraître, à travers, la couleur gris clair qu'il recouvre.

Le poids spécifique est de 3,47 à 3,50.

Un bolide extraordinaire a été observé, le 2 mars

1883, à dix heures trente minutes du soir, à Ouville
(Manche), par M. Cirou, ancien instituteur, ses
deux sœurs et sa nièce. Une lueur très intense
frappa soudain les yeux, illuminant subitement la
cour et les murs d'une maison. Ce fut comme un
jour subit. On n'eut pas le temps de voir le bolide
lui-même, car la première impression fut celle d'une
illumination terrestre. Toutefois on put remarquer
que la lueur a passé du sud-est au nord-ouest.

Ce bolide a traversé la Manche et a été observé en
Angleterre. A Capel, dans le comté de Surrey, sa
lumière a été assez vive pour illuminer la campagne
comme le plus brillant clair de lune.

Un météore non moins brillant a été observé, le
4 mars, à Sainte-Marie-aux-Mines (Haut-Rhin), se
dirigeant du nord-est au sud-ouest.

La lueur projetée sur le passage de ce bolide a
produit dans les chambres, pendant quelques secondes, l'effet d'un éclair. On a vu le météore se
séparer en fragments lumineux de couleur pourpre
et rouge feu.

Ce bolide est passé sur Chaumont (Haute-Marne),
où il a été observé par M. Cousin, qui, de plus, a
entendu un sourd sifflement dans l'air, et qui pensait qu'il avait dû tomber près de Chaumont.

Mais il a continué sa route fort au delà. M. Gabo-
reau nous écrit de Paris que, se trouvant ce soir-là

au bois de Boulogne, il croit avoir été témoin de la chute d'un magnifique bolide qui aurait éclaté à 30 ou 40 mètres de distance, sans bruit. Il est certain que le bolide a continué sa route plus loin encore.

En effet, à Bregner, Bournemouth (Angleterre), M. H. Cecil l'a vu passer, se dirigeant du sud-est au nord-ouest.

Les observateurs s'accordent pour donner à ce bolide un mouvement assez lent. Son passage a eu lieu vers neuf heures, temps de Paris.

Ce même jour (4 mars) on a observé en Suède une aurore boréale d'une étendue et d'un éclat extraordinaires.

A propos de bolides remarquables, voici une observation intéressante qui mérite d'être conservée.

Pendant la guerre franco-prussienne, à Boulogne-sur-Mer, on a observé la curieuse trajectoire d'un bolide.

C'était en plein jour, à onze heures du matin, un jour de marché, sur la place d'Alton. Le bolide est arrivé du sud-ouest, après avoir traversé la Manche, et a éclaté près de Saint-Omer.

A juger de la spirale que formait sa traînée, on pensait involontairement à un être invisible courant dans le Ciel en brandissant une torche.

Le bolide devait être d'assez grandes proportions, d'après le volume considérable de cette fumée qui s'étendait au loin à perte de vue. La fumée dense qui sort d'une vaste fournaise pourrait seule en donner une idée.

On l'a vu éclater, et le son de la détonation arriva de dix à douze secondes plus tard ; et puis on a entendu le sifflement produit par la dispersion violente des fragments du corps. Le sol et les maisons en ont tremblé.

Rien de plus gracieux que la forme de ce nuage, tracé et appliqué comme une garniture d'argent mat sur un ciel limpide, formant des festons et des anneaux d'une régularité surprenante

Toutes les pierres qui sont tombées du Ciel ont une forme générale toujours la même. Suivant Schreibeis, c'est un prisme à quatre ou cinq pans inégaux ou une pyramide oblique. Ce sont des masses dont la surface est noire et comme brûlée. Cette écorce paraît avoir la même composition chimique que le noyau, quoiqu'elle ait passé à l'état de scorie. Son épaisseur dépasse rarement 0 m. 55, présentant des inégalités.

Elle est noire et peu brillante, ou bien d'un brun noirâtre, brillant comme si la pierre avait été enduite d'un vernis. Quelquefois elle a un éclat métallique comme du fer fondu et peu oxydé, ou bien l'aspect du bitume. Il y en a dont l'écorce est tellement dure qu'elle fait feu avec le briquet. Quelques-unes de ces pierres présentent des couches ou des veines ou des taches de même nature que l'écorce. On dirait que l'aérolithe était déjà formé lorsqu'un nouveau boursouflement a ramené à l'intérieur une partie de l'écorce.

Cette écorce ne ressemble nullement à un produit volcanique, et pour obtenir une croûte analogue il nous faudrait fondre ces pierres à l'abri de l'action de l'air. Il est difficile de dire quel est celui de ses principes composants qui contribue le plus à la formation de cette enveloppe. Aucune pierre de notre globe n'est composée comme ces pierres. Quant à l'intérieur de ces pierres, elle est d'un blanc jaunâtre et marquée d'un point métallique.

L'analyse chimique des aérolithes a donné constamment les mêmes matières dans des proportions à peu près égales. Gustave Rose qui les a analysées, dit que les unes sont formées d'une masse grise dans laquelle on ne trouve d'autre substance que du fer métallique, les autres composées de substances diverses dont les unes blanches sont probablement du labrador ou feldspath opalin ; les autres qui sont brunes, ressemblent au pyroxène.

En les réduisant en poudre, on peut, avec un aimant, en retirer environ 20 0/0 de fer et de nickel. On y trouve encore les principes suivants : de l'oxy-

gène, de l'hydrogène, du soufre, du phosphore, du
carbone, de la silice, du chrome, du potassium, du
sodium, du calcium, du magnésium, de l'alumi-
nium, du fer, du manganèse, du nickel, du cobalt,
du cuivre et de l'étain. Suivant Berzélius, ces 18
substances y forment les composés suivants :

1° Fer métallique, contenant un peu de nickel, de
cobalt, de magnésium, de manganèse, de cuivre,
d'étain, de soufre et de carbone. Il est à remarquer
que le fer ne se rencontre presque jamais à l'état
métallique dans les corps terrestres. Celui des volcans est toujours oxydé, le nickel est également très
rare et ne paraît jamais à la surface de la Terre ;
le chrome est plus rare encore.

2° Sulfure de fer, partie égale de soufre et de fer ;

3° Fer magnétique ;

4° Olivine météorique. Elle constitue la moitié
du résidu qu'on obtient quand on a enlevé les métaux altérables à l'aimant ; même composition que
l'olivine terrestre ;

5° Des silicates, des combinaisons de chaux, de
magnésie, d'oxyde de fer, de manganèse, d'argile,
de soufre et de potasse insolubles dans les acides,
dans lesquelles l'acide silicique est en proportion
double de tous les autres corps et qui forment probablement deux minéraux, l'un pyroxénique, l'autre analogue à la leucite ;

6° Chromate de fer, en petite quantité, mais constant ;

7° Oxyde d'étain.

Quelquefois l'aérolithe tout en entier est uniquement composé de fer métallique ; toutefois ce cas est plus rare que celui où il n'en contient qu'une certaine quantité.

Ici l'imagination a beau jeu. Comme les météores ignés paraissent dans des régions inaccessibles, on a formulé une foule d'hypothèses que la raison ne saurait contrôler.

Chladni fit voir le premier que les globes enflammés et les étoiles filantes sont une seule et même chose et ne diffèrent que par leur grosseur. Comme il prouva ensuite que des pierres tombent réellement du Ciel, on a émis plusieurs hypothèses pour expliquer l'origine.

Nous allons les passer brièvement en revue.

1re hypothèse. — Sont-elles d'une origine volcanique, et la Terre se serait-elle spontanément entr'ouverte pour les lancer ? Il est impossible d'admettre cette explication, depuis qu'il est constant qu'elles sont essentiellement différentes de tous les minéraux connus.

2e hypothèse. — Laplace, avec plusieurs mathématiciens, a cherché à prouver que ces pierres pouvaient être projetées par les volcans de la Lune assez loin pour entrer dans la sphère d'attraction de la Terre et tomber sur elle.

Le calcul montre que, pour que cet effet ait lieu, il faudrait donner à la pierre une vitesse initiale de 3,250 mètres par seconde et qu'elle fît en deux jours et demi environ le trajet de la Lune à la Terre. Il est bon de remarquer que par suite de l'attraction terrestre, il n'est pas nécessaire pour qu'un volcan lunaire puisse lancer des pierres tombant sur notre globe, que ce volcan soit sur la surface qui fait face à la Terre.

Absolument parlant, la chose serait possible, mais Olbers y trouve de grandes difficultés. En effet, le corps lancé par le volcan est soumis à cette force de projection et en outre à celle qui résulte du mouvement de la Lune et qui agit tangentiellement à l'orbite lunaire. Ainsi donc, les corps graves lancés par les volcans de la Lune et qui s'approchent de la Terre, sont attirés par elle et décrivent une courbe.

Pour que le corps tombe à la surface de la Terre, il faut qu'il existe un rapport déterminé entre la direction et la vitesse du projectile, et par conséquent peu d'entre eux tomberont sur la Terre. Suivant Olbers, la vitesse initiale de 7,000 à 11,000 mètres par seconde, déterminée par Brandes, est aussi contraire à cette hypothèse. En effet, supposons que la

pierre soit lancée par le volcan avec la vitesse de
2,600 mètres seulement, elle arrivera avec une vitesse acquise de 11,400 mètres. Or, les globes enflammés parcourant environ 37,000 mètres par seconde, devraient être lancés par la Lune avec une
vitesse de 32,000 mètres environ, vitesse qu'on
doit regarder comme tout à fait impossible. De
plus, il faudrait prouver que les volcans de la Lune
sont encore actifs, et que leur activité est assez
forte aujourd'hui pour nous envoyer toujours de
ses produits, ce qui est contraire à tout ce que nous
savons de l'état actuel de la Lune.

3e hypothèse. — Certains physiciens ont pensé
que les aérolithes étaient des produits de notre
atmosphère. Quoique Chladni ait rejeté cette opinion, elle a été cependant préconisée par Egen,
G. Fischer et Idéler ; mais le premier est le seul
qni ait émis quelques raisons plausibles. Un grand
nombre de métaux s'élevant dans l'air à l'état gazeux, sans doute l'analyse chimique ne les retrouve
pas, mais c'est parce qu'ils sont en trop petite
quantité. On a calculé qu'il s'élève chaque année
des usines métallurgiques de Clausthal (Hanovre),
plus de 10 millions de kilogrammes de vapeurs
composées d'eau, de plomb, de fer, de zinc, de soufre, d'antimoine et d'arsenic. Brandes et Zimmer-
mann ont retrouvé dans l'eau de pluie plusieurs de

ces métaux. Mais Egen s'appuie surtout sur les phénomènes observés pendant la formation des météores ignés. Quand ces météores paraissaient, il arrivait que le Ciel était troublé par un nuage sombre ou brillant, ou bien que des bandes blanches se réunissaient en une seule masse. Il faut donc admettre qu'une force dont l'action s'accompagne de production de lumière, détermine la condensation des vapeurs dans les hautes régions de l'atmosphère, vapeurs qui deviennent visibles comme la vapeur d'eau passant à l'état de nuage ; et qu'en même temps d'autres forces les poussent dans une direction qui n'est point celle de la pesanteur. Suivant lui, cette force est l'électricité. Egen examine ensuite en détail les différentes circonstances qui accompagnent leur translation, et les déduit avec beaucoup de sagacité de son hypothèse. Il dit que les météores ignés sont surtout communs quand l'atmosphère n'est pas dans l'état normal. On peut lui objecter que cela provient de ce qu'alors on examine les phénomènes célestes avec plus d'attention. Il est en outre difficile de comprendre comment ces vapeurs, répandues dans un espace immense, peuvent se réunir en masses énormes et acquérir une vitesse considérable. L'objection que Chladni tire des bonds de ces météores, tombe d'elle-même, ainsi que beaucoup d'autres, quand on tient compte de la résistance de l'air et de la force d'impulsion des gaz qui s'échappent du globe, puisque toutes les fusées volantes font aussi des bonds de ce genre.

4e hypothèse. — Si, comme l'ont pensé quelques écrivains, elles avaient été lancées des régions polaires, pourrait-on raisonnablement admettre qu'elles seraient tombées dans toutes les directions, sur tant de pays différents, et à des distances aussi grandes des pôles ?

5e hypothèse. — Quelques autres ont en vain proposé des trombes, comme pouvant servir à expliquer le phénomène dont nous nous occupons; car, outre que les trombes n'apparaissent que dans les plaines très étendues, si elles étaient capables d'enlever des corps aussi pesants et de les porter à des distances aussi considérables, pourquoi ces corps seraient-ils toujours de même nature dans tous les pays, et toujours différents des minéraux qu'on y trouve ordinairement?

6e et 7e hypothèse. — Avant que l'on sût que les météores ignés ou globes de feu ne sont que des masses de pierre et de fer à l'état incandescent, plusieurs astronomes, Halley, Wallis et Bergmann entre autres, les regardaient déjà comme des corps mouvants dans l'espace, et que la Terre, dans ses mouvements, rencontrait et attirait vers elle.

Chladni admit cette explication dès l'origine de ses recherches, et dans la suite il l'a toujours défendue. Suivant lui, deux cas sont également possibles ; ou ce sont des masses qui n'ont jamais appartenu à aucun astre, ou ce sont les débris d'une ancienne planète. Quoique ces deux hypothèses aient chacune leur degré de probabilité, Chladni regarde la première opinion comme la plus vraisemblable.

Voici sur quoi il s'appuie : Outre les principales planètes, on sait par une foule d'observations, qu'il y a une quantité de petits corps qui se meuvent dans l'espace : tels sont les traînées et les points lumineux que les astronomes ont souvent vus traverser le champ de leurs télescopes ; telles sont aussi des masses opaques qu'on a observées pendant le jour devant le disque du Soleil et qui ont souvent une surface considérable. Suivant Chladni ces masses éparses sont de la matière primitive disséminée dans l'espace et destinée à former des corps nouveaux. Il croit aussi que ces nébuleuses que le télescope le plus puissant ne peut décomposer en Soleils ou Étoiles, ne sont elles-mêmes que de la matière lumineuse très diffuse, répandue sur de grands espaces. Les comètes se distinguent de ces masses par leur petitesse, leur isolement et une densité plus considérable ; elles ne sont que des masses analogues aux nuages ou formées de poussière ou de vapeur dont les particules s'attirent mutuellement. Cette faible densité des comètes ne résulte pas uniquement de l'attraction que les planètes les plus rapprochées exercent sur elles, mais encore de ce qu'on peut voir des étoiles fixes à travers. (Voir *Terre*, article Comètes).

Mais il est possible aussi que ces masses proviennent d'astres détruits. On sait qu'en effet des astres ont disparu de la voûte des cieux, et la raison conçoit la possibilité de cette destruction. Lorsque des étoiles paraissent douées d'un grand éclat, brillent pendant quelque temps pour disparaître ensuite, cela prouve, suivant Chladni, une violente combustion dans un corps que l'on doit ranger parmi les étoiles fixes. Telle est l'étoile qui, dans le xie siècle, brilla dans la constellation du Bélier pendant trois mois, d'un éclat variable, puis disparut pour toujours. La grande étoile rouge qui parut au printemps de 1245, près du Capricorne, diminua d'intensité vers la fin de juillet. L'étoile observée par Képler dans la constellation d'Ophiuchus fut visible du 10 octobre 1604 jusqu'au mois d'octobre 1605. La brillante étoile qui brilla pendant les années 945, 1264 et 1572 dans Cassiopée, appartient à la même catégorie. Si des planètes ou des comètes gravitent autour d'un astre semblable, ce développement subit de chaleur et de lumière doit avoir

une grande influence sur elles. Quand la force
agissant de dedans en dehors, qui tend à détruire
un astre, vient à l'emporter sur l'attraction mutuelle
de ses parties, il peut éclater : ainsi toutes les petites planètes télescopiques, Cérès, Pallas, Junon,
Vesta, et plusieurs centaines d'autres découvertes
depuis, ne sont peut-être que les débris d'une grosse
planète. Si de pareilles explosions ont eu lieu, on
comprend qu'un nombre immense de petits fragments doivent être projetés dans tous les sens et
au loin.

Quelle que soit l'hypothèse que l'on embrasse,
toujours est-il que le retour périodique d'un grand
nombre d'étoiles filantes, qui semblent toutes partir du même point sans prendre part au mouvement
de la Terre, est un argument puissant en faveur de
l'hypothèse cosmique. On peut admettre qu'outre
les planètes et les comètes, des millions d'astéroïdes
se meuvent autour du Soleil, et deviennent visibles
quand ils s'enflamment en entrant dans l'atmosphère terrestre. La plus grande partie abandonne
probablement de nouveau l'atmosphère de la Terre
pour continuer sa révolution autour du Soleil. Ces
masses sont répandues dans l'espace, mais non
d'une manière uniforme, et il est des points où
elles sont réunies en grand nombre : tels sont les
groupes que la Terre traverse le 10 et le 13 novem-

bre. Mais elles ne sont pas également nombreuses sur chacun de ces points. Il y a plus ; si l'on admet avec Olbers qu'elles exécutent leur révolution autour du Soleil en 5 ou 6 ans, il en résulte que la Terre en rencontre toujours un grand nombre en été et en automne ; mais qu'aussi certaines années, telles que 1799 et 1833, se font remarquer par une abondance extraordinaire de météores.

Mais reste à expliquer l'incandescence de ces astéroïdes, après avoir compris comment la Terre les rencontre.

Chladni croit qu'en arrivant dans l'atmosphère terrestre ils éprouvent une résistance qui produit les bonds, et qui est d'autant plus grande que ces corps ont un volume originaire beaucoup plus grand que celui des pierres qui tombent sur la Terre : nous devons en conclure que le globe enflammé a une très faible densité. Cette résistance amène aussi l'incandescence et l'inflammation de ce corps ; il comprime l'air, et cette compression engendre une chaleur telle que le corps s'enflamme. Si l'on objecte que l'air est très rare à une si grande hauteur, on répondra qu'il faut tenir compte de l'extrême vitesse. Parrot admet, outre la compression, l'action de la vapeur d'eau sur les combinaisons des métaux avec le soufre ; il serait même possible que les éléments des pierres météoriques fussent le sili-

cium, le magnésium, le calcium, le potassium, etc.,
qui se transformeraient en silice, magnésie, chaux,
potasse, etc., sous l'influence de l'eau ; combinaison pendant laquelle il se développe toujours de la
chaleur, qui, jointe à celle produite par la compression, peut rendre ces corps incandescents. Peut-
être contiennent-ils des corps plus inflammables
qui disparaissent dans l'atmosphère avant qu'ils
arrivent à la Terre. Il est impossible de dire à ce
sujet quelque chose de positif, puisque nous ne
saurions nous transporter dans les régions où la
combustion commence.

De toutes ces hypothèses, dégageons ce que la
Science admettait comme plus probable, jusqu'à ces
derniers temps, et ce qu'elle admet aujourd'hui
comme certain.

On avait cru jusqu'ici que ce sont de petits corps
ou astéroïdes qui nagent dans l'espace, comme les
planètes, qui circulent autour de la Terre, jusqu'à
ce qu'ils s'engagent dans notre atmosphère, et
notre globe, par son attraction, les force à se préci-
piter à sa surface.

Les plus illustres astronomes penchaient pour
cette opinion et ils se fondaient sur ce fait :

Ces planètes excessivement petites occupent deux
grandes zones dans le Ciel, l'une est située à l'intérieur de l'orbite que la Terre décrit autour du

Soleil, et a son centre commun avec notre globe ; l'autre coupe l'écliptique en deux points et s'étend depuis l'orbite de Vénus jusqu'à celle de Mars.

Chaque année, la Terre côtoie, dans sa révolution autour du Soleil, la première de ces zones ; c'est ce qui expliquait pourquoi nous voyons des étoiles filantes en toutes saisons. D'un autre côté, notre Terre traverse la seconde de ces zones deux fois par an, en août et en novembre, de là la plus grande quantité d'étoiles filantes que nous apercevons à ces deux époques, parce que l'attraction de la terre enlève une quantité de météores qui s'ajoutent à ceux de la première zone.

On croyait aussi que la Terre avait, il y a sans doute des milliers de siècles, un satellite plus petit que la Lune. En raison précisément de sa petitesse, il s'est plus vite refroidi ; puis après avoir absorbé, plus rapidement que la Lune, ses eaux et son atmosphère, il s'est fendu et brisé. Ses fragments se sont réduits de plus en plus par les frottements incessants et se sont disséminés le long de l'orbite terrestre, en suivant l'ordre de leur densité. Ils ont alors formé autour de la Terre cette couronne d'astéroïdes qu'elle rencontre chaque année dans le mouvement de sa translation autour du Soleil, et qui de temps à autre, tombent en éclatant sur notre planète sous le nom de bolides.

Mais jusqu'ici ces corps sont restés pour la Science à l'état de mystère, en attendant qu'ils nous révèlent par quelque envoi le pays d'où ils viennent.

Le satellite de la Terre ou l'astre qui nous donne tous les fragments que nous possédons devait exercer des actions géologiques et mécaniques semblables à celles qui ont lieu sur la Terre. Sans doute cet astre n'existe plus, mais, à l'aide des échantillons qu'il a eu la gracieuseté de nous envoyer, nous pouvons le reconstituer par la pensée.

Grâce aux météorites, nous connaissons mieux les parties les plus profondes du globe disparu que nous ne connaissons la Terre, dont nous ne pouvons étudier que les parties extérieures ou à peu près. Cependant il est facile de voir l'importance que l'étude des météorites présente pour la connaissance de notre planète, car la similitude qui existe entre les roches intérieures de la Terre et les météorites superficiels nous permet de compléter un globe par l'autre.

Ce qui semble prouver que le globe détruit était un satellite de notre Terre, c'est l'uniformité bien connue des météorites autour de notre globe.

Ce qu'il y a de curieux dans les bolides, c'est que M. Tupman a calculé que le bolide qui traversa l'Angleterre le 27 novembre 1877 tourne autour du

Soleil en 462 jours. N'est-ce pas réellement une petite planète?

En 1208, et plus tard, en 1545, le jour et le lendemain de la bataille de Muhlberg, du 23 au 25 avril, le Soleil fut obscurci. Le phénomène fut aperçu en France, en Angleterre et en Allemagne. Le Soleil avait une lumière mate et rougeâtre et on vit les étoiles en plein midi. Le grand astronome Képler fut un des témoins oculaires de ce phénomène.

En 1706, le 12 mai, vers 10 heures du matin, le Soleil s'obscurcit à un tel point, dit la *Chronique de la Souabe*, que les chauves-souris se mirent à voler et qu'on fut obligé d'allumer des chandelles.

M. Erman, savant physicien, a attribué avec raison ces diverses apparences au passage de nuages de corpuscules cosmiques entre le Soleil et la Terre. Ces corpuscules ne sont autres que les pierres qui, en rencontrant notre atmosphère et en s'échauffant par la résistance de l'air au point de devenir lumineuses, donnent lieu au phénomène des étoiles filantes et aux globes de feu ou bolides et tombent même parfois à la surface du sol; on les nomme alors des aérolithes. Quelques astronomes, en observant le Soleil avec des télescopes, ont vu plusieurs fois ces corpuscules passer devant le disque solaire comme de petits points noirs.

Messier, au siècle dernier, a fait une remarquable observation de ce genre.

Ce nuage de corpuscules passant entre le Soleil et la Terre, il est facile de comprendre qu'il intercepte une partie des rayons solaires, le rend moins brillant et obscurcit même l'atmosphère terrestre au point de rendre visibles les étoiles et les planètes en plein jour, comme le 11 avril 1860, dans l'Amérique méridionale.

Ce qu'il y a de certain, c'est que des étoiles filantes passent assez fréquemment en plein jour devant le Soleil. Outre Messier, M. Villarieux, à l'observatoire de Paris, a été témoin de ce phénomène, et M. Poey en a relaté un autre, aperçu à la Havane en 1836. En 1820, on distingua à Embrun un nuage d'étoiles filantes dans la direction du Soleil, et Liais, en 1859, a vu passer un de ces météores devant le disque solaire dans le champ de sa lunette.

Les nuages d'étoiles filantes en plein jour ne sont pas rares, et si l'on fait attention à la petite surface qu'occupe le Soleil sur la sphère céleste et au nombre de cas de corpuscules situés entre cet astre et la Terre, on en conclut l'extrême fréquence des passages de ces corpuscules entre le Soleil et la Terre aux confins de notre atmosphère.

LIVRE V

ÉPILOGUE

DISLOCATION DES CIEUX

Les étoiles simples ont aussi des mouvements propres ; et M. C. Flammarion a fait un travail très intéressant sur ce sujet et que nous allons analyser. On verra que, de fait, il n'y a pas d'étoile fixe et que toutes se déplacent dans l'espace céleste.

« Voici, dit l'illustre astronome, la question la plus nouvelle et la plus grandiose de l'astronomie contemporaine. Elle est peut-être un peu sévère, mais elle ne peut manquer d'intéresser les personnes douées d'un esprit sensible aux vérités et aux splendeurs de la nature. J'ajouterai, qu'au point de vue philosophique, ce sujet de la métamorphose perpétuelle du Ciel est le plus important qui ait jamais été offert aux méditations humaines !

« Nos lecteurs savent (ou doivent savoir) que chacune de ces petites étoiles qui scintillent dans le Ciel silencieux est un soleil immense, lourd, incomparablement plus volumineux que la Terre autour de laquelle nous fourmillons, brillant de sa propre lumière, entouré sans aucun doute de planètes habitées, et qui se réduit à un simple point lumineux uniquement à cause de l'effroyable distance qui nous en sépare. Mais ce que personne (ou presque personne) ne sait encore, c'est que ces Soleils, appelés jusqu'à ce jour étoiles fixes, ne sont pas fixes du tout et voguent dans tous les sens. Les poètes de l'antiquité, les pères de l'Église, les docteurs modernes, ont cru que les étoiles étaient placées autour de la terre, à la même distance de nous, clouées au firmament. Depuis que ce firmament a été renversé par l'astronomie moderne, les constellations ont continué d'être regardées comme invariables, comme le symbole de l'incorruptibilité et de l'éternité du Ciel.

Quelle ne serait pas la terreur de millions d'âmes dévotes si quelque prophète venait annoncer aujourd'hui que les paroles de Jésus-Christ vont être accomplies : que « les fondations des cieux sont ébranlées, » que « les étoiles vont tomber dans l'espace!... » Ce prophète existe : la dislocation des cieux est un fait. Rien n'est plus nouveau dans la Science, il est vrai; mais rien n'est plus certain ni plus incontestable, comme on va s'en convaincre. »

Ces paroles nous rappellent le fait suivant raconté par Jean d'Estienne :

« Un exemple curieux de certaines difficultés prétendues entre la foi et la raison, dues seulement à notre irréflexion et à notre légèreté, nous est fourni par le P. Gratry. Cet esprit qui fut si ardent à la recherche de la vérité, si passionné pour elle, si profondément — et on peut le dire, — si uniquement sincère dans sa recherche. Ce savant, que la Science humaine conduisit à la Science divine, et qui s'efforça toute sa vie de les servir l'une par l'autre ; le P. Gratry éprouva, on ne sait pas pourquoi, mais pendant vingt ans, à propos de quatre mots qu'il avait lus dans l'Évangile, une « tentation formidable. » C'est lui-même qui nous l'apprend et ce sont ses propres expressions.

« Les quatre mots qui l'avaient si profondément troublé étaient ces paroles de N. S. : « *Stellae de cœlo cadent*, les étoiles tomberont du Ciel. »

— Comment, se disait en lui-même le polytechnicien, le géomètre, l'astronome, comment les étoiles peuvent-elles tomber du Ciel sur la Terre[1] ?

« Et vers le même temps, il avait entendu un homme considérable dans la Science s'oublier jusqu'à laisser échapper ce blasphème :

— Comment est-il Dieu, celui qui a dit que les étoiles tomberont sur la Terre comme des grêlons dans un temps d'orage ? Évidemment il n'avait aucune connaissance de rien ! »

« Profondément, quoique mal à propos, troublé dans sa foi, le jeune savant, l'élève d'Ampère et d'Arago, s'y rattacha néanmoins de toutes les forces de son âme.

— Je n'y comprends absolument rien, se dit-il, mais on ne m'ôtera pas ma bienheureuse foi ; j'attendrai. Sur d'autres choses je ne comprends pas encore, ni dans la religion ni dans la Science ; j'attendrai.

« Il attendit plus de vingt ans !

« Mais un jour, — on était en 1848 — entre avec impétuosité chez lui, dans son logement de Paris, Cauchy, l'illustre, l'enthousiaste, et religieux savant :

1. Pour un homme de haute science, le raisonnement et l'objection, on ne peut le méconnaître, étaient bien peu sérieux. Mais il faut se rappeler que cet homme de science n'avait que vingt ans et qu'il avait dû être à cet âge vivement impressionné par l'opinion du savant distingué mais impie dont il est question dans la suite.

— Vous ne savez pas ce qui est arrivé ? s'écrie le célèbre mathématicien.

— Non. Aurait-on envahi l'Assemblée ? est-ce une émeute dans Paris ? allons-nous être encore à feu et à sang ?

— C'est bien autre chose, mon ami : figurez-vous que toutes les nébuleuses sont résolues ! Un Anglais, lord Rosse, vient d'obtenir un télescope tellement puissant qu'il résout toutes les nébuleuses [1] !

« Nous nous embrassâmes d'enthousiasme, ajoute
« avec une certaine candeur le P. Gratry. Dès lors
« le scandale scientifique était levé, la solution
« était claire : car qu'est-ce que les nébuleuses en
« spirales ? Ce sont des millions et des millions de
« soleils occupés à tomber les uns sur les autres.
« Voilà des étoiles qui tombent du Ciel ! — Devais-
« je m'attendre, vingt ans auparavant, au fort de
« ma tentation, qui me pressait de déchirer l'Évan-
« gile pour un mot dont se choquait ma jeune

1. Il y avait là une exagération évidente. Pas plus que les autres le télescope de lord Rosse ne résout toutes les nébuleuses, il en augmente seulement le nombre. Il ne faut pas du reste perdre de vue qu'à cette époque on n'avait pas encore appliqué l'analyse spectrale à l'observation des nébuleuses, car c'est seulement en 1864, croyons-nous, qu'une nébuleuse de la constellation du Dragon fut pour la première fois analysée au spectroscope par M. Huggins. On ignorait donc qu'il y a des nébuleuses qui, par leur nature même, sont irréductibles.

« Science, devais-je m'attendre à vivre assez pour
« voir, de mes yeux, des étoiles tomber du Ciel[1]. »

« Sans attendre si longtemps, le jeune Gratry, —
lui-même en fit plus tard la remarque, — aurait pu
observer que nulle part il n'est question dans
l'Évangile d'étoiles tombant sur la Terre, que
d'ailleurs des étoiles avaient déjà disparu du Ciel,
et que « quand une étoile s'éteint, ce n'est pas une
« métaphore exagérée que de dire : Une étoile est
« tombée du Ciel, *Stellae de cœlo cadent.* »

« Ainsi en est-il, ainsi en sera-t-il toujours de
toute difficulté, de tout conflit apparent entre la foi
et la Science, au moins pour les âmes sincères et
avant tout dévouées à la vérité. »

Mais continuons la curieuse étude du chantre de
l'astronomie :

« Habitués comme nous le sommes à voir dans
les constellations des hiéroglyphes tracés en carac-
tères indélébiles à la voûte apparente des cieux,

---

1. *Conférences* du R. P. Gratry, à Saint-Etienne du Mont,
1863. Deuxième conférence. — Publiées par la *Revue d'économie chrétienne*, t. IV, p. 776.

En soi cet incident de la vie du P. Gratry est un peu puéril;
mais il n'en fait pas moins toucher du doigt l'inanité des
causes auxquelles tiennent souvent les objections du vulgaire
contre les vérités de l'ordre de la foi. Le P. Gratry n'était
certes pas un esprit ordinaire; et cependant il fut troublé
pendant vingt ans par ce que l'on serait tenté d'appeler aujourd'hui une niaiserie!

quelle révolution radicale n'amène pas dans nos
esprits cette découverte du mouvement particulier
de chaque étoile dans l'espace! Voici, par exemple,
la plus ancienne des constellations connues et dé-
nommées ici-bas : la Grande Ourse ou le Chariot.
Elle a été célébrée sur toutes les lyres. Job et Homère l'ont chantée. Les empereurs de la Chine la
portaient gravée sur leurs coupes sacrées. Quel est
le peuple, quel est le poète, quel est le navigateur,
quel est même l'agriculteur ou le berger qui n'ait
bien souvent, lorsque tombe le crépuscule, élevé les
yeux vers ces sept étoiles du nord? Quel est
l'homme qui n'ait fixé cette figure dans son regard,
comme le symbole indestructible de la stabilité des
Cieux, de l'harmonie préétablie, de la durée inaltérable et presque de l'immortalité du firmament?

« Eh bien! cette antique constellation aussi bien
que sa voisine la Petite Ourse, aussi bien que Cassiopée, Andromède, Pégase, les Gémeaux, le Lion
et toutes les autres, petites comme grandes, pauvres
comme riches, aussi bien que la population entière
du Ciel, la Grande Ourse périra. Chacune des étoiles
qui la composent est emportée par un mouvement
personnel. Il en résulte qu'avec des siècles cette
figure changera de forme. Actuellement elle rap-
pelle un peu l'esquisse d'un char, et c'est cette res-
semblance qui lui fait donner dans tous les siècles

et par toute la terre le nom populaire de Chariot,
tandis que les savants lui donnaient le nom d'Ourse,
parce que c'est le seul animal connu des anciens
pour vivre dans les régions polaires. Les quatre
étoiles disposées en quadrilatère sont considérées
comme tenant la place des quatre roues, et les trois
qui les précèdent marquent la place de trois chevaux. Or, le mouvement propre changera cette disposition ; il ramènera le premier cheval en arrière,
tandis qu'il emportera les deux autres en avant.
Des deux roues d'arrière, l'une sera tirée d'un côté
et la seconde de l'autre. Connaissant la valeur annuelle du déplacement de chacune de ces étoiles,
on peut calculer leur position future respective.
C'est ce que j'ai fait. Et voici les curieux résultats
auxquels ces calculs m'ont conduit.

« Pour nous rendre un compte exact de la différence qui se manifestera dans un temps déterminé,
dans la forme de cette constellation, rappelons-nous
d'abord les sept étoiles de la Grande Ourse dans
leur état actuel :

« Chacun de nous a sous les yeux la disposition
de ces sept étoiles. On les distingue ordinairement
par les sept premières lettres de l'alphabet grec en
commençant par la dernière roue du Chariot, par
celle qui forme l'angle de droite, et qui s'appelle
Alpha ; la dernière roue de gauche se nomme Bêta,

les deux de devant Gamma et Delta, et, en continuant de la sorte Epsilon, Zêta et Hêta nomment
les trois chevaux. Au-dessus de Zêta, il y a une petite étoile nommée le Cavalier qui sert d'épreuve
pour la vue, car il n'y a que les bonnes vues qui
puissent la distinguer.

« Chacune de ces étoiles se meut dans un sens
particulier. Il en résulte naturellement que les distances relatives de ces astres changent avec le temps.
Mais comme le changement est extrêmement lent,
il faudra bien des siècles pour que la différence arrive à être sensible à l'œil nu. Nos générations humaines, nos dynasties, nos nations même, ne vivent
pas assez longtemps pour cette mesure.

« Il s'agit ici de quantités astronomiques, et pour
les apprécier, il faut choisir des termes qui leur
correspondent sur la Terre. Il n'y a qu'une mesure
de temps qui puisse être employée ici, c'est la grande
année de la planète, la précession des équinoxes,
lente révolution du globe qui emploie plus de vingt-
cinq mille ans pour s'accomplir. Une période comme
celle-là peut servir de base en géologie et en astronomie sidérale. Or, en prenant seulement deux de
ces périodes, soit, en nombre rond, cinquante mille
ans, on doit arriver à une différence sensible dans
l'aspect du Ciel, et en opérant le calcul, je trouve, en
effet, dans cet intervalle, qui n'est cependant pas

énorme dans l'histoire des astres, puisque la petite Terre où nous sommes date à elle seule de plusieurs millions d'années, je trouve que dans cinquante mille ans d'ici toutes les constellations seront disloquées.

« En ce temps-là, la Grande Ourse aura complètement perdu son aspect actuel. C'est en vain qu'on chercherait les traces d'un chariot dans cette nouvelle figure. Les sept étoiles fameuses se seront distribuées le long d'une ligne brisée, Alpha étant descendue vers Bêta, et Hêta, à l'autre extrémité, étant descendue au-dessous de Zêta.

« Si, à cette époque si éloignée de notre vie éphémère, les langues de l'humanité terrestre donnent encore le nom de Chariot à cette constellation, on ne comprendra plus l'origine de cette dénomination populaire...

« Il y a cinquante mille ans, ces sept étoiles étaient alignées de façon à former une véritable croix, plus exacte et même plus belle que la Croix du Sud, qui brille actuellement vers le pôle austral et qui se déforme elle-même aussi, si rapidement du reste, qu'avant cinquante mille ans ses quatre branches seront complètement séparées.

« Ces remarques pourraient être appliquées à toutes les constellations. Je viens de choisir la Grande Ourse pour exemple, parce qu'elle est la plus connue et l'une des mieux caractérisées. En résumé, nous voyons que la connaissance du mouvement propre des étoiles, transforme absolument nos idées habituelles sur l'immuabilité des Cieux. Les étoiles sont emportées dans tous les sens à travers les régions sans fin de l'immensité et, comme la nature terrestre, la nature céleste, la constitution de l'Univers change de siècle en siècle en subissant de perpétuelles métamorphoses.

« Il importait pour nous de saisir cet ensemble d'un même coup d'œil avant de pénétrer dans les détails et de nous occuper de la grandeur réelle de ces mouvements. Maintenant nous étudierons de plus près cet intéressant problème.

« La plus grande majorité des mouvements propres des étoiles indique un déplacement annuel inférieur à une seconde d'arc de grand cercle. Quelle est cette dimension? Je ne puis guère l'expliquer dans un article que je m'efforce de rendre populaire. C'est l'épaisseur d'un cheveu, et même moins. C'est la 1860e partie du diamètre apparent du Soleil. Autrement dit, une étoile dont le mouvement est d'une seconde par an emploierait 1860 ans pour se déplacer dans le Ciel d'une quantité égale à la largeur apparente du Soleil ou de la Lune. Comme les mouvements propres de la plupart des étoiles ne sont même pas d'une seconde d'arc par an, on voit que depuis le temps de Jésus-Christ et de Tibère elles n'ont même pas accompli ce trajet-là. Un certain nombre d'étoiles sont animées de mouvements plus rapides qui s'élèvent à plusieurs secondes, et même jusqu'à sept secondes par an. Mais, même pour ces exceptions, on voit que relativement à nos mesures d'appréciation journalières ces mouvements sont encore infiniment petits pour nos yeux, quoiqu'ils soient infiniment grands en réalité. On pourrait les nommer à la fois microscopiques et télescopiques. Quelle n'est pas, en effet, la vitesse de ces translations pour que nous puissions nous en apercevoir d'ici, éloignés comme nous en sommes de plusieurs trillions de lieues de distance? Si nous prenons un exemple, soit Arcturus, dont le mouvement propre est presque de trois secondes par an, nous trouvons que sa vitesse à travers l'espace n'est pas inférieure à 1,800,000 lieues par jour! Et cependant il lui faut 664 ans pour nous offrir un déplacement égal en longueur au diamètre apparent de la Lune et du Soleil. Nous sommes à 61 trillions 600 milliards de lieues de distance de cette étoile : le chemin qu'elle parcourt en ligne droite pendant une année, en raison de 1,800,000 lieues par jour, serait caché pour nous par la largeur d'un étroit ruban de 2 millimètres seulement de large, tendu à 100 mètres de distance de notre œil !

« L'étoile la plus remarquable du Ciel entier, au point de vue de la question que nous traitons, est une petite étoile de septième grandeur, c'est-à-dire invisible à l'œil nu, qui n'a pas de nom particulier et reste désignée sous un simple numéro d'ordre. Elle porte le n° 1830 du catalogue de Groombridge, et c'est par cette désignation qu'elle est connue. Elle se déplace de sept secondes par an.

« Si nous apprécions ce mouvement par la mesure que nous avons employée tout à l'heure, nous voyons que pour se déplacer dans le Ciel d'une quantité égale à la largeur apparente du Soleil, il lui faut 264 ans. Ce mouvement est si rapide qu'il s'élève jusqu'à 2,800,000 lieues par jour ! C'est une vitesse plus de quatre fois supérieure à celle de la Terre dans son cours, notre planète voguant autour du Soleil en raison de 650,000 lieues par jour. — La distance de cette étoile est de 33 trillions 770 milliards de lieues.

« Ainsi voilà une étoile, un Soleil perdu parmi les myriades de Soleils qui peuplent l'étendue, et qui est emporté dans l'espace avec une puissance si prodigieuse qu'il ne franchit pas moins de 1 milliard de lieues par année; et cette ligne de 1 milliard de lieues, vue de face, ne peut être constatée d'ici qu'à l'aide des mesures micrométriques les plus attentives et les plus minutieuses. Voilà la belle étoile

Arcturus qui vogue dans le Ciel en raison de 660 millions de lieues par an, et depuis mille, deux mille, trois mille ans et plus qu'on l'observe et qu'on pointe sa place sur les cartes astronomiques, elle ne semble presque pas avoir bougé !...

« Parmi les étoiles de première grandeur qui sont animées d'un mouvement propre supérieur à la moyenne générale, nous trouvons, après Arcturus, les deux belles étoiles Procyon et Sirius. Mais leur déplacement est peut-être dû en partie au nôtre.

« Chacun sait que notre Soleil, accompagné de la Terre et de tout le système planétaire, au lieu de rester en repos dans l'espace, comme on l'a cru depuis Copernic jusqu'à la fin du siècle dernier, est emporté vers la constellation d'Hercule. Depuis qu'elle existe, la Terre n'est pas passée deux fois par le même chemin. Ce mouvement qui nous déplace d'année en année amène des changements de perspective dans la position de chaque étoile. Celles qui sont situées autour de la ligne que nous suivons et non loin du point où nous sommes actuellement, semblent reculer à mesure que nous avançons. Celles vers lesquelles notre direction nous emporte semblent s'écarter les unes des autres pour nous ouvrir un passage. Celles qui constellent les régions célestes dont nous nous éloignons semblent se resserrer derrière nous. De notre translation dans l'espace résulte que, dans le déplacement observé de toute étoile, il y a une partie qui provient de notre changement de station, de notre propre mouvement.

« Procyon et Sirius se trouvent en arrière de notre translation. Le déplacement qu'on a constaté dans leur position uranographique se complique beaucoup par cette situation à notre opposite. Une partie de l'effet observé est évidemment due à notre propre mouvement. Procyon paraît même se diriger tout à fait vers le point du Ciel d'où nous venons. La direction de Sirius est un peu oblique. C'est l'effet qui se présente lorsqu'on vogue en mer au milieu d'embarcations se dirigeant dans tous les sens.

« Pénétrons maintenant plus profondément dans l'examen des mouvements réels qui emportent ces lointains Soleils dans toutes les directions de l'infini.

« Tous les mouvements propres que nous venons de considérer sont supposés perpendiculaires à notre rayon visuel. Mais comme il n'y a aucune probabilité pour que les étoiles se déplacent dans ce sens-là plutôt que dans toutes les autres directions possibles, il est certain que la plupart des lignes que nous traçons ainsi ne sont que la projection de routes obliques. Nous supposons à notre insu toutes les étoiles placées à la même distance de nous

comme des points brillants sous une voûte. Nous
rapportons tous les mouvements observés à des lignes tracées dans un même plan, le long de cette
voûte. Nos routes ainsi tracées sont, par conséquent,
dans tous les cas où la route réelle de l'étoile n'est
pas parallèle à la voûte céleste, plus petites que la
route réelle.

« Peut-on savoir si une étoile suit exactement
une trajectoire parallèle à la voûte du Ciel, ou bien
si par une ligne oblique dont nous n'observons que
la projection, elle s'éloigne ou se rapproche de la
Terre? Étant donnée, même une étoile qui nous pa-
raisse absolument fixe, existe-t-il un moyen de découvrir si elle est en mouvement dans la direction
du rayon visuel ; et, dans ce cas, si elle s'éloigne
ou si elle se rapproche de la Terre ?

« Celui qui aurait émis une pareille question, il
y a seulement dix ans, aurait été regardé comme ne
jouissant pas de la plénitude de ses facultés intel-
lectuelles. Deviner si une étoile qui paraît immobile s'éloigne ou se rapproche de nous dans le sens
du rayon visuel : quelle folie !

« Cependant l'astronomie vient de faire cette
nouvelle conquête sur l'infini. Non seulement nous
pouvons, malgré leur exiguïté et leur impercepti-
bilité, constater et mesurer les déplacements des
étoiles dans le Ciel, mais nous pouvons encore

constater et mesurer leur mouvement de rapprochement ou d'éloignement, lors même qu'il est dirigé dans le sens du rayon visuel et ne se manifeste par aucun déplacement dans les observations astronomiques.

« Ce sera certainement là l'une des gloires, l'une des merveilles de la Science à notre époque d'avoir pris ainsi possession des cieux et de s'être emparée du privilège de scruter les mystères inaccessibles qui s'accomplissent dans les profondeurs de l'immensité.

« La méthode employée pour arriver à ces constatations n'a aucun rapport avec le procédé de comparaison par lequel on mesure le mouvement propre annuel. Elle est fondée sur les principes de l'optique et de l'analyse des rayons de lumière.

« Le ton d'un son, comme celui d'une couleur, varie lorsque la distance entre l'observateur et la source vibrante, sonore ou lumineuse, varie elle-même, si toutefois le mouvement est assez rapide pour être comparable à celui des ondes sonores ou lumineuses ? Chacun a pu remarquer, par exemple, que lorsqu'un convoi lancé à toute vapeur passe devant nous, la note de son sifflet s'élève à mesure qu'il s'approche, arrive à son maximum au moment du passage, et descend ensuite. La variation provient de ce que la distance de laquelle le son nous arrive se raccourcit dans une proportion sensible relativement à la vitesse du son, tandis qu'après le passage du train, elle s'allonge dans une proportion de signe contraire, mais également sensible.

« Si l'on reçoit à travers un prisme le rayon lumineux qui vient d'une étoile, on voit se dessiner un petit *spectre colorié*, faible image du spectre solaire. On peut créer un spectre analogue en recevant par un *autre* prisme le rayon lumineux provenant d'une *lueur électrique* traversant un tube rempli de vapeur ou de gaz.

« Supposons, par exemple, que l'on ait constaté, par les méthodes de l'analyse spectrale, que le spectre d'une étoile présente les couleurs et les lignes transversales de l'hydrogène, et que l'on examine au spectroscope le rayon lumineux émis par ce courant électrique. On trouve alors que le spectre de l'hydrogène a son sosie dans le spectre de l'étoile. Si l'on superpose les deux spectres, on trouve qu'ils *coïncident* parfaitement, couleurs sur couleurs, lignes sur lignes. L'étoile, il est vrai, peut avoir, en plus de l'hydrogène, d'autres substances, mais cette propriété ne l'empêche pas d'offrir, parfaitement déterminé, le spectre de ce gaz. On peut donc faire la comparaison et la superposition. On choisit d'ailleurs, pour cet examen, celle des substances offertes par l'étoile qui est la plus apparente dans son spectre, la plus lumineuse, la plus facile à observer.

« Cela posé, si l'étoile est immobile, les deux spectres se superposent simplement, sans qu'on remarque rien d'extraordinaire dans cette superposition. Mais si l'étoile s'approche ou s'éloigne, le mouvement se réfléchit dans le spectre d'une singulière façon. Supposons qu'elle s'approche. Les longueurs d'onde, qui donnent naissance à la diversité des couleurs, diminuent, et la réfrangibilité de chaque couleur augmente.

« Si donc on observe avec un spectroscope deux sources lumineuses, l'une fixe (le tube électrique), l'autre mobile (l'étoile), donnant toutes deux, par exemple, la raie si caractéristique du sodium, on verra dans les deux spectres superposés les raies de ce métal, qui *ne coïncideront pas*. La raie émise par le spectre de l'étoile *s'écartera* de la raie émise par le tube, et l'écart se dirigera vers la droite si l'étoile s'approche de la Terre, vers la gauche si elle s'en éloigne. L'écart servira, non seulement à constater que l'étoile s'approche ou s'éloigne, mais encore à déterminer sa vitesse.

« La première fois que l'on s'est aperçu d'un manque de superposition parfaite dans la comparaison du spectre d'une étoile avec celui d'une source lumineuse terrestre, préparée exprès pour

cette étude, c'est à propos de la plus brillante étoile
du Ciel, qui, en effet, paraissait l'astre de la nuit
le plus facile à choisir, à cause de son éclat, pour
analyser minutieusement son spectre. Le résultat
de ces premières recherches fut de constater que la
substance qui produit les fortes raies du spectre de
Sirius est bien réellement de l'hydrogène, et qu'en
comparant la position de cette raie du spectre de
Sirius avec celle du spectre de l'hydrogène, on
constate que cette raie ne coïncide pas, qu'elle
s'écarte de son prototype pour s'éloigner vers le
rouge, c'est-à-dire que sa réfrangibilité diminue.
Cette variation ne peut-être due qu'à un mouvement
de l'étoile dans l'espace, et montre que *Sirius
s'éloigne de la Terre.*

« De quelle quantité s'éloigne-t-il? avec quelle
rapidité s'enfonce-t-il dans les profondeurs de l'espace?

« Le déplacement observé correspond à une vitesse d'un peu plus de 52 kilomètres par seconde.
Mais il faut retrancher de cette vitesse, celle de la
Terre sur son orbite annuelle, laquelle est variable
et change chaque jour de direction relativement
à Sirius, comme à l'égard de tous les points du
Ciel. Cette dernière vitesse éloignant la Terre de
Sirius, à l'époque des observations, d'environ
18 kilomètres par seconde, il reste, pour la quan-

tité dont Sirius s'éloigne du système solaire, le chiffre de 34 kilomètres par seconde.

« Cette quantité représente-t-elle absolument la vitesse du mouvement personnel de Sirius? La réponse serait affirmative si notre système solaire était en repos. Mais comme il se meut dans l'espace, la quantité d'éloignement dont il s'agit est la résultante des deux mouvements. Une partie est due à notre propre translation, l'autre appartient en propre à Sirius. Mais, quelle que soit la part qui appartient à l'un et à l'autre, la quantité d'éloignement reste la même.

« Ainsi, chaque année, la distance qui nous sépare de Sirius augmente de 268 millions de lieues, plus de sept cent mille lieues par jour! Et depuis quatre mille ans au moins que l'on admire de la Terre cette magnifique étoile, diamant de notre Ciel, depuis quatre mille ans au moins que les Égyptiens ont salué cet astre comme le représentant visible du Créateur, qu'ils l'ont choisi pour régulateur de leur calendrier, pour principe de leurs fêtes, pour symbole de leur religion; depuis quatre mille ans au moins que l'on tient les yeux fixés sur cette étoile, elle n'a pas changé, elle n'a pas diminué d'éclat! Elle est toujours la plus brillante de notre Ciel! Ses feux étincellent toujours d'une incomparable splendeur, et toujours elle attire nos regards dans la nuit silencieuse, comme un Soleil radieux et inaltérable. Ces milliers d'années d'observation représentent cependant des centaines de milliards de lieues, et si les chiffres calculés plus haut sont constants, la différence entre la distance de Sirius, il y a quatre mille ans, et sa distance actuelle, pourrait s'élever même à un trillion de lieues, c'est-à-dire atteindre les unités des mesures intersidérales, puisque c'est par trillions que nous évaluons ces mesures.

« Et, malgré une pareille différence, Sirius ne paraît pas avoir diminué d'éclat, et trône encore en souverain au milieu des constellations éclipsées ! Cette étoile est un Soleil 2,600 fois plus gros que celui qui nous éclaire, lequel est lui-même 1,380,000 fois plus gros que notre Terre.

« Les études d'analyse spectrale qui ont fait connaître le mouvement d'éloignement de Sirius ont pu déjà être appliquées à quelques autres étoiles brillantes, et le résultat, comme on devait s'y attendre, a considérablement varié selon les astres observés. Certaines étoiles s'éloignent de nous avec une vitesse plus ou moins grande, tandis que d'autres s'en rapprochent. De toutes les étoiles, c'est Arcturus qui offre le mouvement le plus rapide. Cette étoile se rapproche de nous avec une vitesse de 88 kilomètres par seconde, soit 1,900 mille lieues par jour, ou 693 millions de lieues par an. La vitesse de rapprochement de l'étoile Alpha de la Grande Ourse est de 85 kilomètres par seconde ; celle de Wéga, de 80, etc. Tous ces lointains Soleils voguent dans l'espace, emportés par des vitesses inouïes, plus rapides encore que celle de la Terre, laquelle pourtant s'élève à 650,000 lieues par jour ou 27,500 lieues à l'heure !

« Soleils et systèmes, atomes grands ou petits, immenses ou imperceptibles de l'Univers, tout marche entraîné par le véritable mouvement perpétuel : ce grand mécanisme ne nous paraît fixe et inaltérable que parce que nous sommes des éphémères dont la vie est trop rapide pour mesurer de pareils mouvements. Nous ressemblons à l'insecte d'une heure qui, voyant toujours le Soleil à la même hauteur depuis sa naissance jusqu'à sa mort, s'imaginerait que le jour est éternel et que l'astre brillant ne se couche jamais. L'esprit qui pourrait faire abstraction du temps comme de l'espace, verrait à la fois sous son œil ébloui la Terre, les Planètes, les Comètes, le Soleil et les Étoiles tomber dans l'espace comme une pluie immense ou comme des tourbillons de poussière emportés dans l'infini par une tempête éternelle.

« Comment songer à ces vérités astronomiques sans éprouver une émotion profonde ? L'esprit mé-

ditatif qui pénètre ainsi dans les abîmes de l'immensité ne ressent-il pas dès cette vie comme un pres-
sentiment de l'éternité? Sans doute la synthèse que
je viens d'esquisser n'est qu'une ébauche grossière
de la réalité. Les erreurs inévitables dans l'observation et l'exiguïté de l'échelle qui nous sert de
base, les causes diverses qui influent sur les mouvements apparents et réels, sont autant de difficultés semées sur le terrain, et nous sommes loin de
nous former sur les problèmes de l'astronomie sidérale des conceptions aussi claires que sur ceux de
l'astronomie planétaire. Mais telle qu'elle est, cette
synthèse a néanmoins l'avantage de nous transporter au sein de ces régions lointaines, de nous faire
assister aux évolutions célestes, et d'ouvrir devant
nos pensées les horizons changeants de l'avenir,
variables avec les métamorphoses séculaires des
mondes. »

FIN

TABLE DES MATIÈRES·

LIVRE PREMIER

ÉTOILES — UNIVERS SIDÉRAL

LIVRE II

NÉBULEUSES

LIVRE III

LIVRE IV

ÉTOILES FILANTES ET BOLIDES

LIVRE V

ÉPILOGUE

2921-83 — Imp. D. BARDIN et Cie, à Saint-Germain en Laye.

OUVRAGES DE M. L'ABBÉ MOIGNO
Chanoine de Saint-Denis.

LES SPLENDEURS DE LA FOI. Accord parfait de la Révélation et de la Science, de la Foi et de la Raison. 5 forts vol. in-8°, franco 40 fr.

Le 5° volume se vend séparément, franco 8 fr.

Du même auteur :

RÉSUMÉ COMPLET DES SPLENDEURS DE LA FOI. Un vol. in-8°, franco 8 fr.

LE RETOUR A LA FOI PAR SES SPLENDEURS. Un vol. in-12, 2 fr.; franco, 2 fr. 40.

LE PÊCHEUR D'HOMMES. Un vol. in-12, 2 fr.; franco, 2 fr. 25. — Ces deux ouvrages sont extraits des *Splendeurs*.

LES DROITS DE TOUS : Principes fondamentaux : 1° Sur les rapports de l'Église et de l'État; 2° Sur la liberté et l'organisation de l'enseignement. Un vol. in-12, 1 fr. 50: franco, 1 fr. 75.

CATALOGUE DES TABLEAUX ET APPAREILS *pour l'enseignement de tous par les projections, les sciences, les arts, les industries,* enseignés et illustrés par 4,500 photographies sur verre. Un vol. in-12, 2 f.; franco, 2 fr. 25.

L'ALLEMAND DE TOUS. Un vol. in-12, 5 fr.; franco, 5 fr. 50.

LE LATIN DE TOUS. Nouvelle édition. Un v. in-12, 2 f.; franco. 2 f. 25.

LA MÉMOIRE DE TOUS. Nouvelle édition. Un v. in-12, 3 f.; franco, 3 f. 25.

LE LIVRE DE CELUI QUI SOUFFRE
PAR M. L'ABBÉ CHEVALIER
Prêtre de la maison du Bon-Pasteur, à Nantes

3 beaux vol. in-18 jésus d'environ 400 p., titre rouge et noir, 9 fr.; franco, 10 fr.

LES ANGES
CONSIDÉRÉS DANS LEUR NATURE, LEURS HIÉRARCHIES, LEUR CHUTE & LEURS MINISTÈRES
Suivant la doctrine de S. Thomas d'Aquin
Par le Dr Théodore ABNER
Un vol. in-8°, 7 francs; franco, 8 francs.

OUVRAGES DE M. L'ABBÉ ARBELLOT
Historiographe du diocèse de Limoges.

ÉTUDES SUR LES ORIGINES CHRÉTIENNES DE LA GAULE. Première partie : Saint-Denys de Paris. Un vol. in-8° raisin de 112 pages, 3 fr.; franco, 3 fr. 50.

SAINT ANTOINE DE PADOUE EN LIMOUSIN. Brochure in-8° de 72 pages, 1 fr.; franco, 1 fr. 25.

LES CHEVALIERS LIMOUSINS A LA PREMIÈRE CROISADE (1096-1102). Brochure in-8°, 2 fr.; franco, 2 fr. 25.

MANUSCRIT INÉDIT DES MIRACLES DE SAINT MARTIAL (XIVᵉ siècle). In-8°, 50 cent.

HISTOIRE DE LA CATHEDRALE DE LIMOGES, 2e Édition augmentée. Un vol. in-8, 6 francs; franco, 6 fr. 50.

MIRACULA SANCTI MARTIALIS. In-8. 2 francs franco, 2 fr. 25.

BIOGRAPHIE DE FRANÇOIS DE ROUSIERS, gentilhomme du xvi° siècle. In-8, 2 fr.

NOTICE SUR LE PERE HONORE DE SAINTE MARIE. In-8, 50 c.

NOTICE HISTORIQUE SUR L'ABBE DU MABARET. In-8, 50 c.

NOTICE SUR LE TOMBEAU DE JEAN DE LANGEAC. In-8, 50 c.

FELIX DE VERNEILH, notice biographique. In-8, 50 c.

OBSERVATIONS CRITIQUES sur la légende de saint Austremoine et les origines chrétiennes de la Gaule. In-8, 2 fr.; franco, 2 fr. 25.

FRAGMENTS DU POEME DE SAINT MARTIAL. In-8, 1 fr.; franco, 1 fr. 25.

LA VERITE SUR LA MORT DE RICHARD CŒUR-DE-LION, ROI D'ANGLETERRE. Un vol. grand in-8, avec une photographie du château de Chalus, 3 fr.; franco, 3 fr. 50.

LA CHAPELLE DE NOTRE-DAME-DU-PONT, à SAINT-JUNIEN. Brochure in-8, 1 fr.; franco, 1 fr. 25.

NOTICE SUR LE JUBE DE LA CATHEDRALE DE LIMOGES. Brochure in-8, 1 fr.; franco, 1 fr. 25.

VIE DE SAINT LEONARD, solitaire en Limousin, ses miracles et son culte. Un vol. in-8, 4 fr.; franco, 5 fr.

ESQUISSE DE ROME CHRÉTIENNE

Par Mgr GERBET, Évêque de Perpignan

Trois beaux volumes in-12, 12 francs

Trois beaux volumes in-8°, 22 fr. 50

N. B. Cet ouvrage est aujourd'hui complet. *Le troisième volume* contient les *XIX appendices* auxquels Mgr Gerbet renvoyait dans son ouvrage; mais qui ne se trouvaient pas dans les deux premiers volumes. Ce troisième volume se termine par une Table alphabétique des 3 volumes, complément indispensable pour trouver facilement les nombreuses notions qui y sont renfermées.

LE TOME TROISIÈME SE VEND SÉPARÉMENT :

Un volume in-8°, 7 fr. 50. — Un volume in-12, 4 fr.

L'ITALIE

VOYAGE RELIGIEUX, HISTORIQUE, LITTÉRAIRE ET ARTISTIQUE

Par M. l'abbé CHAUVIERRE, ancien curé du Grand-Montrouge,

Un beau et fort volume in-12, 3 fr. 50

OUVRAGES DE M. L'ABBE HAMARD

De l'oratoire de Rennes, Membre de la Société géologique de France

L'AGE DE LA PIERRE ET L'HOMME PRÉHISTORIQUE

Un vol. in-12 illustré

Prix 4 fr.; franco, 4 fr. 50

GEULOGIE ET REVELATION ou HISTOIRE ANCIENNE DE LA TERRE considérée à la lumière des faits géologiques et de la religion révélée, par le R. GERALD MOLLOY, docteur en théologie, traduit de l'anglais par M. l'abbé HAMARD. Quatrième édit. Un vol. in-8, illustré de 63 grav., 6 fr.; franco, 7 fr.

LES MONUMENTS MEGALITHIQUES de tous pays, leur âge et leur destination, par JAMES FERGUSSON, traduit de l'anglais par M. l'abbé HAMARD. Un vol. in-8, orné de 230 grav., avec des notes du traducteur, 10 fr.

ÉTUDES CRITIQUES D'ARCHEOLOGIE PREHISTORIQUE à propos du gisement du Mont-Dol (Ille-et-Vilaine) par M. l'abbé HAMARD, prêtre du diocèse de Rennes, membre de plusieurs Sociétés savantes. Un vol. in-8, avec trois planches; 3 fr. 50; franco, 4 fr.

OUVRAGES DE M. L'ABBÉ PIOGER

Du Clergé de Paris, membre et lauréat de plusieurs Sociétés savantes

DIEU DANS SES ŒUVRES

LE MONDE	LE MONDE
DES INFINIMENT GRANDS	**DES INFINIMENT PETITS**
Un vol. in-12, avec planches. 3 fr.; franco, 3 fr. 50.	Un vol. in-12, avec planches 2 fr.; franco, 2 fr. 40.

LES INSECTES. Leurs métamorphoses, leur structure et leurs mœurs. Un gros vol. in-8, illustré, 5 fr.; franco, 6 francs.

LES SPLENDEURS DE L'ASTRONOMIE, ou il y a d'autres mondes que le nôtre. 5 vol. in-12 illustrés, 15 fr. franco.

On vend séparément :

LE SOLEIL. Un vol. in-12, illustré, 3 fr.; franco, 3 fr. 50.

LA LUNE, ce que nous en savons; ses habitants passés, présents et futurs. Un vol. in-12, 3 fr.; franco, 3 fr. 50.

LE MONDE DES PLANÈTES. Un vol. in-12, 3 fr.; franco, 3 fr. 50.

LA TERRE ET LES COMÈTES. Un vol. in-12, 3 fr.; franco, 3 fr. 50.

LE MONDE DES ÉTOILES. Un vol. in-12, 3 fr.; franco, 3 fr. 50.

L'ŒUVRE DES SIX JOURS EN FACE DE LA SCIENCE CONTEMPORAINE. Un volume in-12, 2 fr. 50; franco, 3 fr.

NOUVEAU CALENDRIER CATHOLIQUE OU EXPLICATION DU COMPUT ECCLÉSIASTIQUE. Un volume in-12, 1 fr. 25; franco, 1 fr. 50.

LA VIE APRÈS LA MORT, ou la vie future, selon le christianisme, la science et notamment les magnifiques découvertes de l'astronomie moderne, neuvième édition. Un vol. in-12, 2 fr.: franco, 2 fr. 40.

À DIEU ! OU L'AME AU CIEL. Comment on se prépare à la vie future. 1 vol. in-32, 1 fr.; *franco,* 1 fr. 25.

PRINCIPES DE LITTÉRATURE. Style et composition, à l'usage des jeunes personnes, par le R. P. de BOYLESVE, S. J. 4ᵉ édition. Un vol. in-12 cartonné, 2 fr.; franco, 2 fr. 40.

Du même auteur :

PRINCIPES DE LITTÉRATURE. Style et poésie, à l'usage des jeunes gens. 11ᵉ édition. Un vol. in-12 cartonné, 2 fr.; franco, 2 fr. 40.

PLAN D'ÉTUDES ET DE LECTURE. 4ᵉ édition. Un vol. in-12, 2 fr.; franco, 2 fr. 40.

COURS DE PHILOSOPHIE
D'après les programmes du baccalauréat ès lettres
SUIVI DE
L'HISTOIRE DE LA PHILOSOPHIE EN TRENTE LEÇONS
PAR M. L'ABBÉ J. P. DAGORNE,
Ancien supérieur de l'École ecclésiastique de Dinan.

Un volume in-8 et un supplément, 6 fr. ; *franco*, 6 fr. 75

Tous les systèmes philosophiques les plus récents : positivisme, darwinisme, transformisme, nihilisme, etc., etc., y sont discutés et réfutés, et toutes les questions du programme officiel du baccalauréat ès lettres ont leur solution dans le supplément qui vient de paraître.

LES PRINCIPES DE LA MORALE
Par le R.-P. de BOYLESVE, S. J.
Un vol. in-12, 1 franc ; franco, 1 fr. 25
DU MÊME AUTEUR :
L'ÉGLISE ET L'ÉTAT, complément indispensable des principes de la morale. Un vol. in-12, 60 cent.; franco, 70 cent.

COURS D'ALGÈBRE
Conformément aux programmes officiels du baccalauréat ès sciences
Et du baccalauréat ès lettres.
Par M. l'abbé BAROLLET, professeur au Collège de Saint-Dizier.
Un vol. in-12, broché, 3 fr. 50; franco, 4 fr.; cartonné 4 f.; franco, 4 fr. 50.

COURS ÉLÉMENTAIRE
DE DROIT CANONIQUE
A L'USAGE DES SÉMINAIRES
Traitant des personnes, des choses et des jugements
Par M. l'abbé GOYHÉNÈCHE,
Docteur en Théologie.
NOUVELLE ÉDITION.— UN VOLUME IN-18 JÉSUS. 3 FR. 50.

COURS DE RELIGION
Par le R. P. MARIN DE BOYLESVE, S. J.

GUIDE A L'USAGE DES CATÉCHISMES. 4e édit., un vol. in-18, 15 c.; franco, 20 c.

FAUT-IL CROIRE? Un vol. in-12, 50 c.; franco, 60 c.

LA TRINITÉ. Un vol. 12, 50 c ; franco, 70 c.

LA CRÉATION ET SES APPLICATIONS SYMBOLIQUES à l'ordre spirituel, en 6 fascicules comprenant l'œuvre des six jours dans cet ordre :

La Création, la lumière, le firmament, in-12, 75 c.; franco, 90 c.

La Terre et les Mers, in-12, 60 c.; franco, 75 c.

Les Plantes, in-12, 60 c.; franco, 75 c.

Les Astres, in-12, 60 c.; franco, 75 c.

Les Animaux, in-12, 60 c.; franco, 75 c.

Coup d'œil sur l'homme, in-12, 75 c.; franco, 90 c.

Lucifer et Jésus-Christ, in-12, 1 fr. 50; franco, 1 fr. 75.

JÉSUS-CHRIST. Un vol. in-12, 2 fr.; franco, 2 fr. 40.
L'ÉGLISE. In-12, 70 c.; franco, 80 c.
LE PAPE. In-12, 50 c.; franco, 60 c.
PUISSANCE ET L'INFAILLIBILITÉ DU PAPE (Réponses aux objections contre la). Un vol. in-12, 1 fr.; franco, 1 fr. 25.
LES PAPES. 2ᵉ Édition. Un gros vol. in-12, 2 fr. 50; franco, 3 francs.

DU MÊME AUTEUR :

COUP D'ŒIL SUR LES CORPORATIONS. Un vol. in-12, 30 c.; franco, 40 c.
LA FRANC-MAÇONNERIE d'après les Francs-Maçons. Ce qu'elle veut. — Ce qu'elle dit. — Ce qu'elle fait. — Ce qu'elle a fait. Un vol. in-12, 30 c.; franco, 40 c.

MANUEL DES CATÉCHISTES VOLONTAIRES, par M. l'abbé CAPPLIEZ, doyen de Saint-Nicolas, à Valenciennes. Deuxième édition. Un vol. in-12, 1 fr. 25; franco, 1 fr. 50.

AUGUSTE MARCEAU
Capitaine de Frégate, Commandant de l'ARCHE d'ALLIANCE
PAR UN PÈRE MARISTE
Nouvelle édition, revue avec soin, considérablement augmentée et fixée définitivement.
Deux beaux vol. in-12, avec portrait, 6 fr.; franco, 7 fr.

BERTHE BIZOT
SIMPLE HISTOIRE D'UNE AME
Par M. l'abbé GUÉPRATTE
Chanoine honoraire de Metz.
Deuxième édition. Un vol. in-12, franco, 3 fr.

HERMANN
AU SAINT DÉSERT DE TARASTEIX
Par M. l'abbé MOREAU, Chanoine honoraire de la Rochelle.
Nouvelle édition. Un vol. in-12, 2 fr. 50; franco, 3 fr.

UN MODÈLE POUR TOUS
OU
VIE DE M. LE COMTE DE MALET
Ancien Officier de la Grande-Armée, Prêtre, Fondateur d'une Communauté religieuse. Suivie de ses *Lettres de Direction*.
Un gros vol. in-12, orné d'un portrait, 4 fr.; franco, 4 fr. 50.

PRÉCIEUX SOUVENIRS ET EXEMPLES DE VIE CHRÉTIENNE, par Mᵐᵉ DE GENTELLES. Un vol. in-12, 1 fr. 50; franco, 1 fr. 75.
UNE FLEUR DU SANCTUAIRE moissonnée dans son printemps, par M. l'abbé PLATET, supérieur du petit Séminaire de Bergerac. Un vol. in-18 raisin, 75 c.; franco, 90 c.
JÉSUS-CHRIST LIVRE DE VIE. Opuscule de la B. Angèle de Foligno. Traduit de l'italien. Nouvelle édition, augmentée d'un chemin de la Croix, par A. M. D. G. Un joli vol. in-32, papier teinté, 1 fr. 50 cent.; franco, 1 fr. 75.

HISTOIRE POPULAIRE DE LA BIENHEUREUSE
MARGUERITE-MARIE ALACOQUE
ET DU CULTE DU SACRÉ-CŒUR
Par M. l'abbé **CUCHERAT**, Aumônier à Paray-le-Monial.

Un beau vol. in-8°, 4 fr.; franco, 5 fr.

BIBLIOTHEQUE CISTERCIENNE. Publiée par les Moines de l'abbaye de Notre-Dame de Lérins (Alpes-Maritimes). Chaque volume se vend séparément 1 fr.; *franco,* 1 fr. 25.

1re SÉRIE, 10 VOLUMES IN-12, NET ET FRANCO, 10 FRANCS :

VIE DE SAINT BERNARD, abbé de Clairvaux, et docteur de l'Église. 3 vol.

VIE DE SAINT ÉTIENNE HARDING, troisième abbé de Cîteaux. 1 vol.

VIES DE SAINT ROBERT ET DE SAINT ALBÉRIC, premier et second abbés de Cîteaux. 1 vol.

VIE DE SAINT FAMIEN, prêtre, confesseur et moine cistercien. 1 vol.

VIE DU BIENHEUREUX ARNOUL, frère convers de l'ordre de Cîteaux. 1 vol.

VIE DE SAINTE LUTGARDE, religieuse cistercienne. 1 vol.

VIE DE LA VÉNÉRABLE VÉRONIQUE LAPARELLI DE CORTONE, religieuse cistercienne, 1 vol.

VIE DE SAINT MALACHIE, archevêque d'Armagh et légat du Saint-Siége. 1 vol.

VIE DE LA MÈRE ANTOINETTE D'ORLÉANS
Fondatrice de la Congrégation de Notre-Dame du Calvaire.

Par un religieux Feuillant, et publiée avec une introduction et des notes par M. l'abbé PETIT, professeur au grand séminaire de Blois. avec approbations de S. E. le cardinal Pie, évêque de Poitiers, de NN. SS. les évêques de Blois et d'Orléans.

Un fort et beau volume in-8°, 6 fr.; par la poste, 7 fr.

LE VENÉRABLE P. EUDES. Étude historique, par le R. P. ANGE LE DORÉ, Eudiste. 1 vol. in-12, 2 fr. ; *franco*, 2 fr. 25.

LE R. P. JEAN EUDES. Ses Vertus, par le R. P. HÉRAMBOURG, Eudiste. 1 vol. in-8°, avec portrait, 6 fr. *franco.*

VIES DES SAINTS pour tous les jours de l'année. Dédiées aux familles chrétiennes et à la jeunesse des écoles catholiques, par M. H. de GENNALD. 2 forts vol. in-12, 5 fr. ; *franco*, 6 fr.

VIE DE SAINT LÉONARD, solitaire. Ses miracles et son culte, par M. l'abbé ARBELLOT. 1 vol. in-8, 4 fr.; *franco*, 5 fr.

HISTOIRE DE SAINTE COLETTE ET DES CLARISSES EN BOURGOGNE, d'après les documents inédits, par M. l'abbé BIZOUARD, aumônier de l'hôpital d'Auxonne. Un vol. in-8, orné de trois gravures, 4 fr. 50; franco, 5 francs.

SAINTE REINE D'ALISE. Études sur sa vie, les actes de son martyre et son culte, par M. l'abbé QUILLOT, curé d'Alise-Sainte-Reine. Un vol. in-12, illustré, 4 francs; franco, 4 fr. 50.

VIE DE M. MESLÉ, curé de N.-D. de Rennes, par M. DESPREZ de la VILLE-TUAL. 1 vol. in-12, 1 fr.; *franco*, 1 fr. 25.

SAINT-FLORENT. Sa vie, ses miracles et ses reliques. 1 vol. in-18, 1 fr. 50; *franco*, 1 fr. 75.

VIE DE SAINT AMÉDÉE, évêque de Lausanne, 1 vol. in-12, 1 fr. 50.

Œuvres du Père D'ARGENTAN, Capucin

CONFÉRENCES THÉOLOGIQUES ET SPIRITUELLES

SUR LES

GRANDEURS DE LA SAINTE VIERGE

MARIE, MÈRE DE DIEU

Nouvelle édition en trois beaux vol. in-12, franco, 9 francs.

CONFÉRENCES THÉOLOGIQUES ET SPIRITUELLES SUR LES GRANDEURS DE JÉSUS-CHRIST. Nouvelle édition. Trois beaux vol. in-12, franco, 9 fr.

CONFÉRENCES THÉOLOGIQUES ET SPIRITUELLES SUR LES GRANDEURS DE DIEU. Nouvelle édition. Trois beaux vol. in-12, franco, 8 francs.

LE CIEL DANS L'AME CHRÉTIENNE par la connaissance et l'amour de la très-sainte Trinité, suivi d'une neuvaine de dix jours. Nouvelle édition. 1 gros et beau vol. in-12 de près de 600 pages, 3 fr.; *franco*, 3 fr. 50.

EXPOSITION DES PERFECTIONS DE DIEU. 1 gros et beau vol. in-12 de 700 pages, 3 fr.; *franco*, 3 fr. 50.

Ces deux volumes sont extraits des œuvres du P. d'ARGENTAN.

ŒUVRES SPIRITUELLES DU PÈRE JEAN-JOSEPH SURIN

Nouvelle édition publiée par le R. P. BOUIX, S. J.

EN VENTE :

TRAITÉ INÉDIT DE L'AMOUR DE DIEU, précédé de la *Vie de l'auteur.*
Un volume in-12, 3 fr.; franco, 3 fr. 50.

LES FONDEMENTS DE LA VIE SPIRITUELLE. Un volume in-12, 3 francs; franco, 3 fr. 50.

CATECHISME SPIRITUEL contenant les principaux moyens d'arriver à la perfection. 2 vol. in-12, 6 fr.; franco, 7 francs.

LA FILLE DE SION

OU LA VOCATION A LA VIE RELIGIEUSE

Par M. l'abbé FOURNIER

Ouvrage approuvé par Mgr l'Évêque de Digne.

Un volume in-12 de 700 pages, 4 fr.; *franco*, 4 fr. 50

DU MÊME AUTEUR :

TOBIE ou le Modèle de la famille. Un vol. in-18, 1 fr. 50; franco, 1 fr. 75.

LES ÉTATS DE VIE CHRÉTIENNE et de la vocation d'après les Docteurs de l'Eglise et les Théologiens, par le R. P. BERTHIER, missionnaire de N.-D. de la Salette. Un volume in-18, 1 fr. 50; franco, 1 fr. 75.

LA VERTU
POUR TOUS LES ÉTATS
Par le R. P. HILLEGEER, S. J.
Nouvelle édition. Un volume in-12, 1 fr. 50, franco, 1 fr. 75.

CONSEILS A UNE JEUNE PERSONNE à sa sortie du pensionnat et à son entrée dans le monde, par une Religieuse Ursuline. 1 vol. in-12, 2 fr.; franco, 2 fr. 40.

VACANCES BIEN PASSÉES, ou l'Ancien Journal de ses Vacances, lu par une religieuse à ses élèves, par Hubert LEBON. 1 vol. in-12, 2 fr.; franco, 2 fr. 40.

DU PLAISIR AU BONHEUR
PENSÉES DE DEUX JEUNES FILLES
Par M. l'abbé de BELLUNE, secrétaire de Mgr l'archevêque de Tours.
Un vol. in-18 raisin (luxe), 2 fr.; franco, 2 fr. 25.

LA JEUNE FILLE
ET LA VIERGE CHRÉTIENNE A L'ÉCOLE DES SAINTS
Par le R. P. BERTHIER, missionnaire de N.-D. de la Salette.
Quatrième édition. — Un volume in-18, 1 fr. 50; franco, 1,75

LES CÉRÉMONIES DE L'ÉGLISE
EXPLIQUÉES AUX FIDÈLES
Par Mgr. DE CONNY
Prélat consulteur de la Congrégation des Rites. Doyen de l'église de Moulins
Un volume in-12, 2 fr.; franco, 2 fr. 25 c.

EXPOSITION RÉSUMÉE DE LA DOCTRINE CHRÉTIENNE, par Mgr DE CONNY. 1 vol. in-12, 3 fr.; franco, 3 fr. 50.

TRÉSOR LITURGIQUE
OU LA MESSE, LES VÊPRES ET LES FÊTES EXPLIQUÉES AUX FIDÈLES
Par M. l'abbé DURAND,
Curé au diocèse de Grenoble
Un volume in-18, 1 fr. 50; franco, 1 fr. 75.

INSTRUCTIONS SUR LE SAINT SACRIFICE DE LA MESSE, suivies d'une méthode pour visiter N.-S. J.-Ch. dans la Sainte Eucharistie, par le P. VAUBERT. 1 vol. in-18, 2 fr.; franco, 2 fr. 40.

NOUVEAU MOIS DE SAINT JOSEPH
Patron de l'Eglise catholique
Par M. l'abbé DERROUCH, Chanoine de la Métropole d'Albi.

Nouvelle édition, un vol. in-18 raisin, 1 fr. 50; franco, 1 fr. 75.

PETIT MOIS DE SAINT JOSEPH, méditations pour le mois de mars, par M. l'abbé BERLEUR. 1 vol. in-32, 60 cent.; franco, 75 c.

SAINT JOSEPH D'APRÈS L'ÉVANGILE, lectures et histoires pour chaque jour du Mois de saint Joseph, avec prières et pratiques par le R. P. DE BOYLESVE, S. J. 1 vol. in-32 de 128 pages, 30 c.; franco, 40 c. la douz. franco, 3 fr. 60.

MOIS PRATIQUE DE SAINT JOSEPH, par le R. P. HUGUET, in-32, 15 c. franco, 20 c.; la douzaine, franco, 1 fr. 80.

CONFIANCE FILIALE EN SAINT JOSEPH, par le P. PATRIGNANI. Un vol. in-32, 50 cent.; franco, 60 cent.

GRANDEUR DE SAINT JOSEPH ET SON POUVOIR DÉMONTRÉ PAR DES TRAITS RÉCENTS, par le R. P. DE BOYLESVE, S. J. Un vol. in-18, 50 cent. ; franco, 60 cent.

NOUVEAU MOIS DE MARIE
Protectrice de l'Eglise universelle
Par M. l'abbé DERROUCH, chanoine de la Métropole d'Albi.
NOUVELLE ÉDITION

Un volume in-18 raisin, 1 fr. 25; franco, 1 fr. 50

LA GUIRLANDE VIRGINALE OU MOIS DE MARIE NOUVEAU, par M. l'abbé LABETOULLE. Un volume in-18, 2 francs; franco, 2 fr. 25.

MOIS DE MARIE à l'usage des jeunes filles chrétiennes. Un joli vol. in-32, édit. encadrée, 25 c.; franco, 30 c.; la douzaine, franco, 3 fr.

LA SAINTE VIERGE, d'après l'Evangile. Lectures et histoires pour chaque jour du Mois de Marie, avec prières et pratiques, par le R. P. DE BOYLESVE, S. J. Un vol. in-32, de 128 pages, 30 c.; franco, 40 c. — La douzaine, franco, 3 fr. 60.

Voir bibliothèques du Rosaire et Dominicaine.

MOIS EUCHARISTIQUE
Trente et une Considérations avant et après la Messe.
Par le R. P. GAY, S M.

Un volume in-18, 1 fr. 50 ; franco, 1 fr. 75

Élégamment relié en toile noire, tranches jaspées, 2 fr. 25; franco, 2 fr. 50

NOUVEAU MOIS DU SACRÉ-CŒUR DE JÉSUS

ou Entretiens avec le cœur de Jésus, pour chaque jour du mois de juin.

Par M. l'abbé DERROUCH.

auteur du *Mois de Saint Joseph* et du *Mois de Marie.*

Un vol. in-18, 1 fr. 25 ; *franco*, 1 fr. 50

LE CŒUR DE JÉSUS d'après l'Evangile. Lectures et histoires pour chaque jour du mois du Sacré-Cœur avec prières et pratiques, par le R. P. DE BOYLESVE, S. J. Un vol. in-32 de 123 pages, 30 cent. ; franco, 40 cent. ; la douzaine franco, 3 fr. 60.

SAINT MICHEL, d'après la Bible et d'après la tradition, lectures et exemples pour chaque jour du mois de Saint Michel (septembre), par le R. P. DE BOYLESVE, S. J. Un vol. in-32, franco, 35 ; la douz., franco, 3 fr. 60.

MOIS DE SAINTE THÉRÈSE. Extrait des écrits de la Sainte, par le R. P. DE BOYLESVE, S. J. Un vol. in-32, franco, 20 cent. ; la douzaine, franco, 1 fr. 80.

EXERCICES DE PIÉTÉ

A L'USAGE DES TERTIAIRES DE SAINT FRANÇOIS D'ASSISE

Par Madame BOURDON

Un joli vol. in-18 de 424 pages, broché, 2 fr. ; franco, 2 fr. 25

élégamment relié en toile noire. tranches jaspées, 2 fr. 75 ; franco, 3 fr.

Ces exercices, approuvés par les supérieurs du tiers ordre sont divisés en quatre parties ; ils comprennent la *Journée franciscaine,* ou prières diverses pour tous les jours ; la *Semaine franciscaine,* ou moyen de sanctifier chaque jour de la semaine par une dévotion particulière ; le *Mois de saint François,* renfermant trente et une lectures et réflexions sur la vie et les vertus de saint François d'Assise ; l'*Année franciscaine,* fournissant des lectures et des prières pour les principales fêtes de l'Eglise et de l'Ordre.

NOUVEAU MOIS DES AMES DU PURGATOIRE. Lectures, prières, pratiques et exemples pour chaque jour du mois de novembre. Suivi de la Messe des morts et de diverses prières pour les défunts, par le R. P. GAY, S. M., Rédacteur de l'*Echo du Purgatoire.* Un joli vol. in-18. 1 fr. 50 ; franco, 1 fr. 75. — En toile noire, tranches jaspées, 2 fr. 25 ; franco, 2 fr. 50. — En toile noire, gardes et tranches noires, franco, 2 fr. 75.

CHEMIN DE CROIX DES AMES DU PURGATOIRE, par M. l'abbé FOUÉRÉ-MACÉ, du diocèse de Saint-Brieuc. — Avec plusieurs approbations épiscopales. Un vol. in-12, 1 fr. 50 ; franco, 1 fr. 75,

MOIS DES AMES DU PURGATOIRE
Suivi d'une neuvaine pour les âmes du Purgatoire
Approuvé par Mgr l'archevêque de Bordeaux et l'évêque de Poitiers.
Par ALFRED MONBRUN.
Un beau vol. in-18 raisin, 2 fr.; franco 2 fr. 50
Élégamment rélié en toile noire tranches jaspées, 2 fr. 75; franco, 3 fr. 25.

MANUEL COMPLET
DE LA
DÉVOTION ENVERS LES AMES DU PURGATOIRE
Par M. l'abbé DAUDE. — 4ᵉ édition.

Un vol. in-18, 1 fr. 50; franco, 1 fr. 75
Elégamment relié en toile noire, tranches jaspées, 2 fr. 25;
franco, 2 fr. 50.

LE PURGATOIRE, par le R. P. DE MUNFORD et par SAINTE CATHERINE DE GÊNES. Nouvelle édition publiée par le R. P. BOUIX, S. J. Un vol. in-12, franco, 1 fr. 80.

L'ENFER OU LE CIEL, le terme de la vie, par un Père de la Compagnie de Jésus. 1 vol. in-12, 2 fr. 50 c.; franco, 2 fr. 75 c.

TRAITÉ DE LA DIFFÉRENCE DU TEMPS ET DE L'ÉTERNITÉ, avec des règles pour conduire à la perfection chrétienne, par le P. NIÉREMBERG, S. J. 1 vol. in-12, 2 fr.; franco, 2 fr. 25 c.

UNE SEMAINE DE SOUVENIRS ET DE PRIÉRES POUR LES DÉFUNTS, par le R. P. GAY. In-18, 25 c.; franco, 30 c. La douz. *franco,* 3 francs.

BOUQUETS SPIRITUELS AUX AMES DU PURGATOIRE. 1 vol. in-32, 25 cent.; franco, 30 c. La douz. *franco,* 3 francs.

LES IMMORTELLES, prières pour les morts. 1 vol. in-32, 30 cent.; franco, 35 c. La douz. *franco.* 3 fr. 60.

ACTE HÉROIQUE de Charité, démontré aussi favorable aux vivants qu'aux défunts, par le R. P. GAY. 1 vol. in-32, 20 cent.; la douz., franco, 1 fr. 80.

LES SAINTS DÉSIRS DE LA MORT, par le P. LALLEMANT, in-18, 40 cent.; *franco,* 50 cent.

LA VOIE DE LA PAIX INTÉRIEURE
Par le R. P. DE LÉHEN, S. J.
Nouvelle édition. Un vol. in-12, 3 fr.; franco, 3 fr. 50.

L'AME ET JÉSUS DANS L'EUCHARISTIE. Entretiens pouvant servir aux visites au saint Sacrement et aux lectures spirituelles, par M. l'abbé LOHAN, auteur du *Paradis catholique.* Un vol. in-12 de plus de 400 pages, 2 fr. 50; *franco,* 3 fr.

GRAND MANUEL DOCTRINAL DE LA PARFAITE CONGRÉGANISTE, à l'usage des Enfants de Marie. — Règlement. — Doctrine. — Piété. — Par le R. P. MARIE-ANTOINE, Missionnaire capucin. Un vol. in-18 de 468 pages, 1 fr. 50.; franco, 1 fr. 75.

LE JOUR DE LA PREMIÈRE COMMUNION, messe, vêpres, salut, actes et discours, histoires pour la première communion, par l'abbé ALLÈG·E, Aumônier d'une communauté à Boulogne. Un joli vol. in-16 carré, luxe, 4 fr.; franco. 4 fr. 50.

LES DOUZE VERTUS D'UNE BONNE MAITRESSE. Ouvrage très-utile aux institutrices et aux mères de famille. 9ᵉ édition. 1 vol. in-18, 40 c.; *franco,* 50 cent.

UNE PENSÉE PAR JOUR

SUJETS DE MÉDITATION TIRÉS DE L'ÉVANGILE DU DIMANCHE
Par le R. P. MARIN DE BOYLESVE.

Onzième édition. Un vol. in-18. 1 fr.; *franco,* 1 fr. 20

Relié en toile noire, tranches jaspées, 1 fr. 75; franco, 2 fr.

TROIS ENFANTS DE MARIE, par l'auteur du *Commandant Marceau.* 1 vol. in-18, 75 c.; *franco,* 90 c.

RETRAITE SPIRITUELLE

DU P. CLAUDE DE LA COLOMBIÈRE.

Un vol. in-32, 75 c.; par la poste, 90 c.

LETTRES SPIRITUELLES du P. CLAUDE DE LA COLOMBIÈRE. 1 vol. in-18, 1 fr. 50; *franco,* 1 fr. 75.

PENSÉES ET SENTIMENTS du Serviteur de Dieu le P. Claude de la Colombière, de la Compagnie de Jésus. Avec une introduction par le P. Pierre-Xavier POUPLARD, de la même Compagnie. 1 vol. in-12, 2 fr. 50 c.; franco, 2 fr. 75.

TRAITÉ DE LA COMMUNION ou conduite pour communier saintement, par le R. P. LOUIS VAUBERT. 1 vol. in-18, 2 fr.; *franco,* 2 fr. 25.

LA VIE ANGÉLIQUE ou l'imitation des saints Anges, par M. l'abbé SOYER. 1 vol. in-18, 2 fr.; *franco,* 2 fr. 25.

LA GRANDEUR DU CHRÉTIEN dans ses rapports avec la très-sainte Trinité, par le P. NOUET, S. J. 1 vol. in-18, 2 fr.; *franco,* 2 fr. 25.

DE LA VIE D'UNION AVEC MARIE, Mère de Dieu, par un Missionnaire de N.-D. de la Salette. 3ᵉ édition. 1 vol. in-18, 2 fr.; *franco,* 2 fr. 25.

MARIE IMMACULÉE et la Femme chrétienne, d'après le plan divin, l'Evangile et l'histoire ou le remède à nos maux, par M. l'abbé LAPALUS, curé au diocèse d'Autun. Un vol. in-8°, *franco,* 5 fr. 50.

NOTRE-DAME DU SACRÉ-CŒUR mieux connue et son association pour les causes difficiles et désespérées. Par le R. P. CHEVALIER, supérieur des missionnaires du Sacré-Cœur. Deuxième édition. Un joli vol. petit in-8°, avec photographie de N.-D. du Sacré-Cœur, 3 fr.; *franco,* 3 fr. 50.

L'INTÉRIEUR DE JÉSUS
Par le R. P. GROU, S. J.
NOUVELLE ÉDITION

Un joli volume in-12, 2 fr. 50; *franco,* 2 fr. 75

L'INTERIEUR DE MARIE

Par le R. P. Grou, S. J.

NOUVELLE ÉDITION

Un joli volume in-32, 1 fr. 25; *franco*, 1 fr. 50

SCIENCE DES SCIENCES (la), ou l'Amour de Notre-Seigneur Jésus-Christ, ses motifs et sa pratique, par le P. J.-B. Saint-Jure, S. J. 2e édition. 1 vol. in-18 raisin. Prix : 2 fr.; *franco*, 2 fr. 25. Le même ouvrage en 2 vol. in-32. Prix : 1 fr. 20; *franco*, 1 fr. 50.

L'EUCHARISTIE chef-d'œuvre de l'Amour divin, par Hubert Lebon. Un joli vol. in-18 raisin, 2 francs; franco, 2 40

PETIT OFFICE DE LA BIENHEUREUSE VIERGE MARIE, suivi de l'office de l'Immaculée Conception en latin et en français, traduction nouvelle avec commentaires. Un joli volume in-18, 1 fr 25; franco, 1 fr. 50.

LIVRE DE MESSE DES ENFANTS DE MARIE, par le R. P. Huguet, mariste. 1 vol. in-18 de 450 pages, 1 fr. 50; *franco*, 1 fr. 75.

SANCTIFICATION DES ACTIONS ORDINAIRES, par le P. Rodriguez. 1 vol. in-32. 40 c.; *franco*, 50 c.

LE CORDIGÈRE SANCTIFIÉ à l'Ecole du B. Benoît-Joseph Labre, par M. l'abbé Fanien. 1 vol. in-18, 50 cent.; franco, 60 cent.

CONFORMITÉ A LA VOLONTÉ DE DIEU, par le P. Rodriguez. 1 vol. in-18, 1 fr.; franco, 1 fr. 25.

DÉVOTION PRATIQUE AU SACRÉ-CŒUR DE JÉSUS, suivie d'exercices en l'honneur du très-saint Cœur de Marie, par le R. P. Croiset, S. J. 1 joli vol. in-18, 1 fr. 50 c.; franco, 1 fr. 75.

DIEU PRÉSENT PARTOUT, ou le Saint Exercice de la présence de Dieu, par le P. Vaubert, in-18, 75 cent.; franco 90 cent.

ESTIME DE LA PERFECTION CHRÉTIENNE, par Rodriguez. 1 vol. in-18, 40 c.; franco, 50 ct.

EXCELLENCE DE LA DÉVOTION AU CŒUR ADORABLE DE JÉSUS, par le P. de Gallifet. 1 vol. in-18, 1 fr. 50.; franco, 1 fr. 75.

L'HUMILITÉ, vertu nécessaire à tous, par l'abbé Joseph H***, docteur en théologie. 1 vol. in-18, 80 c.

LA CLEF DE LA MÉDITATION, ou Méthodes faciles d'oraison et d'examen, par le R. P. Crasset. 1 vol. in-18, 50 c.; franco. 60 c.

LE CŒUR DE JÉSUS OUVERT AU CŒUR DU CHRÉTIEN, par le P. Borgo, 2e édit. 1 vol. in-18, 1 fr. 50 c.; franco, 1 fr. 75.

LE CŒUR DU CHRÉTIEN formé sur le cœur de Marie, d'après le P. Nouet. 1 vol. in-18, 1 fr. 50 cent.; franco 1 75.

LE RÈGNE DE DIEU dans l'âme par l'amour, par le P. Louis de Grenade. 1 vol. in-18, 2 fr.; franco 2 25.

— Le même ouvrage en deux volumes in-32, 1 fr. 20; franco, 1 fr. 50.

LE SACRÉ-CŒUR DE JÉSUS, salut de la France, par le P. de Gallifet 1 vol. in-18, 1 fr.; franco, 1 25.

LES SECRETS DE LA SAINTETÉ, ou Petits Traités sur la vie spirituelle, par le P. de Rodriguez. 3 vol. in-32, 3 fr.; franco, 3 50.

LES SOUFFRANCES DE N.-S. J.-C., par le P. Thomas de Jésus.
1 vol. in-18, 2 fr.; franco, 2 25.
— Le même ouvrage en deux vol. in-32. 1 fr. 20; franco, 1 fr. 50.
TRAITÉ DE L'HUMILITÉ, par le P. Rodriguez. 1 vol. in-18, 1 fr. 50 c.;
franco, 1 75.
TRÉSORS DE L'EUCHARISTIE, par le P. Saint-Jure. 1 vol. in-32, 60 cent.;
franco, 75 cent.
LE SAINT EXERCICE DE LA PRESENCE DE DIEU, par le P. de Gonnelieu.
In-18, 40 cent.; *franco,* 50 cent.
LE BOUCLIER DES ENFANTS DE MARIE, par le R. P. Huguet. 1 vol.
in-18, 60 cent.; *franco,* 75 cent.

VIE ET ROYAUME DE JÉSUS

DANS LES AMES CHRÉTIENNES

Par le Père Jean Eudes. — Nouvelle édition revue par le R. P. Ange
le Doré, supérieur général des Eudistes.

Un volume in-12, 2 francs; franco, 2 francs 40 cent.

LA PORTIONCULE ou le Grand Pardon d'Assise. Son origine, son histoire.
son excellence, sa pratique, par M. l'abbé Fanien. directeur du Tiers-
Ordre de Saint-François, in-32, 10 cent., *franco,* 15 cent.; la douzaine,
f°, 1 fr. 50; le cent. f°, 10 fr.
APPEL DU CŒUR DE JÉSUS AU CŒUR DU CHRÉTIEN. 1 vol. In-18,
20 cent.; *franco,* 25 cent.
L'AIMABLE JÉSUS, par le P. Niéremberg, in-32, 40 cent., *franco,* 50 cent.
LA RELIGION PRATIQUE du ciel et de la terre ou Pratique sainte pour
s'acquitter dignement de tous les devoirs de religion, par M. B. C.
In-32, 20 cent.; *franco,* 25 cent.
LE SCAPULAIRE BLEU de l'Immaculée Conception, avec le catalogue des
indulgences qui y sont attachées, par M. l'abbé Nortet. In-18, 15 cent.;
franco, 20 cent.; la douzaine, franco, 1 fr. 80.
L'EXCELLENCE ET LA PRATIQUE de la dévotion à la Très Sainte Vierge,
par le P. de Gallifet. 1 vol. in-32, 40 cent.; *franco,* 50 cent.
EMMANUEL, ou les saintes pensées de l'Avent. Extrait des œuvres du
P. Nouet. 1 vol. in-18. 1 fr. 50; *franco,* 1 fr. 75.
DÉVOTION AUX NEUF CHŒURS DES ANGES, par Boudon. 1 vol. in-32,
40 cent.; *franco,* 50 cent.
CONSIDÉRATIONS SUR LES PRINCIPALES ACTIONS DU CHRÉTIEN, par le
P. Crasset. 1 vol. in-32, 40 cent.; *franco,* 50 cent.
LA CONFESSION ou le Tribunal de la miséricorde et de la justice. Extrait
du P. de Maccarthy. 1 vol. in-18, 50 cent.; *franco,* 60 cent.
— Le même ouvrage. 1 vol. in-32, 30 cent.; *franco,* 40 cent.
L'ECCLESIASTIQUE TERTIAIRE, par un supérieur de grand séminaire.
1 vol. in-18, 1 fr. 50; *franco,* 1 fr. 75.
LÉON XIII. Notice biographique ornée d'un magnifique portrait. 1 bro-
chure in-18. 25 cent.; *franco,* 30 cent. — La douzaine *franco,* 3 fr.
UN MOIS CONSACRÉ AU SAINT CŒUR DE MARIE, par Muzarelli. In-18,
20 cent.; *franco,* 25 cent.
PAROLES CONSOLANTES TIRÉES DE LA SAINTE ÉCRITURE, par le R. P.
Bouhours. in-32, 20 cent.; *franco,* 25 cent.
N. D. DE LA SALETTE, SON APPARITION, SON CULTE, par le R. P. Ber-
thier. 1 vol. in-18. 50 cent. *franco,* 60 cent.

Ouvrages pour Bibliothèques paroissiales et livres de prix
Pour Maisons d'éducation et catéchismes
Format in-12.

Pour recevoir franco, ajouter 40 cent. par volume.

LA FAMILLE DU MILLIONNAIRE, par Gabrielle d'ETHAMPES. Un vol. in-12, 2 fr.

DANS LES AIRS. Histoire élémentaire de l'aéronautique, par G. de la LANDELLE. Un vol. in-12, 2 fr.

A TRAVERS L'ALGÉRIE. Histoire, mœurs et légendes des Arabes, par M. l'abbé LAMBERT, vicaire de N.-D. des Victoires, à Paris. Un vol. in 12, 2 fr. 50.

LETTRES D'UN PAYSAN, par Jean GRANGE. 2e édition. 1 vol., 1 fr. 50.

LES LÉGENDES DE LA MER, par G. de LA LANDELLE. 1 vol., 2 fr.

LE VIEIL AMI, par Mme de STOLZ. 1 vol., 2 fr.

NOBLESSE OBLIGE, par Jean GRANGE. 1 vol., 2 fr.

MÈRE SAINT-AMBROISE. Souvenirs d'une sœur de charité, par Jean GRANGE. 1 vol., 2 fr.

AVENTURES ET EMBUSCADES. Histoire d'une colonisation au Brésil, par G. de LA LANDELLE. 1 vol. 2 fr.

LE GROS LOT, par Mme de STOLZ. 1 vol., 2 fr.

LE PRIEUR DES PÉNITENTS BLEUS, par Jean Grange. 1 vol. 2 fr.

SOUVENIRS D'UN GENDARME, par Jean GRANGE. 1 vol., 2 fr.

RÉCITS ET SOUVENIRS, par M. l'abbé LENFANT. 1 vol., 2 fr.

VACANCES BIEN PASSÉES, par Hubert LEBON. 1 vol., 2 fr.

DEUX DESTINÉES, par Étienne MARCEL. 1 vol., 2 fr.

EN FAMILLE, par Mme de STOLZ. 1 vol., 2 fr.

ROMAIN PUGNADORÉS, par M. Eugène de MARGERIE. 1 vol., 2 fr.

TABLEAUX ANECDOTIQUES DE LA VIE DE L'ÉCOLIER, par Marcellin MOREAU. 1 vol., 2 fr. 50.

LE ROBINSON D'EAU DOUCE, par Jean GRANGE. 1 vol., 2 fr.

LA PIERRE PHILOSOPHALE, par Jean GRANGE. 1 vol., 1 fr. 50.

PIE IX ET LA JEUNE COMMUNIANTE, par M. l'abbé VINCENT. 1 vol., 1 fr. 50

LES JEUNES RÉFUGIÉS DE LA FORÊT DE PAIMPONT, par l'auteur de MARIE, OU L'ANGE DE LA TERRE. 1 vol., 1 fr. 50.

TONIE, SUIVI DE TOMINE ET NOGA, par Raoul de NAVERY. 1 vol., 2 fr.

L'ÉTOILE FILANTE, par Michel AUVRAY. 1 vol., 2 fr.

MOSAIQUE CHRÉTIENNE, par le R. Fr. GAY. 1 vol., 2 fr.

VICTORIUS, ou Rome aux premiers temps du christianisme, par le R. P. Fr. GAY. 2e édition. 1 vol., 1 fr. 50.

LE VAL SAINT-JEAN, par Mme BOURDON, 1 vol., 2 fr.

CITEAUX, LA TRAPPE ET BELLEFONTAINE, par H. VÉRITÉ. 1 vol. in-12, 2 fr. 50.

Voir les biographies, page 7 du présent catalogue.

QUATRIÈME CORBEILLE DE LÉGENDES ET D'HISTOIRES
A l'usage des Directeurs de catéchisme et des Maisons d'éducation
Par M. l'abbé ALLÈGRE

Un beau volume in-8o, 5 francs ; franco, 5 fr. 75.

Du même auteur :

TROISIEME CORBEILLE DE LÉGENDES ET D'HISTOIRES. 1 beau vol. in-8, 5 fr.; franco, 5 fr. 75.

COMÉDIES ET DIALOGUES, par Mme de STOLZ. 10 vol. in-12, à 50 cent ;
franco, 60 cent.

    La collection net et franco, 5 fr.

1° L'AMITIÉ.
2° ÉCONOMIE ET PARCIMONIE.
3° L'HÉRITIERE.
4° LES ŒUVRES DE Mme RIVAS.
5° LA MUETTE.

6° RECETTE CONTRE LA JAUNISSE.
7° UNE RENCONTRE.
8° LE STYLE. C'EST L'HOMME.
9° TOUT CE QUI RELUIT N'EST PAS OR.
10° SIMPLICITÉ.

COMÉDIES ET ENTRETIENS pour les Pensionnats de jeunes filles, avec
les airs notés, par MARCELLIN MOREAU, vol. in-12, 3 francs.; franco, 3 fr. 50.

COMÉDIES pour les Pensionnats de jeunes gens, avec les airs notés
par MARCELLIN MOREAU. 1 vol. in-12, 3 francs ; franco, 3 fr. 50.

DRAMES CHRÉTIENS, par le R. P. DE BOYLESVE, S. J. 7 vol. à 50 cent.,
franco, 60 cent.

    1° *Les Machabées.* Trois actes avec chœurs; 2° *Saint Louis.* Trois actes
avec chœurs; 3° *Moïse.* Trois actes avec chœurs ; 4° *La Fournaise.* Trois
actes avec chœurs; 5° *Dialogues* récréatifs et moraux. 6° *Les deux Etendards,* tableaux dramatiques ; 7° *La Saint-Barthélemy,* drame en trois
actes.

ROMANCES MÉLODIES	**W. MOREAU**	CHANSONNETTES CHŒURS

Dernières publications:

LES FLIBUSTIERS OU L'OURS ET LE GENDARME, opérette-bouffe avec
parlé. Net.. 3 fr. 50

LA POTICHE, opérette avec parlé. Net. .... 3 fr. »

L'ONCLE RATONDU OU LE VOLEUR VOLÉ, avec parlé. Net..... 3 fr. »

LA MARQUISE DE CARABAS OU LA VANITÉ PUNIE, avec parlé.
Net... 3 fr. »

L'EMPOISONNEUR DE LA RUE VERTE, monologue. Net....... 1 fr. »

LE BOUQUET MERVEILLEUX, saynète pour petites filles, avec
parlé. Net... 2 fr. »

BLEUET, opérette à deux personnages, avec chœur, pour petites
filles, avec parlé. Net..................................... 3 fr. »

PEUR ET BRAVOURE, opérette pour deux jeunes filles, avec
parlé. Net... 3 fr. »

PETITS PAGES ET TRIBOULET, opérette pour jeunes gens, avec
parlé. Net... 2 fr. 50

LES DEUX PORTIERES, duo bouffe avec parlé. Net........... 1 fr. 50

L'ENVIE DE BAILLER, scène avec parlé. Net................. 1 fr. »

LA CORBEILLE EMBAUMÉE, solo et chœur pour fête de supérieures. Net .... 2 fr. »

LE VERBE AIMER, chansonnette pour fête de supérieures. Net. 1 fr. »

LE RÉVEIL-MATIN, chansonnette extraite de *Peur et Bravoure.*
Net.. 1 fr. »

LE MEUNIER, SON FILS ET L'ANE, grand chœur à trois voix
égales. Net... 3 fr. »

2.

Fables de Lafontaine

Lièvre et Tortue (3 p. s.). 3 » » 20
La Laitière (3 p. s.). . . 2 » » 20
La Cigale et la Fourmi(3 p.s.) 2 » » 20
Corbeau et Renard (3 p. s.) 2 » » 20
Le Loup et l'Agneau (3 p. s.) 2 » » 20
Les Grenouilles (4 p. s.). . 3 » » 20

Petits Chœurs faciles

Le Pays sans pareil (3 p. s.) 1 » » 10
Le Bon vieux temps (3 p. s.) 2 » » 20
La Tourterelle (3 p. s.). . 2 » » 20
Les Heures (3 p. s.). . . . 2 » » 20
Médor (3 p. s.). . . . . . 2 » » 10
Parties séparées de la Fanfare. » 10
Les Colombes (3 p. s.). . 1 » » 10
Bonsoir (4 p. s.). . . . . . 1 » » 10
Les Canards (3 p. s.). . . 2 » » 10
L'Alouette (3 p. s.). . . 1 » » 10
Les Moutons (3 p. s.). . 1 » » 10
Poule aux œufs d'or (3 p. s.) 2 » » 20
Ytou Ytaine (4 p. s.). . . 1 » » 10
You! You! (4 p. s.). . , 1 » 10

(Extrait de la VOIX DES FLEURS)

L'Astrologue (4 p. s.). . . 1 » » 10
Le Bourriquet (4 p. s.). . 1 » » 10
Ainsi soit-il (4 p. s.). . 1 » » 10
Le Bouton d'or (4 p. s.). 1 » » 10

Duos, Trios et Chœurs

POUR FETES DE SUPÉRIEURES

Une mère, *romance*. . . . . 1 »
Fleurs et Cœurs (*solo et trio*). 2 »
Philomèle (*duo*). . . : . . 2 »
Bouquet de Fête (*trio*). . . 2 »
Un Rêve (*trio*). . . . . . . 2 »
Petits Enfant (*chœur*). . . 1 10
La Chaîne de fleurs. 2 10
Le Bon Pasteur (*chœur*) . . 1 10
Nous l'aimons tant (*cantate*). 2 10

Motifs d'Opéras

Les Enfants du Croisé (*duo*). . 2 »
Les Orphelins (*trio*). . . . . 2 »
O France (*duo*). . . . . . . 2 »
Le Christ ou Mahomet (*duo*). . 2 »

Duo burlesque

Tant-Pis et Tant-Mieux. . . . 2 »

Saynète avec parlé

Rose et Rosette. . . . . 2 »

Mélodies

Sainte Thérèse 1 50
Gouttelettes de rosée. 1 50
Pasteur Alsacien. 1 50
Fleur de lys. 1 50

ROMANCES

Le Lis merveilleux. . . . . 1 »
Le Sourire. . . . . 1 »
Le Chagrin de Bébé. . . . . . 1 »
Speranza (*duo*). 1 50
L'Eté de St-Martin (*duo*). . . 1 »
La Ferme et la Fermière. . . . 1 »
Dors, Mignon. . . . . 1 »
Une Mère. . . . . 1 »
Dernière pensée de Marie Stuart 1 50
La clef du Paradis. . . . . . 1 »
Neige et p. Oiseau. . . . . . 1 »
Yeux de Grand Mère. . . . . . 1 »
Neuvaine du Pinson. . . . . 1 »
Fleur rêvée. . . . . 1 »
Les 20 sous du bon Dieu . . . . 1 »
Paulette. . . . . 1 »
L'Etoile voyageuse. . . . . . 1 »
Pleurs du bon Dieu. . . . . . 1 »
Saisons du Cœur. . . . . 1 »
Oiseaux envolés. 1 50
Jeanne d'Arc. . . . . 1 »
L'Envers du Ciel. . . . . . 1 »
Isola Bella. . . . . 1 »
Les Gondoliers (*duo*). 1 50
Nids d'hirondelles. . . . . . . 1 »
Le Zouave pontifical. . . . . . 1 »
Sœur de charité. . . . . 1 »

Voix des fleurs

Chaque romance 1 franc.

Aubépine.   Pensée.
Coquelicot.   Myosotis.
Iris.   Rose.
Clochette.   Immortelle.
Lilas (*duo*).   Marguerite.
Bluet.   Violette (*duo*)
Lis (*duo*).   Bouton d'or.
Souci.

Les Anges

L'Ange des enfants. . . . . . 1 »
— des bois. . . . . . . 1 »
— des fontaines. . . . . 1 »
— des oiseaux. 1 50
— des fleurs. . . . . . 1 »
— de l'harmonie. 1 50
— du foyer. . . . . . . 1 »
— du proscrit. . . . . 1 »
— de la patrie. . . . . . 2 »

Chansonnettes

Le Vieux Merle. . . . . 1 »
Don Quichotte. . . . . 1 »
Si et Mais. . . . . 1 »
Désabusé !. . . . . 1 »
L'oncle Auzone. . . . . . . 1 »
Papa Bontemps. . . . . 1 »
L'Excuse de Cadet. . . . . . . 1 »
Les peines de l'écolier. . . . 1 »
Quand j'étais petit. . . . . . 1 »

TYROLIENNE à deux voix égales, par le R. P. DE DOSS, in-8°,
net...................................... **1 fr.**

LES SOURIRES DU BON DIEU, par M. l'abbé PÉRIVIER,
in-4°, net...... **1 50**

SCÈNES COMIQUES
ROMANCES ET CHANSONNETTES
AVEC PARLÉ

Il existe une foule de compositions du genre de celles que nous annonçons, mais la plupart, malheureusement, ne peuvent être exécutées dans les familles et les pensionnats. Nous avons fait un choix sévère parmi les meilleures compositions de ce genre, et nous pouvons affirmer que celles que nous inscrivons dans ce catalogue, outre qu'elles sont les meilleures parmi les plus gaies et les plus spirituelles, sont tout à fait irréprochables au point de vue de la morale et du bon goût.

N.-B. — Tous ces prix sont nets et sans aucune remise. *Aucune composition ne peut être échangée ni envoyée en communication.*

Ajouter cinq centimes pour l'affranchissement de chaque romance.

Les compositions précédées d'un astérique conviennent particulièrement aux jeunes gens.

DERNIÈRES NOUVEAUTÉS :

* Les Etiquettes comiques.......	1	75
La Parfaite Cuisinière..........	1	»
Les Soucis d'une Enfant........	1	»
La Conférencière, *saynète*......	1	50
Je n'ai pas de chance..........	1	»
Mauvaise tête mais bon cœur....	1	»
La Petite Gourmande	1	»
C'est petit doigt qui m'a dit cela.	1	»
Une intransigeante.............	1	»
Les 24 sous de Nicolette.......	1	»
Catiche et Zorah..............	1	»
Tour du monde en 1¡4 d'heure.	1	»
Les Ombres Chinoises..........	1	50
La Plume et l'Aiguille, *duo*.....	1	»
Le Mé age et la Poupée........	1	50
Chien et Chat, *duo*...........	3	»
Le Poète incompris............	1	»
* M. Croustillac de Bergerac....	1	»
Nouveau tarif des poids et mesures..................	1	»
* Le Grand Nigaud.............	»	50
Le Professeur de zoologie......	1	»
La première Barbe d'un Auvergnat...................	1	»
Les Amies de pension, *duo*....	1	75
La Marchande d'esprit........	1	50
* Jean Bonhomme, histoire d'un petit Savoyard..............	1	»
Conseils à Toto..............	1	»
Les deux Nerveuses	1	75
La Grand'Mère. Récit..........	1	75
La Grande Somnambule.......	1	»
* Les Ecoliers de Pontoise.....	1	»
Une Tête de Linotte..........	1	»
Gâteaux tout chauds...........	1	»
* La Foire au pain d'épice.......	1	»
* Que je voudrais être barbu.....	1	»
Pot pourri populaire...........	1	»
Les Chasseresses, *duo*........	2	»
Les Brésiliennes, *duo*.........	2	»
Les Madrilènes, *duo*.........	2	»
Les Magnanarelles, *duo*.......	2	»
Le Jour des vacances..........	1	»
Mon premier voyage...........	1	»
* La Saint-Pancrace...........	1	50
Examen de géographie.........	1	»
Examen de papa Bagasse.......	1	»
Mademoiselle Bon Cœur.......	1	»
Mademoiselle Touchatout......	1	»
Nini la Gourmande...........	1	»
* Une Leçon de gymnastique...	1	»
Les Promesses de mon parrain.	1	»
Le Régent de mathématiques...	1	»
Une histoire bien noire........	1	»
* L'Orphéon de Mouillard les-Concombres................	1	»
La Petite Peureuse............	1	»
Oh! la vilaine!..............	1	»
Les Travers de Mlle Rose......	1	»
Pierre qui pleure et Paul qui rit, *duo*..................	3	»
Une drôle de Petite fille.......	1	»
Je suis en Pénitence..........	1	»
Bijou, mon chat..............	1	»
L'horloge de la grand'mère.....	1	»
Mesdemoiselles de St-Potin....	1	75
Les 2 moulins. Bavardage musical..................	2	50

Je suis frileuse	1 »	La Tombola comique	1 »
• La Lanterne magique	1 50	Pauvre Aveugle, s. v. p	1 »
Oh! la Musique	1 »	• Tontaine, ton ton, ou les ex-	
Le petit Lutin de la pension	1 »	ploits d'un chasseur	1 «
Oh ! les Grandes	1 »	La gamme comique, *excentricité*	1 50
La Poupée désobéissante	1 »	La première lettre de Blanche	1 »
La Questionneuse	1 »	Léon et Nini, *duo pour enfant*	1 »
Les Trois lettres d'une Pension-		Tatillon	1 »
naire	1 »	Les confidences d'une souris	1 »
• Une leçon démonstrative	1 50	L'Enfant et l'Echo, *duo*	1 50
• Les vacances de Godard	1 »	Plus de Bègues, *duo comique*	1 »
La Petite Paresseuse	1 »	• Avez-vous vu mon chapeau	1 »
La Loterie de Jeanne	1 »	Parfait! charmant? ou la petite	
Un Tour de France, impressions		vaniteuse	1 »
de voyage	1 »	Mademoiselle Brouillon	1 »
L'Ecole buissonnière	1 »	Jeanne qui pleure et Jeanne qui	
La jeune Ménagère	1 »	rit, *duo*	2 50
Les remèdes de bonnes femmes	1 »	Les dindons perdus	1 »
• La Fanfare de Nonancourt, say-		La Sainte-Catherine	1 »
nète excentrique musicale	1 »	La Petite fée, *chansonnette*	1 »
Cantate pour le Jour de l'An	3 »	Le Petit banc, *chansonnette*	1 »

ŒUVRES DE BOISSIÈRE

L'Huître et les plaideurs, *trio*		Le Charlatan	1 »
comique	1 »	Pluie et soleil, *duo*	1 »
• Deux Etrangers à Paris, *duo*	1 »	• Le retour de Drôlichon, *scène*	
Vache et Cochon, *duo comique*	1 »	*avec parlé*	1 »
Noir et b'anc, *duo*	1 »	Le Pot de confitures	1 »
• Les Petits ramoneurs, *duo*	1 »	Je suis Jacasse	1 »
• Les Petits Pifferari, *duo*	1 »	J'ai perdu ma chatte	1 »
• Les Petits savoyards, *duo*	1 75	L'Avocate	1 »
La Chanson des pâtres, *duo*	1 »	As-tu déjeuné, Jacquot?	1 »
Cigale et Fourmi, *grand duo*	1 75	Croquemitaine est mort	1 »
Souvenir du Tyrol, *duo*	1 »	Le dernier jour d'un condamné,	
Comme papa	1 »	*complainte d'un pauvre lapin*	1 »
A deux sous	1 »	Le Portrait manqué	1 »
Mouni Mouna	1 »	Un déjeuner sur l'herbe	1 »
On a souvent besoin d'un plus		Pépin, Pépin ! *plainte de Pépin*	
petit que soi	1 »	*le Bref*	1 »
Le Moulin du lapin blanc	1 »	Le petit doigt de grand'maman	1 »
Si j'étais millionnaire	1 »	Ma bonne	1 »
La première montre	1 »	Le Petit sorcier	1 »
• M. de Croustillac, *gasconnade*		• Monsieur Tranquille	1 »
avec parlé	1 »	Tout vient à point à qu sait at-	
Quitte pas ta mère, Baptiste,		tendre	1 »
scène comique avec parlé	1 »	• Mon fils est reçu bachelier,	
Les Dindons de M. le curé	1 »	*scène comique avec parlé*	1 »

CANTIQUES ET CHANTS RELIGIEUX

ŒUVRES DE M. L'ABBÉ W. MOREAU

NEUVAINE AU SACRÉ-CŒUR. Suivie d'un Salut solennel au Saint-Sacrement. Solos, duos et chœurs à trois voix égales, avec accompagnement
d'harmonium, par M. l'abbé W. MOREAU. Un vol. in-8°, net : **8 fr.**
Le même ouvrage, sans accompagnement, **1 fr.**

— Parties séparées des chœurs. Chaque voix, **50 c.**
— Paroles seules, **40 c.**
— *Le vœu national.* Extrait de la neuvaine, **1 fr.**
— L'Apparition du Sacré-Cœur (d°), **2 fr.**

NEUVAINE EUCHARISTIQUE, chants pour la communion, solos, duos et chœurs, 1 beau vol. in-8 jésus, net, 6 francs.
Le même ouvrage, sans accompagnement, net, 1 franc.
— Parties séparées, 50 centimes.
— Paroles seules, 40 cent.
NEUVAINE A SAINT JOSEPH, cantiques à trois voix égales, suivis d'un salut solennel. In-8. Net, 6 francs.
Le même ouvrage, sans accompagnement, net 1 franc.
— Parties séparées, 50 cent.
— Paroles seules, 40 cent.
MOSAIQUE MUSICALE, recueil d'offertoires, élévations, communion, sorties, préludes, etc., pour l'orgue ou l'harmonium. 1 beau vol. grand in-8 jésus. 2ᵉ édit., 1ʳᵉ partie, 8 francs.
— 2ᵉ partie. 1 vol. grand in-8 jésus, 8 francs.
LYRA ANGELICA, recueil de motets, antiennes, hymnes, etc., en l'honneur de la sainte Vierge et du Très-Saint-Sacrement avec accompagnement d'orgue ou d'harmonium. 1 vol. grand in-8, 15 francs.
CANTATES POUR LE SAINT-SACREMENT. — L'Eucharistie, 1 franc.
— — Noël, 3 francs.
— Parties séparées, 50 centimes.
— — L'Assomption, 2 fr. 50.
— Parties séparées, 50 centimes.
LE GRAND JOUR. Cantate, Partition, 2 francs.
— Parties séparées, 20 centimes.
SAINTE THÉRÈSE. Mélodie religieuse, 2 fr.
L'IMMACULEE-CONCEPTION. 4 mélodies faciles, extraites des œuvres de M. l'abbe W. Moreau. Partition, net : 2 francs.
— Parties séparées. Ensemble : 20 cent.
MARIE A BETHLEEM. Mélodie extraite de la *Couronne harmonieuse*, par M. l'abbé W. Moreau, in-8, net : 1 franc.
LA VIERGE DE LOURDES, 32 cantiques à trois voix égales, avec accompagnement, disposés pour les exercices du mois de Marie. 1 vol. in-8 jésus, prix net, 12 francs.
Le même ouvrage, sans accompagnement. In-12, net, 3 fr.
— Parties séparées, 1 fr.
— Paroles seules, 60 cent.
GERBE DE MAI, 32 nouveaux cantiques pour le mois de Marie, sur les litanies de la très sainte Vierge. 1 beau et fort vol. gr. in-8. Net, 10 fr.
Le même ouvrage, sans accompagnement. In-12, net, 2 fr.
— Paroles seules, 50 cent.
LES PARFUMS DE LA MÈRE ADMIRABLE, cantiques, litanies et motets en l'honneur de la très sainte Vierge. 2ᵉ édit. 1 vol. grand in-8 illustré, 10 francs.
Le même ouvrage, sans accompagnement. In-12. Net, 1 fr. 50.
— Paroles seules, 40 cent.
LES ECHOS DE LA SAINTE MONTAGNE, 32 cantiques à plusieurs voix, avec accompagnement, dédiés à Notre-Dame immaculée, recueil enrichi d'un *bref* de sa Sainteté Pie IX. 1 vol. grand in-8, 10 fr. net.
Le même ouvrage, sans accompagnement, in-12, broché, 2 francs.
— Paroles seules, 50 centimes.
LA COURONNE HARMONIEUSE, mélodies sur les fêtes de la sainte Vierge, solos et chœurs à deux et à trois voix égales, avec accompagnement d'harmonium, 1 vol. in-4, net, 8 francs.
Le même ouvrage, sans accompagnement. In-12, net, 1 fr. 50.
— Paroles seules, 40 cent.

OEUVRES DU R. P. GARIN, S. M.

MANUEL COMPLET DE CHANTS RELIGIEUX. Edition avec accompagnement, in-8, net 12 francs.

MESSE SOLENNELLE à 3 trois voix, avec accompagnement d'orgue. Un vol. in-4°, net., 8 francs.

— Chaque partie séparée, 50 cent.

MESSE à 2 voix égales, avec accompagnement d'orgue ou d'harmonium. Un vol. in-4°, net : 4 francs.

— Chaque partie séparée, 50 cent.

OP.

1 **ANGÉ ET L'AME** (l'), duetto pour voix de soprano et de contralto. Poésie de Mgr de la Bouillerie. In-8. Prix net, 1 fr. 50.

2 **VENI COLUMBA MEA**, solo et chœur. In-8. Prix net, 1 fr. 50.

3 **A JESUS**, solo et chœur, paroles tirées de l'*Imitation de Jésus-Christ*. Poésie de Pierre Corneille. In-8. Prix net, 1 fr. 50.

4 **LE CŒUR ET LE TRÉSOR**, duo pour voix égales. Poésie de Mgr de la Bouillerie. In-8. Prix net, 1 fr. 50.

5 **A SAINT MICHEL, L'ANGE DU GRAND COMBAT.** Solo et chœur. In-8. Prix net, 3 fr.

6 **DONNEZ-MOI, SEIGNEUR, VOTRE AMOUR**, solo et chœur à trois voix. In-8. Prix net, 1 franc.

7 **TU ES PETRUS**, solo, duos et chœurs. In-8. Prix net, 2 fr. 50.

8 **L'ANGELUS**, solos et chœurs. In-8. Prix net, 1 fr. 50.

9 **NOEL**, solo, duo et chœur à trois voix. In-8. Prix net, 1 fr. 50.

10 **JÉSUS, JE VEUX TE VOIR!** solo et chœur à trois voix. In-8, net, 1 fr. 50.

11 **TANTUM ERGO**, grand chœur et solo, 1 fr. 50.

12 **A SAINT JOSEPH**, solo et chœur à trois voix, 1 fr. 50.

13 **PRIÈRE**, poésie de Mgr Gerbet, solo et chœur à 3 voix. Prix net, 1 fr 50.

14 **PANIS ANGELICUS**, solo et chœur à 3 voix. Prix net, 1 fr. 50.

15 **REFUGE DES PÉCHEURS**, solo et chœur à 3 voix. Prix net, 1 fr. 50.

16 **SALVE REGINA.** chœur à 3 voix et solos. Prix net, 1 fr. 50.

17 **DEUX PETITS NOELS.** — 1° Le Petit Jésus des petits enfants, solo et chœur à l'unisson. — 2° Aimable petit Roi, solo et chœur à 2 voix. Prix net, 1 fr. 50.

18 **ADJUVA NOS**, solos et chœur à 3 voix. Prix net, 1 fr. 50.

19 **O SALUTARIS**, duo. Prix net, 1 fr. 50.

20 **LES ANGES DES PETITS ENFANTS**, cantique à 3 voix avec solo et duo. Prix net, 1 fr. 50.

21 **MARIE CONSOLATRICE.** Solos et chœurs, trois voix, net, 1 fr. 50.

22 **AVE VERUM.** Duo et chœur à trois voix, in-8; net, 1 fr. 50.

23 **LE CANTIQUE DU SOIR DE LA MADONE.** Solo et chœur, 1 fr. 50.

24 **LE CANTIQUE DU CIEL**, duo pour soprani. Net : 2 francs.

31 **UNE PETITE FILLE A L'ENFANT JÉSUS.** net, 1 fr. 50.

32 **JÉSUS ET LA BERGERETTE.** Idylle, net, 1 fr. 50.

33 **CE QUE J'AIME LE MIEUX.** Mélodie pour la fête d'une supérieure, in-8. Net : 1 fr. 50.

DERNIÈRES PUBLICATIONS DU R. P. GARIN, S. M.

ORATORIO-PASTORALE pour la fête de Noël. Solos, duos et chœurs à 3 voix. Texte latin et français. Net, 4 fr. — Chaque partie, net, 50 c.

LE CANTIQUE DE L'ENFANCE. Poésie de Lamartine. Chœur à deux voix. Net, 1 fr. 50.

A N.-D. DE LOURDES. Poésie de Mgr de la Bouillerie. Grand chœur à trois voix. Net, 1 fr. 50.

LA NUIT SOMBRE. Chant à l'Eucharistie à trois voix et duo. Net, 1 fr. 50.

PRIEZ POUR NOUS. A la Vierge immaculée. Solo et chœur à trois voix. Net, 1 fr. 50.

O SALUTARIS DE NOËL. Chœur à trois voix. Net, 1 fr.

LE SAINT NOM DE MARIE. Chœur à trois voix et solo. Net, 1 fr. 50.

DIEU! Mélodie. Poésie de Mgr de la Bouillerie. Net, 1 fr. 50.

CINQUANTE MOTETS
POUR
LES FÊTES DE LA LITURGIE ROMAINE
TIRÉS DE L'OFFICE DU JOUR
Composés avec accompagnement d'orgue
Par FÉLIX CLÉMENT
Maître de chapelle honoraire de la Sorbonne et du collége Stanislas,
titulaire du lycée Louis-le-Grand,
Commandeur de l'Ordre de Saint-Grégoire-le-Grand.
1 volume in-8 jésus. Prix net, 10 francs.
AU MÊME AUTEUR
AVE MARIA, motet extrait des *cinquante motets.* Net, 1 franc.

CANTIQUES
DES COMMUNAUTÉS ET DES PAROISSES
PAR M. L'ABBÉ A. GRAVIER
Ancien professeur de littérature et de musique au petit séminaire
de N.-D. à Autrey.
DEUXIÈME ÉDITION
UN BEAU VOL., BROCHÉ : 5 FRANCS.
Solidement et élégamment relié en toile anglaise, tranche jaspée : 5 fr. 75.
Ajouter 50 centimes pour l'affranchissement.

Ces cantiques ont obtenu les éloges les plus flatteurs des hommes compétents, tels que Salvatore Meluzzi, maître de chapelle de Saint-Pierre de Rome, le chevalier Gaétan Cappoci, maître de chapelle de Saint-Jean de Latran, M. Deslandres, grand prix de Rome, organiste à Paris, M. Humblot, premier prix de Conservatoire, organiste à Paris.

Cantiques à la fois simples et savants, assez simples pour être populaires, assez savants pour satisfaire les oreilles les plus musiciennes, mélodieux, chantants, bien rythmés, sans rien de profane ni rien d'austère, dialogués, c'est-à-dire comprenant tous un chœur pour la nef ou la communauté et un solo pour les voix plus exercées.

Une amélioration importante distingue ce recueil de tous les autres :

Chacun des cantiques, quelle que soit la longueur des chants et quel que soit le nombre des strophes, tient en deux pages *verso et recto*. En chantant les solos, on a l'air sous les yeux, sans qu'on soit jamais obligé de tourner la page. On évite ainsi la distraction et le bruit désagréable que produit dans les recueils ordinaires l'obligation où l'on est de tourner la page.

CONNAISSANCE PRATIQUE DE LA FACTURE
DES GRANDES ORGUES
Par le R. P. GIROD, S. J.
DEUXIÈME ÉDITION
Enrichie de documents et d'aperçus nouveaux ainsi que de planches explicatives du texte.
Un volume in-8 raisin. 2 fr.; franco, 2 50.

ŒUVRES DU R. P. ZUGMEYER, S. J.

1° **NOEL.** Solo et chœur à 3 voix égales, avec accompagnement de harpe ou de piano *ad libitum*. Prix net : 2 francs.

2° **MA PREMIÈRE COMMUNION.** Solo et chœur à 3 voix égales. Prix net : 2 francs.

3° **MA PREMIÈRE MESSE.** Chant du prêtre au jour de son élévation au sacerdoce. Solo et chœur à 3 voix égales. Prix net : 2 francs.

4° **MES DERNIERS VŒUX.** Chant d'une religieuse au jour de sa profession. Solo et chœur, à 3 voix égales. Prix net : 2 francs.

5° **SUB TUUM.** Sur un motif de Beethoven. Chœur à 3 voix égales *et trois invocations* (texte français), pour la communion et au sacré-cœur. Duo ou chœur à 2 voix, *ad libitum*. Net : 2 francs.

6° **O COR AMORIS VICTIMA.** Duo et chœur à 3 voix égales. Net : 2 fr.

7° **AVE VERUM.** Grand trio pour ténor, baryton et basse et grand chœur à 3 voix égales. Net : 3 fr. 50.

ŒUVRES DE M. L'ABBÉ HODIERNE

NEUVAINE AU SACRÉ CŒUR DE JÉSUS. Solos et chœurs avec accompagnement d'orgue. Un vol. in-4°. Net : 6 francs.

DIVINES SUAVITÉS DE LOURDES ou 32 nouveaux cantiques en l'honneur de N.-D. de Lourdes, pour deux ou trois voix égales, avec accompagnement de piano ou d'orgue. 1 joli vol. in-4, impression de luxe. Prix net, 12 francs.

AU SACRÉ-CŒUR. Solos et chœurs. N° 1. Apparition et révélation. 1 fr.

—   N° 2. Soupirs et plaintes, 1 fr.

UNE RELIGIEUSE A SON CRUCIFIX, mélodie, 1 fr.

A JÉSUS EUCHARISTIE, mélodie, 1 fr.

A NOTRE DAME DE LA DÉLIVRANDE. Neuvaine de cantiques. Solos et chœurs. Un vol. in-4°, net, 6 francs.
MON ALOUETTE, bluette, 1 fr.
LA MARGUERITE, romance, 1 fr.
L'ANGE GARDIEN, romance, 1 fr.
L'ENFANT MALHEUREUX, bluette, 1 fr.
L'HYMNE DES OISEAUX, bluette, 1 fr.
LA FUITE EN ÉGYPTE, romance religieuse, 1 fr.

DEUX CANTIQUES A N.-D. DE LOURDES, par A. LIMAGNE. 2 fr.
A SAINTE GENEVIÈVE, cantique avec chœur, par M. L'ABBÉ BENOIST. 1 fr.
AVE MARIA, soli et chœur à trois voix, par M. l'abbé BENOIST. 1 fr. 50.
NOUVEAU MOIS DE MARIE, 37 nouveaux cantiques, par MM. SCHMITT ET VALIQUET. 5 fr.

ŒUVRES D'ERNEST GROSJEAN
ORGANISTE DE LA CATHÉDRALE DE VERDUN

TROIS CENTS VERSETS POUR L'ORGUE, avec introduction et un chapitre contenant la registration. Un vol. in-4 oblong. Net : 15 fr
VINGT-SIX PIÈCES POUR ORGUE sans pédales ou harmonium. Un beau vol. in-4, 60 pages. Prix net : 5 francs.
QUARANTE-DEUX PIÈCES POUR ORGUE sans pédales ou harmonium. Un vol. in-4. Net : 6 francs.
NOUVEAU COURS D'HARMONIE. 2e édition. Un beau vol. in-8. Net : 6 francs.
THÉORIE ET PRATIQUE DE L'ACCOMPAGNEMENT DU PLAIN-CHANT. Méthode très simple et très facile, en 2 gammes et 5 exceptions. 4e édition. Un vol. in-8. Prix net : 1 fr. 50.
OFFERTOIRES SUR LES NOELS, 1re suite. net, 1 25.
   —   —   2e suite. net, 1 25.

LE PAPE-ROI, paroles du R. P. de BOYLESVE, solo et chœur, par le R. P. de Doss, 50 cent.
A SAINT JOSEPH, paroles du R. P. de BOYLESVE, cantique avec solo et chœur, par le même. 1 fr.

PUYG Y ALSUBIDE, organiste à la cathédrale d'Aire.
CANTATE AU SACRÉ-CŒUR DE JÉSUS, à quatre voix égales. 5 fr.
DOUZE NOELS POPULAIRES avec accompagnement d'orgue ou de piano, net. 3 fr.
CANTIQUE A NOTRE-DAME DE LOURDES, net. 1 fr.
MESSE PONTIFICALE à 3 voix avec accompagnement d'orgue d'après la messe du 5e ton du plain-chant. 1 vol. in-8, net. 6 fr.

LITANIES DE LA B. M. MARIE ALACOQUE. 35 nouveaux cantiques, par M. l'abbé Augustin VERNAY. 10 fr.
        —   Paroles, 75 cent.
MESSE à trois voix égales par R. P. CONRAD STOECKLIN. 6 fr.

ŒUVRES DE A. D'ETCHEVERRY

Maître de chapelle de la cathédrale de Bordeaux.
Chevalier de l'Ordre du Christ et de l'Ordre Pontifical de St-Grégoire le Grand.

NOUVEAUX
CANTIQUES ET MOTETS

Suivis d'un *Stabat Mater*, soli, duo, et chœur.
Un volume in-8. Prix net, 6 francs.

RECUEIL DE NOUVEAUX CANTIQUES à la Sainte Eucharistie. 1 vol. in-8, 6 francs.

CINQUANTE CANTIQUES à une, deux et trois voix égales. 1 vol. in-8. 10 francs.

VINGT NOUVEAUX CANTIQUES au Sacré-Cœur de Jésus et à la sainte Vierge. In-8. Net, 6 francs.

O CHRISTE, solo et duo. In-8, 2 fr. 50.

UNION DE ZÈLE POUR LE RÈGNE DE N. S. JÉSUS-CHRIST
SUR LA TERRE

RECUEIL DE CANTIQUES A JÉSUS-ROI · Musique et paroles. 1 vol. in-32, franco 60 cent.

  Le même — Paroles seules, franco 30 cent.

LA ROYAUTÉ DE JÉSUS-CHRIST. Paroles et musique du R. P. de Boylesve. 10 cent.

  Le même — Paroles seules 5 cent.

CHANTS ET CANTIQUES, par le R. P. MARIN DE BOYLESVE, S. J. Un vol. in-32, 30 c.; franco, 40 c.

  Ce recueil contient les *cantiques notés* suivants : *Jésus-Christ-Roi.* — *Cœur de Jésus, sauve la France.* — *La France à Marie.* — *Saint Joseph.*

MISSIONS, RETRAITES
ET CATÉCHISMES

  On lit dans l'*Univers* et *le Monde*, en date du 7 mars dernier : A la propagande de la presse impie, opposez la propagande de la presse catholique. Chaque semaine, donnez une petite brochure à tous les enfants de l'école, du catéchisme, du Patronage, à tous les fidèles qui assistent aux vêpres, aux instructions, aux réunions spéciales. Recommandez de la répandre, de la montrer, de la faire lire aux personnes qui ne viennent pas à l'église et que la prédication ne saurait atteindre. Remplacez les images par les petits livres. Le bon livre doit se donner ; celui qui en a le plus besoin ne l'achète pas. Semez et vous récolterez. A cet effet, nous recommandons à nos lecteurs les ouvrages de propagande publiés par la *Librairie Haton, 33, rue Bonaparte près Saint-Germain des Prés, Paris.*

Ouvrages de propagande de MM. MULLOIS, JEAN GRANGE, RAMBOUILLET, LEROUGE, du R. P. de BOYLESVE, de M. l'abbé d'ÉZERVILLE, du R. P. HUGUET, etc., etc.

Opuscules à 5 centimes
Franco, **10** c.; la douzaine, franco, **60** c.

1 Au moins à Pâques humblement.
2 La sanctification du dimanche.
3 Petit manuel pour le Sacrement de Pénitence.
4 Ce que c'est que son église au campagnard.
5 Le zèle pour le salut des âmes.
6 Ce qu'il faut savoir et croire.
7 Ce qu'il faut faire.
8 Riches et pauvres.
9 La journée d'un brave homme.
10 Je ne vois pas grand mal à ça.
11 Simple exposé de la religion.
12 Profession de foi catholique.
13 Retraite du mois.
14 Les principales indulgences.

Pour les publications de M. l'abbé Rambouillet, voir p. 34, du présent catalogue.

Opuscules à 10 centimes.
Franco, **15** c.; la douzaine, franco, **1** fr. **20**.

15 L'église
16 La Secte anti-chrétienne.
17 L'infaillibilité du Pape.
18 L'Immaculée Conception.
19 Le dimanche au peuple.
20 La mission de la France.
21 A tout le moins une fois l'an.
22 La Famille.
23 Je n'ai pas le temps.
24 Mille choses qni ne se trouvent pas dans les livres.
25 Bon père.
26 Bonne mère.
27 Bon fils.
28 Qu'est-ce qu'un curé?
29 Pensées et dires de Jacques Bonhomme sur les affaires du temps?
30 Ce qu'on rapporte du cabaret.
31 Objections et préjugés qui courent les rues.
32 Le blasphème.
33 Vendredi chair.
34 L'église de la paroisse.
35 Le bien qni se fait en France.
36 La vie de Famille.
37 Moyen d'être un homme comme il faut.
38 Ce qu'il faut pour faire une bonne famille.
39 Conseils à l'envers.
40 Petites et grandes misères de beaucoup de gens.
41 Faux grands hommes.
42 Le hic et les défauts des autres.
43 Manière de s'attraper soi-même.
44 Aux laboureurs.
45 Mille misères humaines.
46 La science et la religion.
47 Vieilles raisons à l'usage de ceux qui n'ont pas raison.
48 J'en sais trop.
49 Le Purgatoire.
50 La divinité de la religion prouvée par les mauvais journaux.
51 Tout ce qui s'imprime n'est pas mot d'évangile.
52 Règlement général des Ouvriers, Patrons, Chefs d'usines et d'ateliers.
53 Petit manuel du Sacr. de l'Euchar.
54 Petit catéchisme des Conciles et des Synodes.
55 L'Eglise et l'humanité.
56 Situation matérielle et économique des Ouvriers.
57 La charité ponr les trépassés.
58 Neuvaine à N.-D. de Lourdes.
59 La Portioncule, par Fanien.

Pour les publications de M. l'abbé Lerouge, chanoine de Troyes, et celles de la collection à 10 cent, de la Bibliothèque de Toulouse, voir pp. 32 et 33, du présent catalogue.

Opuscules à 15 centimes
Franco, **20** c.; la douzaine, franco, **1** fr. **80**.

60 Comment on trompe le pauvre monde.
61 La misère mise à la portée de tout le monde.
62 Explications familières des cérémonies de la messe.
63 La vraie science.
64 Petit examen de conscience.

65 Le chrétien au chevet des malades.
66 Jésus notre ami.
67 Règlement de vie d'une pieuse demoiselle.
68 Le bonheur d'une bonne première communion démontré par des exemples.
09 Le malheur d'une première communion sacrilège démontré par des exemples.
70 La seule planche de salut.
71 Vie du R. P. de Ravignan.
72 Précis complet de la doctrine chrétienne.
73 La charité mise à la portée de tout le monde.
74 J.-B. de la Salle. Sa vie.
75 Histoire d'un pieux enfant.
76 Recette pour quitter au plus vite le protestantisme.
77 Le Purgatoire d'après les Saintes Écritures.
78 Vertu miraculeuse de l'Ave Maria.
79 Vertu miraculeuse du Rosaire.
80 Vertu miraculeuse du Scapulaire.
81 La pieuse première communiante.
82 Le Sacrement de pénitence et la première Confession de Louise.
83 Vertu mirac. de la médaille de la Sainte-Vierge.
84 Vertu mirac. de la sainte messe.
85 Vertu mirac. de la médaille de saint Joseph.
86 Vertu mirac. du signe de la Croix.
87 Vertu mirac. de l'Angelus.
88 La Religion et le bon sens.
89 Méthode facile pour converser avec Dieu.
90 Gloire et amour à la sainte Trinité.
91 Les sept grandes dévotions de l'Eglise.

92 Un mois à l'école des Saints.
93 Le saint Cœur de Marie notre refuge.
94 Le Cœur de Jésus notre espérance.
95 Vertu mirac. de l'Eau bénite.
96 Vertu mirac. de la dévotion aux Anges.
97 Vertu mirac. des lampes et des cierges.
98 Les sept allégresses de Saint Joseph.
99 Marie Guyard.
100 Acte héroïque de charité.
101 La médaille miraculeuse de Marie Immaculée.
102 Saint Joseph nous secourt dans tous nos besoins.
103 Mois pratique de Saint Joseph.
104 Le scapulaire bleu de l'Immaculée Conception.
105 L'Armée des Anges ou la Prière des enfants.
106 La sœur Marie de Saint Pierre.
107 Le catéchisme de la réparation.
108 Sainte Aurélie. Sa vie.
109 Un mot à l'enfant qui se prépare à la première communion.
110 M. Desgenettes, curé de N. D. des Victoires.
111 Vertu mirac. de l'Intercession à Pie IX.
112 Conversion du command. Marceau.
113 La petite fille de la Sainte-Vierge.
114 Bienfaits de la confession.
115 Bienfaits de la communion.
116 Marie Eustelle et les jeunes ouvrières.
117 La mauvaise communion, ses conséquences.
118 L'Enfant-Juif et la Sainte Eucharistie.

Pour les ouvrages de la collection à 15 centimes de la Bibliothèque de Toulouse, voir page 29, du présent catalogue.

Opuscules à 25 centimes

Franco, **30** c.; la douzaine, franco, **3 fr.**

119 Qu'est-ce que le prêtre ?
120 Nos bonnes religieuses.
121 Les bienfaits du dimanche.
122 Les désordres du lundi.
123 L'école et le catéchisme.
124 Réponses aux objections contre l'enseignement des frères et religieuses.
125 Une semaine de souvenirs et de prières pour les défunts.
126 Bouquets spirituels aux âmes du Purgatoire.

127 Léon XIII. Notice biographique: les solidaires.
128 A quoi servent les moines ?
129 La France et l'Eglise.
130 Le respect humain vaincu par les bons exemples.
131 Vertu miraculeuse du jeûne et de l'abstinence.
132 Vertu miraculeuse de la dévotion au Sacré-Cœur.
133 Sublimes prérogatives de S. Joseph.
134 Neuvaine au Cœur miséricordieux de Jésus.

OUVRAGES DE PROPAGANDE

De la Bibliothèque catholique de l'hôpital militaire de
Toulouse.

159 volumes à 15 cent.—La collection, net et franco, 18 fr. 75.

1 Les sept Demandes du Pater.
2 Les sept Péchés capitaux.
3 Les sept Vertus capitales.
4 Le Sacrement de Pénitence.
5 La Messe et la Communion.
6 Le Clef du ciel.
7 L'Ange de la jeunesse.
8 Si Jeunesse savait!
9 La bonne Journée.
10 Mon pain quotidien.
11 Explication des fêtes de N.-S.
12 id. des fêtes de la Ste Vierge.
13 Traité de la patience.
14 L'Ignorance est la plaie du siècle.
15 Les Chrétiens d'aujourd'hui.
16 Le Dimanche tu garderas.
17 Vie pratique de N.-S. J.-C.
18 Vie pratique de la Ste Vierge.
19 Vie et grandeurs de s. Joseph.
20 Vies de s. Pierre et de s. Paul.
21 Vies des Apôtres.
22 Vie de sainte Germaine.
23 Trésor du chrétien.
24 Vie de s. Louis de Gonzague.
25 Vie de s. Stanislas de Kostka.
26 Vie de s. Jean-Baptiste.
27 Vie de s. Martin de Tours.
28 Vie de s. Vincent de Paul.
29 Vie de s. François-Xavier.
30 Les saints Martyrs du Japon.
31 Vie de s. François de Sales.
32 Vie de s. Antoine.
33 Vie de s. Isidore.
34 Vie de sainte Thérèse.
35 Vie de sainte Anne.
36 Vie de sainte Philomène.
37 Vie de sainte Zite.
38 Vie du bienheur. Benoit Labre.
39 Le curé d'Ars.
40 Vie de la b. M.-M. Alacoque.
41 Vie de Marie Eustelle.
42 Vie de la vén. A.-M. Taïgi.
43 Conv. célèbres de gr. pécheurs.
44 Petit Mois du Sacré-Cœur.
45 Explication popul. de la messe.
46 Vie réelle de Luther.
47 Couronnem' de N.-D de Lourdes.
48 Le Blasphème.
49 Les catéchismes du curé d'Ars.
50 La Salette à tout le monde.
51 Loterie des vertus des enf. de M.
52 Mois de Marie des familles.

53 Mois de Marie d'après les saints
54 L'Ave Maria et le Rosaire.
55 Neuv. prép. aux fêtes de la t. s-V
56 Traité de la vertu angélique.
57 La passion de N.-S. J.-C.
58 Les Evang. des dim. et des fêtes.
59 La divinité de Jésus-Christ.
60 Le Chemin de la Croix.
61 et 62 Les bontés de Jésus, 2 v.
63 Une heure de paradis.
64 L'Eucharistie, l'Infaillibilité.
65 La fréquente communion.
66 Ton Créateur recevras.
67 Le jeûne et le maigre.
68 La première communion.
69 31 préparations et actions de gr.
70 Conseil d'une Ursuline.
71 Le Bon Paroissien.
72 et 73 La vocat. des j. personnes.
74 Néces. et pouvoir de la prière.
75 Traité de la présence de Dieu.
76 Les saints Anges.
77 La retraite du mois.
78 Le Missionnaire portatif.
79 Les Maximes éternelles.
80 La vie intérieure toute en ex.
81 La confiance en Dieu.
82 31 Vertus chrétiennes.
83 Fleurs et fruits de l'Evangile.
84 Recueil de fables et de parab.
85 Les Papes, traits historiques.
86 et 87 Traits et anecdotes sur
   Pie IX. 2 vol.
88 Les prêtres jugés.
89 Pensées de Nap. I⁰ʳ sur la rel.
90 Les dogmes chrétiens.
91 Qu'est-ce que l'Eglise cathol.
92 Hist. de la dév. aux ch. des P.
93 La charité chrétienne.
94 Ne mentiras aucunement, réfl.
95 et 96 Tes père et mère honore-
   ras. 2 vol.
97 Le denier de Saint-Pierre.
98 Pieux commerce avec les morts
99 Traité du purgatoire.
100 Utilité de la messe p. les morts
101 Le Ciel, le Purgat. et l'Enfer.
102 Manuel du servant du prêtre.
103 La Franc-maçonnerie.
104 Prat. de piété en l'hon. de l'Im.-C.
105 Manuel de confirmation
106 Petit Mois de s. Joseph.

107 Hist. et mir. de N.-D. de Lourdes.
108 Neuv. à N.-D. de Lourdes.
109 Le Mois des âmes du purgat.
110 Le Mois du s. Enfant Jésus.
111 Le Mois des doul. de Marie.
112 Punit. des persécut. des Papes.
113 Même ouvrage (2e partie).
114 Traité de l'Obéissance.
115 Les Exclamations de ste. Thér.
116 Le Mois de janv. des Serv. de M.
117 Le Mois de fév. des Serv. de M,
118 Le Mois de mars des Serv. de M.
119 Le Mois d'avril des Serv. de M.
120 Le Mois de mai des Serv. de M.
121 Le Mois de juin des Serv. de M.
122 Le Mois de juil. des Serv. de M.
123 Le Mois d'août des Serv. de M.
124 Le Mois de sept. des Serv. de M.
125 Le Mois d'oct. des Serv. de M.
126 Le Mois de nov. des Serv. de M.
127 Le Mois de déc. des Serv. de M.
128 Mois de N.-D. de Lourdes.
129 Mauvais propos contre la relig.
130 La sem. sanct. par Ste Thérèse.
131 Neuvaine en l'hon. de St Joseph.
132 L'Echelle de la Sainteté.
133 Entr. famil. sur le protestant.
134 N.-D. de Pontmain. neuv. et notice.
135 Recueil de litanies approuvées.

136 Mir. et hist. édifiant. sur l'Euch.
137 Petit questionnaire sur le cath.
138 Vie du Vénér. abbé de La Salle.
139 Mois du Cœur immacul. de Marie.
140 Vie de sainte Geneviève.
141 Vie de saint Jean.
142 Les princ. prat. d'un bon chrét.
143 Mois de sainte Germaine.
144 Les huit béat. de l'Evang. exp.
145 Bons mots et belles par. de Pie IX
146 Epîtres de saint Martial.
147 Le Diable. Sa nature, son histoire.
148 Le bien d'autrui tu ne prendras.
149 Bouquet spirit. à Marie.
150   id.   id.   au Sacré-Cœur.
151 Les Mir. de Lourdes rac. p. les Méd.
152 Henri V, sa vie intime.
153 Les péchés et les dev. de la lang.
154 La Dévotion au Sacré-Cœur.
155 et 156 Les parab. de l'Evang. 2 v.
157 Introduction à la vie dévote.
158 Mois des Pèlerinages.

159 Tableaux de la Messe (Merveilles de Pie IX.)

SÉRIE DE 23 VOLUMES A 10 CENT.

La collection, net et franco, 2 fr.

1 Manuel de confession pour les enfants.
2 Conversion de M. Alphonse Ratisbonne.
3 Exercice du Chemin de la Croix, avec vignettes.
4 Vies de saint François d'Assise et de sainte Claire.
5 Neuvaine à saint François Xavier.
6 Les trois dévotions des prédestinés.
7 Acte héroïque de charité en faveur des âmes du Purgatoire.
8 Conseils aux pères et mères.
9 La Divinité de Jésus-Christ.
10 Le secret de la confession et ses martyrs.
11 Vie du bienheureux Berckmans modèle de la jeunesse.

12 Un moine au moyen âge, ou l légende de saint Gond.
13 Vie de saint Roch, patron des malades, avec une neuvaine.
14 Sainte Blandine, patronne des servantes.
15 De l'ivrognerie, réflexions et ex.
16 Les Oraisons de sainte Brigitte sur la Passion.
17 Petite Vie de sainte Geneviève, patronne de Paris et de la France.
18 Questions et réponses sur les conciles.
19 Le Culte de saint Pierre.
20 Les chaînes de saint Pierre.
21 La semaine du Sacré-Cœur.
22 Le Jubilé universel.
23 Neuvaine à sainte Germaine.

SÉRIE DE 24 VOL. A 2 FR. 50 LE CENT.

1 Le mobilier chrétien.
2 La vie et la mort.
3 La question du Pape.
4 Quelques proverbes.
5 Petites flèches.
6 Aux premiers communiants.

7 Un franc-maçon converti par le Sacré-Cœur.
8 La Providence.
9 Un triste temps pour les curés.
10 La Religion! on n'en veut plus.
11 Ma Religion, c'est le plaisir.

12 **Deux commandements de plus ou de moins.**
13 Les gens d'esprit n'ont pas de religion.
14 Votre religion n'a que des mystères.
15 Le Protestantisme est une religion plus facile.
16 Si encore il ne fallait pas se confesser.
17 L'Eglise n'est pas douce dans ses commandements.
18 Pourquoi pas plus d'une religion ?
19 L'Eglise est brouillée avec tous le gouvernements.
20 Les prêtres ne devraient pas sortir de leur sacristie.
21 Le spiritisme.
22 Petite doctrine.
23 Saint Antoine de Padoue, sa vie, son culte.
24 Petit mois de Marie.

SÉRIE D'OUVRAGES DE DIVERS FORMATS.

Pour recevoir *franco*, ajouter 10 centimes par volume.

1 Cinquante méditations sur l'Eucharistie	0 80
2 Grande vie du bienheureux Labre, avec neuvaine	0 50
3 Vie de sainte Marie-Madeleine et de sainte Marthe, sa sœur.	0 50
4 Vie du P. Lacordaire	0 30
5 Du sacrement de l'Eucharistie, traduit de saint Thomas d'Aquin	0 30
6 Manuel de la dévotion aux scapulaires	0 30
7 Notice et méditations sur la vénérable mère de Lestonac.	0 30
8 Manuel complet de la dévotion aux âmes du Purgatoire	0 80
9 Manuel complet de la dévotion à saint Joseph	0 60
10 Vie complète de sainte Germaine, avec neuvaine, miracles, récits des faits, litanies et plusieurs cantiques notés.	0 50
11 Autre vie plus abrégée de sainte Germaine	0 30
12 Cantiques populaires en l'honneur de sainte Germaine, avec musique	0 40
13 Éloge de sainte Germaine	
14 Manuel de dévotion à N. D. de Lourdes, histoire, neuvaine, litanies et pratiques de piété	0 50
15 Les apparitions de la sainte Vierge, à la Salette, à Lourdes et à Pontmain	0 40
16 La sainte Famille, vies de Jésus, Marie et Joseph	0 40
17 Vie intime de Pie IX	0 40
18 Manuel de dévotion au Sacré-Cœur	0 40
19 Les douze mois des serviteurs de Marie, 750 pages	2 50
20 Choix de cantiques populaires sur les grandes vérités de la religion	0 20
21 L'année sanctifiée en douze mois de dévotion, 750 pages	1 50

OPUSCULES DE M. L'ABBÉ LEROUGE

Chanoine de Troyes.

Prix de l'unité, 10 cent.; *franco*, 15 cent.
La douzaine, *franco*, 1 fr. 50. — Le cent, *franco*, 10 fr.

FEMMES CHRÉTIENNES, SOYEZ APOTRES.	SOUS LE PRESSOIR.
UN MOT AUX HOMMES.	L'ARBRE DE VIE.
UTILE A TOUT.	IL FAUT BIEN ETRE DE SON TEMPS
IL FAUT PRIER.	MAIS PRIEZ DONC.
APPEL AU PEUPLE.	ET APRÈS ?...
A CEUX QUI VEULENT VOIR CLAIR.	QUELLE CHANCE ! PAS DE CHANCE !
IL FAUT AGIR.	SI VOUS SAVIEZ.
J'AI MES AFFAIRES.	LE BON CHEMIN.
	A DIEU.

LA SEULE PLANCHE DU SALUT, ou l'Archiconfrérie réparatrice des blasphèmes et de la profanation du dimanche. In-18, 15 cent.; *franco*, 20 cent.; — la douzaine, *franco*, 1 fr. 80.

LES TROIS RÉFORMATEURS. Luther, Calvin, Henri VIII, ou Recette pour sortir au plus vite du protestantisme, par M. l'abbé PORNIN, chanoine de Blois. 1 vol. in-18, 15 cent.; *franco*, 20 cent.; — la douzaine, *franco*, 1 fr. 80.

LA SŒUR MARIE DE SAINT PIERRE de la Sainte famille et la réparation, par M. l'abbé Servais. 1 vol. in-18, franco, 20 cent.; — la douzaine, franco, 1 fr. 80.

CATÉCHISME DE LA RÉPARATION, par M. l'abbé Servais. 1 vol in-18, franco, 20 cent.; — la douzaine, franco 1 fr. 80.

OUVRAGES DE M. L'ABBÉ D'EZERVILLE

LES BIENFAITS DU DIMANCHE. 1 vol. in-18.

LES DÉSORDRES DU LUNDI.

L'ÉCOLE ET LE CATÉCHISME

NOS BONNES RELIGIEUSES. Leurs états de service dans les classes, dans les orphelinats, dans les hôpitaux. 1 vol. in-18.

QU'EST-CE QUE LE PRÊTRE. Que dit-il? Que fait-il? Que gagne-t-il? 1 vol. in-18.

RÉPONSES AUX OBJECTIONS CONTRE l'enseignement des frères et des religieuses. 1 vol. in-18.

Chaque ouvrage se vend franco. 30 centimes; la douzaine, franco, 3 fr.

LES BIENFAITS DE LA CONFESSION. 1 vol. in-18, franco, 20 cent.; la douzaine, franco, 1 fr. 80.

LES BIENFAITS DE LA COMMUNION. 1 vol. in-18, franco, 20 cent.: la douzaine, franco, 1 fr. 80.

Ces deux opuscules conviennent à des lecteurs de tout âge. La raison d'être de ces deux grands sacrements, leur institution divine, leurs merveilleux effets, sont expliqués et défendus contre les attaques de l'ignorance ou de l'impiété avec autant de force que de concision.

LES DÉFAUTS DES JEUNES FILLES. 1 vol. in-32, 15 cent.; franco, 20 c.

Cet opuscule est tout à fait à la portée des enfants et des jeunes filles, et dénote un grand esprit d'observation. Il fera beaucoup de bien à la jeunesse, la mettra en garde contre ces mille défauts qui déparent le jeune âge et lui apprendra la manière de s'en corriger au plus vite.

PETIT MOIS DE SAINT JOSEPH, 1 vol. in-32, 15 cent.; franco, 20 cent.

PETIT MOIS DE MARIE, 1 vol. in-32, 15 cent.; franco, 20 cent.

PETIT MOIS DU SACRE-CŒUR, 1 vol. in-32, 15 cent.; franco, 20 cent.

PETIT MOIS DES SAINTS ANGES (octobre), 1 vol. in-32, 15 c.; franco, 20 cent.

PETIT MOIS DE SAINT FRANÇOIS (octobre), 1 vol. in-32, 15 c.; franco, 20 cent.

PETIT MOIS DES AMES DU PURGATOIRE. 1 vol. in-32, 15 cent.; franco, 20 cent.

LE TIERS ORDRE SÉCULIER DE SAINT FRANÇOIS D'ASSISE, d'après la dernière constitution de S. S. Léon XIII. Texte, explications, renseignements, formules d'absolution et de bénédiction papale, etc. 1 vol. in-32, 15 cent.; franco, 20 cent.

OPUSCULES DE M. L'ABBÉ DUMAX

Sous-directeur de l'archiconfrérie de N. D. des Victoires.

Histoire d'un pieux enfant, un vol. in-18.

M. Des Genettes. Histoire de son portrait et de ses décorations, un vol.

Sainte Aurélie. Histoire de cette jeune sainte, un vol. in-18.

Le Sacrement de Pénitence et la 1re confession de Louise, un vol. in-18.

La pieuse première communiante peinte par elle-même. Le grand jour, un vol. in-18.

La mauvaise communion, Son crime, ses funestes conséquences, comment on y arrive et comment on peut la réparer, un vol. in-18.

L'Enfant Juif et la Sainte Eucharistie, un vol. in-18.

Noël à Bethléem, un vol. in-18.

L'Enfant Chrétien et son Catéchisme, un vol. in-18.

L'Epiphanie à Rome, un vol. in-18.

Entretiens sur la fête de Noël, un vol. in-18.

Sainte Catherine, Patronne modèle des jeunes chrétiennes. un vol. in-18.

Saint Nicolas, Patron des jeunes écoliers, un vol. in-18.

La Fête de Noël à Rome, un vol. in-18.

Un prodige dû à l'Intercession de la T.-S. Vierge, un vol. in-18.

La Fête de Noël à Paris au xixe siècle, un vol. in-18.

Tous ces opuscules sont du prix de 15 c.; franco, 20 c.; la douzaine, franco 1.80.

LE SALUT PAR L'APOSTOLAT DE SAINTE THÉRÈSE. par le R. P. RAMIÈRE, S. J. 1 vol. in-32, 10 cent.; franco, 15 cent.

LE DEVOIR PASCAL, par un ancien Aumônier volontaire de l'Armée française, 1 vol. in-32, 10 cent.; franco, 15 cent.

PETIT TRAITÉ DU PÉCHÉ

A l'usage de la Jeunesse

Par l'auteur de la *Méthode pour former l'enfance à la piété.*

1 vol. in-32, 128 pages, 30 c.; franco, 40 c.

DU MÊME AUTEUR:

PETIT TRAITÉ DE L'OBÉISSANCE, 1 vol. in-32, 15 cent.; franco, 20 cent.

PETIT TRAITÉ DE LA PRIÈRE, 1 vol. in-32, 15 cent.; franco, 20 cent.

LE SOLDAT ET L'OUVRIER CHRÉTIEN

par le R. P. de BOYLESVE, S. J.

26e édition. 1 vol. in-18, 5 cent.; franco, 10 cent.

DU MÊME AUTEUR :

DIMANCHE ET LUNDI, 1 vol. in-18, 5 cent.; franco, 10 cent.

POURQUOI ÊTES-VOUS MALHEUREUX ? 1 vol. in-18, 5 cent.; franco, 10 c.

LA MAIN DE DIEU, 6 opuscules in-18 à 5 cent.; franco. 10 cent.

1. Le Dimanche, n° 1.
2. Le Dimanche n° 2.
3. Le Dimanche n° 3.
4. Le Dimanche n° 4.
5. Le Blasphème, n° 5.
6. La Croix.

LE GUIDE DES PAROISSIENS

Par M. l'abbé RAMBOUILLET, vicaire à St-Philippe-du-Roule, à Paris

Vingt charmants opuscules in-32 de 16 pages
à 5 c.; franco, 10 c.

DU BAPTÊME.
DE L'EUCHARISTIE.
DE LA CONFIRMATION.
DE LA PÉNITENCE.
DE L'EXTRÊME-ONCTION.
DU SOIN SPIRITUEL DES MALADES.
DE L'ORDRE.
DU MARIAGE.
DE LA PAROISSE.
DES SACREMENTS
DU SAINT JOUR DU DIMANCHE.

DE LA SAINTE MESSE.
DES DEVOIRS ENVERS LES MORTS.
DES CÉRÉMONIES DE LA SAINTE MESSE.
DU SIGNE DE LA CROIX.
DES QUATRE-TEMPS.
DU JUBILÉ.
DES BÉNÉDICTIONS ET DU PAIN BÉNIT.
DE L'EAU BENITE.
DE L'ÉDUCATION CHRÉTIENNE DES EN-
FANTS.

Tout abrégés qu'ils sont, ces opuscules contiennent, sous une forme attrayante, tous les enseignements dogmatiques, liturgiques et moraux qui sont nécessaires pour bien connaître les sacrements, et pour se disposer à les recevoir avec fruit.

La modicité du prix de ces traités en rend la diffusion très facile. Nous espérons que toutes les personnes qui s'intéressent à l'instruction religieuse, dans les villes comme dans les campagnes, s'empresseront de les répandre.

PETIT EXAMEN DE CONSCIENCE
ET RÈGLES POUR LA CONFESSION
Avant et après la première Communion
Par M. l'abbé LENFANT, Aumônier.

Un volume in-18, franco, 20 centimes; la douzaine, franco, 1 fr. 80.

OUVRAGES PAR L'AUTEUR DU COMMANDANT MARCEAU

UNE CÉLÈBRE CONVERSION ou *Notre-Dame des Victoires et le commandant Marceau.* Un volume in-32, 64 pages.
LA PETITE FILLE DE LA SAINTE VIERGE. Un volume in-32, 64 pages.
MARIE EUSTELLE ET LES JEUNES OUVRIÈRES. Un vol. in-32, 64 pages.

Ces opuscules se vendent, franco, 20 c.; la douzaine, franco, 1 fr. 80.

UN MOT
A L'ENFANT QUI SE PRÉPARE A LA
PREMIÈRE COMMUNION
INSTRUCTIONS, HISTOIRES ET PRATIQUES
Par M. l'abbé DOUAIS, docteur en théologie.

Un vol. in-18, 15 c.; franco, 20 c.

LA VRAIE SCIENCE, par A. PRÉVEL. Un vol. in-18, franco, 20 c.;
la douzaine, franco, 1 fr. 80

LE VÉNÉRABLE JEAN-BAPTISTE DE LA SALLE. Sa vie
et son Institut. Un vol. in-32, 64 pages, franco, 20 c.; la douzaine,
franco, 1 fr. 8o.

LA RELIGION ET LE BON SENS, par un avocat à la Cour de
Paris. Un vol. in-18, franco, 20 c.; la douzaine, franco, 1 fr. 80.

FEUILLES VOLANTES publiées par le P. MARIN DE BOY-
LESVE, S. J. — Le cent, 1 fr.; *franco*, 1 fr. 25. — Le mille,
7 fr.; *franco*, 8 fr. 50.

- Portrait de N. S J. Christ.
- L'enseignement chrétien.
- Souvenirs des exercices spirituels.
- Examen particulier pendant la retraite.
- Pratique de la méditation.
- Pratique de la confession.
- Pratique de la communion.
- Indulgences faciles à gagner.
- Les associations pieuses et les dévotions.
- Neuvaine pour le pape et la France.
- Chants de la France.
- Consécration au Sacré Cœur de Jésus.
- Consécration à la Sainte-Vierge le jour de la première communion.
- Scapulaire de N. D. du Carmel.
- Scapulaire bleu de l'Immaculée Conception. — Rouge ou de la Passion.
- Les sept dimanches en l'honneur de saint Joseph.
- Le cordon de saint Joseph.
- Neuvaine de la Grâce en l'honneur de saint François Xavier.
- Les Agonisants.
- Acte héroïque pour les âmes du Purgatoire.

BIBLIOTHÈQUE DES FAMILLES CHRÉTIENNES
Publiée sous la direction dn R. P. POTTIER, S. J.

CHRETIEN (le) au chevet des malades, par Mgr DE PRESSY.
GLOIRE ET AMOUR à la très sainte Trinité, extrait du P. NOUET.
MÉTHODE facile de converser avec Dieu, par le P. BOUTAULT, de la Compagnie de Jésus.
SEPT GRANDES DÉVOTIONS (les) de l'Église, par Mgr DE PRESSY.
UN MOIS à l'École des Saints.
JÉSUS. Notre Ami, extrait du P. NOUET.
PURGATOIRE (le), d'après la Sainte Écriture.
SAINT CŒUR DE MARIE (le), Notre Refuge, par le P. DE GALLIFET.
CŒUR DE JÉSUS (le), Notre Espérance. Lettre pastorale de Mgr DE PRESSY. suivie d'une notice sur l'apostolat de la prière.
RÈGLEMENT de vie d'une pieuse Demoiselle.

PRIX DE VENTE DE CES DIX OPUSCULES :
L'unité, 15 c.; *franco*, 20 c. — La douzaine, 1 fr. 50; *franco*, 1 fr. 80.
Cinquante, 6 fr.; *franco*, 6 fr. 75. — Le cent, 11 fr. 25; *franco*, 12 fr 50.

LA REVUE DU RÈGNE DE JÉSUS-CHRIST
Organe du Musée et de la Bibliothèque eucharistiques de Paray-le-
Monial. Publication trimestrielle illustrée. In-4°. Par une société
d'écrivains et d'artistes catholiques.

Prix de l'abonnement, 10 francs.

L'ÉCHO DU PURGATOIRE et ANNALES DE LA COMMUNION DES SAINTS.

Publication destinée à resserrer les liens de charité entre les membres de l'Eglise souffrante, militante et triomphante. Sous la direction du R. P. GAY, S. M. Paraît tous les mois. La dix-huitième année commencera avec la livraison du 1er janvier 1883.

Prix de l'abonnement, 3 francs. — Pour l'Europe, 3 fr. 50.
Pays étrangers en dehors de l'Union postale, 4 francs.

ANNALES DE L'ARCHICONFRÉRIE RÉPARATRICE DES BLASPHÈMES ET DE LA PROFANATION DU DIMANCHE.

Publiées sous la direction de M. l'abbé SERVAIS, curé au diocèse de Langres.

Prix de l'abonnement, une livraison tous les mois, 1 fr. 50.

LES ANNALES DE LA SAINTE FACE. Revue mensuelle de l'Œuvre et Souvenirs de M. Dupont et de la sœur Saint-Pierre.

Sous la direction des PRÊTRES DE LA SAINTE FACE de Tours.

Prix de l'abonnement, 3 francs.

Annales de la 1re Communion et de la Persévérance

A l'usage des Catéchistes, des Maisons d'éducation et des Familles chrétiennes.

Publication mensuelle paraissant depuis le 15 novembre 1883.

Sous le patronage de Mgr GAY, évêque d'Anthédon;

La direction de M. l'abbé Pradal, aumônier du pensionnat des Frères des Écoles chrétiennes, à *Poitiers:*

La collaboration de MM. DUMAY, sous-directeur de l'Archiconfrérie N.-D. des Victoires à *Paris*; — ALLÈGRE, aumônier d'une communauté religieuse, [à *Boulogne*; — DELMAS, vicaire à Saint-Augustin, à *Paris*; D'EZERVILLE, curé.

Prix de l'abonnement :	Paris et Départements..............	5 fr.
	Dix abonnements même adresse	45 fr.
	Etranger Union postale	5 fr. 50
	— hors l'Union postale.	6 fr.

Le journal forme chaque année un beau volume in-8°, pouvant se donner comme prix ou récompense dans les catéchismes, maisons d'éducation.

Le clergé, les communautés religieuses, les pieux laïques, les mères chrétiennes qui aujourd'hui, par suite de la suppression de l'enseignement religieux dans les écoles, deviennent catéchistes volontaires, ont besoin de renseignements, d'instructions, d'une direction pratique, de faits intéressants et d'une méthode d'enseignement du catéchisme. Notre publication, nous l'espérons, les aidera dans leur tâche, car voici les matières qu'elle traitera :

1° *Correspondance* avec maîtres, parents et enfants de première communion du monde catholique. — 2° *Renseignements* pour entrer, pour rester et pour réussir au catéchisme. — 3° *Direction:* Prière, confession, sanctification. — 4° *Instruction :* Vérités nécessaires. — 5° *Méthode* d'enseignement. — 6° *Temps de la retraite :* Sermons. — 7° Le jour de la première communion. — 8° Histoire de première communion. — Prière d'un enfant de première communion.

Imprimerie D. BARDIN et Cie, à Saint-Germain. — 3077.83.